PHYSIQUE
DU
MONDE,
ORNÉE DE PLANCHES.

TOME PREMIER.

Telluris & Humani Generis antiquissima fata, denique præclara multa de futuris seculis; hæc ego magnæ Scientiæ semina semper duxi.

BURNET.

PHYSIQUE DU MONDE,

DÉDIÉE

AU ROI;

PAR M. LE BARON DE MARIVETZ
ET PAR M. GOUSSIER.

TOME PREMIER.

A PARIS,

Chez QUILLAU, Imprimeur de S. A. S. Mgr. le Prince *DE CONTI*, rue du Fouarre;

Et le Sieur LAFOSSE, Graveur, rue & Place du Carroufel.

MDCCLXXX.

AVEC APPROBATION ET PRIVILÉGE DU ROI.

AU ROI.

SIRE,

L'EPOQUE la plus glorieuse & la plus heureuse d'un Empire est sans doute, SIRE, celle où les Mœurs & les Sciences marchent d'un pas égal

& rapide vers la perfection. C'est au Regne de VOTRE MAJESTÉ de fixer cette Époque : la France l'a pressentie à l'instant où VOTRE MAJESTÉ est montée sur le Trône. Votre exemple, SIRE, est un modele imposant ; il est une loi puissante sur un Peuple toujours empressé de vous plaire, & plus capable qu'aucun autre de toutes les vertus.

Les regards de VOTRE MAJESTÉ animeront tous les cœurs ; ils exciteront tous les esprits ; ils feront arriver à une parfaite maturité tout ce que les Regnes précédens ont vu naître d'utile & d'honnête.

Honoré des bontés du Roi, l'Ayeul, & de celles du Prince, le Pere de VOTRE MAJESTÉ, j'ai dû consacrer mes travaux à l'utilité de ma Patrie. J'ai senti ce qu'il restoit encore à faire après cette magnifique Carte de la France qu'ont donné des Savans du plus grand mérite ; c'est le complément de ce grand & excellent Ouvrage, que j'ai osé entreprendre.

EPITRE.

Assez heureux pour vivre sous le meilleur des Rois & dans la Patrie la plus desirable, j'aurai atteint le plus haut degré de bonheur & de gloire, si mes travaux sont agréables à mon Roi & utiles à mon Pays, & si VOTRE MAJESTÉ *daigne me compter au nombre de ceux de ses Sujets qui, concourant à ses vues bienfaisantes, travaillent pour l'utilité de son Empire.*

Je supplie VOTRE MAJESTÉ *de me permettre de déposer à ses pieds l'hommage de mon Collegue, dont les lumieres & les talens égalent son amour pour son Roi & son zele pour son Pays.*

Je suis avec le plus profond respect,

SIRE,

DE VOTRE MAJESTÉ,

Le très-humble & très-obéissant serviteur,
le Baron DE MARIVETZ.

TABLE

Des Articles contenus dans ce Volume.

Le Lecteur est instamment prié de corriger les fautes suivantes avant de lire l'Ouvrage.

PAGE xlv, ligne premiere, ce', *lisez* ces.

lxiij, ligne 20, trouver, *lisez* prouver.

lxxviij, les deux notes ont été transposées; la note (*k*) devoit être indiquée par (*i*), & mise à sa place.

lxxxj, ligne premiere, attiré, *lisez* attirées.

lxxxij, ligne 16, au Soleil, *lisez* à toute matiere.

lxxxv, ligne 3, trouvé, *lisez* trouvées.

15, ligne derniere, entamées, *lisez* entamés.

16, ligne 7, & terribles, *ôtez* &.

19, ligne 7, sa faux, *lisez* sa faux;

28, ligne 10, celui, *lisez* celle.

94, ligne 22, pouvoit, *lisez* pouvoient.

97, ligne 26, parties, *lisez* particules.

102, les lignes 10, 11, 12, 13 & 14, ont été par erreur placées dans le texte; elles doivent être en note.

138, ligne 18, sa, *lisez* la.

155, ligne 6, périodes, *lisez* période.

APPROBATION.

J'AI lu, par ordre de Monseigneur le Garde-des-Sceaux, un Manuscrit intitulé *Physique du Monde, &c.* premiere Section, par M. le Baron *de Marivetz*, & par M. *Goussier*. Il est impossible d'embrasser un plan plus vaste que celui que se sont tracé ces Auteurs. La seule lecture du Discours Préliminaire & de la Préface, en annonçant toute son étendue, prouve combien ces Auteurs sont remplis de la matiere qu'ils traitent. L'exposition des principes généraux de tout leur Systême paroît faire espérer que leur entreprise n'est pas au-dessus de leurs forces. Le respect le plus profond pour la Religion, & pour tout ce qui peut y avoir rapport, regne dans cet Ouvrage. On y remarque aussi infiniment de sagesse, de circonspection & d'honnêteté dans la partie critique qui a rapport aux Ouvrages des Savans qui ont antérieurement couru la même carriere; enfin la simplicité, la précision & la clarté qui caractérisent cette nouvelle *Physique du Monde*, ne peuvent que faire desirer l'exécution d'une entreprise si utile pour le progrès des connoissances. Ce siecle a vu naître sur cette matiere des Ouvrages excellens que nous ont procurés des Savans illustres qui ont ouvert cette carriere; ils pourront reconnoître eux-mêmes les traits qui distinguent particuliérement celui des Auteurs qui leur succedent. A Paris ce 14 Avril 1780.

ROBERT DE VAUGONDY.

PRIVILEGE DU ROI.

LOUIS, PAR LA GRACE DE DIEU, Roi de France & de Navarre: A nos amés & féaux Conseillers, les Gens tenant nos Cours de Parlement, Maîtres des Requêtes ordinaires de notre Hôtel, Grand-Conseil, Prévôt de Paris, Baillifs, Sénéchaux, leurs Lieutenans Civils, & autres nos Justiciers qu'il appartiendra; SALUT. Notre bien amé le Sieur Baron DE MARIVETZ Nous a fait exposer qu'il désireroit faire imprimer & donner au Public un Ouvrage de sa composition, intitulé: *Physique du Monde;* s'il nous plaisoit lui accorder nos Lettres de Privilége à ce nécessaires. A CES CAUSES, voulant favorablement traiter l'Exposant, nous lui avons permis & permettons de faire imprimer ledit Ouvrage autant de fois que bon lui semblera, & de le vendre, faire vendre & débiter par tout notre Royaume. Voulons qu'il jouisse de l'effet du présent Privilége, pour lui & ses hoirs à perpétuité, pourvu qu'il ne le rétrocede à personne; & si cependant il jugeoit à propos d'en faire une cession, l'acte qui la contiendra sera enregistré en la Chambre Syndicale de Paris, à peine de nullité, tant du Privilége que de la cession; & alors par le fait seul de la cession enregistrée, la durée du présent Privilége sera réduite à celle de la vie de l'Expoſant, ou à celle de dix années, à compter de ce jour, ſi l'Expoſant décede avant l'expiration deſdites dix années. Le tout conformément aux articles IV & V de l'Arrêt du Conſeil du 30 Août 1777, portant Réglement ſur la durée des Priviléges en Librairie. Faiſons défenſes à tous Imprimeurs, Libraires & autres perſonnes, de quelque qualité & condition qu'elles ſoient, d'en introduire d'impreſſion étrangere dans aucun lieu de notre obéiſſance; comme auſſi d'imprimer ou faire imprimer, vendre, faire vendre, débiter ni contrefaire ledit Ouvrage, ſous quelque prétexte que ce puiſſe être, ſans la permiſſion expreſſe & par écrit dudit Expoſant, ou de celui qui le repréſentera, à peine de ſaiſie & de confiſcation des exemplaires contrefaits, de ſix mille livres d'amende, qui ne pourra être modérée pour la premiere fois, de pareille amende & de déchéance d'état en cas de récidive, & tous dépens, dommages & intérêts, conformément à l'Arrêt du Conſeil du 30 Août 1777, concernant les contrefaçons. A la charge que ces Préſentes ſeront enregiſtrées tout au long ſur le Regiſtre de la Communauté des Imprimeurs & Libraires de Paris, dans trois mois de la date d'icelles: que l'impreſſion dudit Ouvrage ſera faite dans notre Royaume, & non ailleurs, en bon papier & beaux caracteres, conformément aux Réglemens de la Librairie, à peine de déchéance du préſent Privilége; qu'avant de l'expoſer en vente, le Manuſcrit qui aura ſervi de copie à l'impreſſion dudit Ouvrage, ſera remis dans le même état où l'Approbation y aura été donnée, ès mains de notre très-cher & féal Chevalier Garde des Sceaux de France, le ſieur HUE DE MIROMESNIL, qu'il en ſera enſuite remis deux Exemplaires dans notre Bibliothéque publique, un dans celle de notre Château du Louvre, un dans celle de notre très-cher & féal Chevalier Chancelier de France, le ſieur de MEAUPEOU, & un dans celle dudit ſieur HUE DE MIROMESNIL; le tout à peine de nullité des Préſentes: du contenu deſquelles vous mandons & enjoignons de faire jouir ledit Expoſant & ſes ayans cauſes, pleinement & paiſiblement, ſans ſouffrir qu'il leur ſoit fait aucun trouble ou empêchement. VOULONS que la copie des Préſentes, qui ſera imprimée tout au long au commencement ou à la fin dudit Ouvrage, ſoit tenue pour duement ſignifiée, & qu'aux copies collationnées par l'un de nos amés & féaux Conſeillers Secrétaires, foi ſoit ajoutée comme à l'original. Commandons au premier notre Huiſſier ou Sergent ſur ce requis, de faire pour l'exécution d'icelles, tous Actes requis & néceſſaires, ſans demander autre permiſſion, & nonobſtant clameur de Haro, Charte Normande, & Lettres à ce contraires. CAR tel eſt notre plaiſir. DONNÉ à Paris le deuxieme jour du mois d'Août, l'an de grace mil ſept cent quatre-vingt, & de notre Règne le ſeptième. Par le Roi en ſon Conſeil. *Signé* LE BEGUE.

Régiſtré ſur le Régiſtre XXI de la Chambre Royale & Syndicale des Libraires & Imprimeurs de Paris, nº. 2095, folio 352, *conformément aux diſpoſitions énoncées dans le préſent Privilége, & à la charge de remettre à ladite Chambre, les huit exemplaires preſcrits par l'Article CVIII du Réglement de 1723. A Paris ce* 8 *Août* 1780.

LE CLERC, Syndic.

DISCOURS
PRÉLIMINAIRE.

L'OUVRAGE que nous préſentons peut être conſidéré comme diviſé en deux Parties ; la première, ſous le titre de *Phyſique du Monde*, traite de l'eſpace céleſte, des corps qui le parcourent, du mouvement, de la lumière & de la chaleur, des cauſes de ces grands phénomènes de la Nature, des Loix qui les régiſſent.

Après avoir expoſé l'origine, la nature & les propriétés de ces Loix dans l'immenſité de notre tourbillon ſolaire, nous expoſerons comment elles ont dû modifier le Globe que nous habitons, comment elles déterminent les différens états dans leſquels il doit ſe trouver, comment elles agiſſent ſur ſa ſubſtance & ſur ſes produits.

C'eſt ainſi qu'après nous être élevés juſqu'à la première cauſe phyſique de toutes les modifications de la Nature, juſqu'au premier acte de la puiſſance infinie dont elle eſt l'ouvrage, nous dirons comment de cet acte ſeul de la volonté, de ſon Auteur, eſt né le ſyſtême de notre Univers, comment se produit tout ce qu'il renferme, quelles sont & les causes & les loix de l'existence, des modes & de la destruction de tous ces êtres, qui ne paroissent qu'un instant sur la scène du Monde, quoique liés par des rapports nécessaires à tous ceux qui ont existé, à tous ceux qui existeront, & qui forment ensemble cette chaîne éternelle que nous appellons la Nature.

C'est dans notre Préface que nous exposerons plus particulièrement la manière dont nous considérerons & dont nous traiterons cette première Partie de notre Ouvrage, à laquelle nous avons cru ne pouvoir donner d'autre titre que celui de *Physique du Monde*, & qui seule pouvoit nous éclairer & nous guider dans l'étude des phénomènes de la Planète que nous habitons; ce n'étoit qu'en remontant à une cause physique primitive & générale, que nous pouvions espérer d'embrasser l'universalité des phénomènes de la Nature, & de suivre leur enchaînement & leurs rapports.

En osant présenter à nos Lecteurs un Plan aussi étendu, nous devrions peut-être solliciter leur indulgence par l'aveu de notre foiblesse; mais alors où trouver une excuse de la témérité imprudente qui nous auroit conduit dans la carrière? C'eſt par nos efforts, pour arriver à la vérité, que nous pouvons mériter qu'ils nous pardonnent l'imperfection qu'ils remarqueront ſans doute dans notre Ouvrage. La perſuaſion intime de la certitude de nos principes, fruit d'un travail de vingt années, & d'une méditation profonde, pouvoit ſeule nous autoriſer à préſenter au Public un Ouvrage auſſi important, auſſi vaſte, dans un ſiècle où il y a tant de lumières répandues ſur toutes les parties des Sciences exactes. Toutes doivent concourir à vérifier notre Théorie, ſi elle eſt vraie; ou toutes peuvent fournir des armes pour la combattre, ſi elle eſt fauſſe. Nous avons donc prévu tout ce que nous avions à craindre; nous ſavons que la perſuaſion qu'un Auteur peut avoir de la vérité de ſes principes, n'eſt pas toujours la preuve de cette vérité; mille exemples frappans nous rappellent cette réflexion : mais nous avons ſenti tout l'avantage & tous les moyens que nous donne la certitude d'être remontés à une cauſe première, générale, unique, démontrée; d'avoir tout déduit de cette cauſe, d'avoir à chaque pas comparé ſon énergie à la nature, à l'étendue des effets que nous lui avons attribués; d'avoir combiné entre elles toutes les actions, toutes les réactions de ces effets; d'avoir enfin vu tous les phénomènes, toutes les observations se ranger, pour ainsi dire, d'elles-mêmes dans l'ordre que leur prescrit notre Théorie.

La confiance que nous ont inspiré nos travaux & nos méditations est telle que, pleins de reconnoissance pour les Savans qui nous feroient l'honneur de nous combattre, nous espérons que leurs objections nous fourniroient des occasions d'ajouter à nos expositions de nouvelles preuves, & que la sagacité éclairée avec laquelle ils nous feroient reconnoître l'insuffisance de nos démonstrations, nous avertiroit seulement de ce que nous aurions encore à faire. Nous invoquons leurs lumières, nous nous rendrons dignes des secours que nous attendons d'eux, par la reconnoissance avec laquelle nous recevrons, même leurs objections, & par l'aveu de nos fautes, si l'on nous en démontre; nous n'osons nous flatter de n'en pas commettre: mais nous espérons au moins qu'elles ne tiendront pas au fond de notre Théorie, & qu'elles pourront être corrigées par cette Théorie même.

Quant à ces Critiques dont le style & le ton

déshonorent ceux qui les emploient, & feroient la honte des Sciences & des Lettres, si les torts de ceux qui les cultivent, pouvoient leur être imputés, ou nous n'y répondrons point, ou si quelque objection intéressante pouvoit se trouver renfermée dans de pareils écrits, nous répondrons à cette objection, sans nous occuper de la manière dont elle aura été présentée. Nous annonçons encore que nous ne répondrons qu'aux objections qui seront tirées des Sciences exactes; quant à celles qui naîtroient des faits historiques, nous déclarons que nous n'entreprendrons ni la concordance des histoires, ni la solution de tous les problêmes qu'elles nous présentent, & dont les données ne sont si souvent que des chimères, ou des faits mal observés & exposés plus mal encore. Voilà quant à la première Partie de notre Ouvrage.

La seconde, comme nous l'avons déja dit, aura pour objet la surface de la France; nous verrons cette surface sortir du sein des eaux. Douze Cartes présenteront ses émersions à douze époques différentes, & la Carte qui contiendra toute la surface actuelle, sera divisée en quarante-cinq Feuilles qui représenteront la Topographie Physique de la

France ; cette Topographie conſtante que les efforts des hommes ne peuvent changer, & que la Nature elle-même ne varie que par des moyens infiniment lents, qui tiennent aux Loix éternelles qui lui ont été preſcrites. Nous remonterons juſqu'à ces Loix, nous verrons comment elles déterminent & opèrent pas à pas les grands changemens qui ſe ſuccèdent, ſans que les degrés par leſquels ils paſſent, puiſſent être ſenſibles dans la courte durée de pluſieurs générations d'hommes.

Les chaînes de montagnes, les cours des grands fleuves ſont des monumens bien plus durables que les Villes les plus fameuſes. Babylone, Thèbes, Athènes, Palmyre ont diſparu ; mais les fleuves qui les arroſoient, coulent encore dans les mêmes directions ; les montagnes qui s'élevoient à leurs ſources, repoſent encore ſur le même ſol. Ce n'eſt qu'à l'aide de ces poſitions conſtantes que nous pouvons chercher, ſur la ſurface de la Terre, les lieux où étoient placés ces monumens paſſagers de la puiſſance des hommes.

Cependant il ne faut pas regarder comme éternel, ce qui n'eſt que durable ; ſi rien dans la Nature ne peut être anéanti, rien au moins n'eſt affranchi de la loi de décompoſition, de déſunion de ſes parties, de deſtruction de ſa maſſe. La Nature conſerve précieuſement tous ſes matériaux, elle n'en annihile aucun, elle ne perd pas un atôme de matière; mais elle ſe joue conſtamment dans les formes, elle exerce ſon empire ſur les rochers les plus durs, comme ſur les tiſſus les plus délicats des fleurs.

Le Tems, co-éternel à l'eſpace & infini comme lui, n'eſt perceptible & calculable pour nous, que par la ſucceſſion des phénomènes ou des exiſtences; & la durée de la vie humaine eſt la meſure à laquelle, ſans y réfléchir, nous rapportons toutes les durées; ce qui n'a point ſouffert d'altération ſenſible, tandis que des milliers de générations ont paſſé, nous paroît échapper à la lime du Tems, ſe ſouſtraire à la loi générale; & nous ſommes portés à le regarder comme éternel, parce que ſes époques ne peuvent être compriſes dans nos courtes annales, & ſe refuſent à nos calculs.

Mais que ſont pour la Nature les ſommes de toutes les durées, de toutes les ſucceſſions que nous pouvons compter? Que ſont nos annales dans celles du monde? Un Philoſophe, qui réuniſſoit les connoiſſances les plus profondes à l'eſprit le plus agréable, faiſoit conclure à une Roſe l'immortalité des Jardiniers, de ce que de mémoire de Roſe on n'avoit jamais vu mourir de Jardiniers. Cet ingénieux apologue nous eſt appliquable plus ſouvent que nous ne le penſons. La durée de ces montagnes, que nous regardons comme éternelles, n'eſt pour nous que ce que la vie du Jardinier étoit pour la Roſe, qui le croyoit immortel. La faux du Tems imprime ſa trace ſur les ſubſtances qui nous paroiſſent les plus inaltérables; les traits qu'elle y laiſſe, pour être encore inſenſibles à nos yeux, même après qu'elle les a approfondis pendant des ſiècles, n'en ſont pas moins certains.

La durée conſtante de la même action produit néceſſairement des effets qui, pour avoir été trop négligés & incalculés, ne ſont pas incalculables. Les eaux aidées des variations de l'Atmoſphère ſont le diſſolvant général de la Nature, elles entraînent avec elles tous les débris qu'elles ont ſéparés; mais elles dépoſent à la longue tous ces débris dont elles ſe ſont chargées : les circonſtances qui modifient les dépôts qu'elles en font, les cauſes générales & conſtantes, & particulièrement

ment celles des marées & des courans, influent puiſſamment ſur les accumulations de ces dépôts & les amoncelent inégalement dans les profondeurs des mers.

L'eau, par ſa vertu diſſolvante & par ſa fluidité, tend donc à applanir la ſurface du globe qu'elle parcourt; & c'eſt dans ſon ſein que ces mêmes parties entraînées reprennent de nouvelles formes qui, d'après les cauſes que nous venons d'indiquer, produiſent de nouvelles inégalités. Ces idées générales, que nous ne faiſons ici que préſenter & jetter comme au hazard, ſeront diſcutées, éclaircies, modifiées dans des Traités ſéparés.

Les grandes queſtions relatives à la ſubmerſion totale ou ſucceſſive de la Terre, à la diminution réelle du volume des eaux, aux différentes cauſes de cette diminution, ont occupé les Phyſiciens. Le plan que nous nous ſommes propoſé nous faiſant ſouvent paſſer ſous les yeux, & nous forçant à mettre ſous ceux de nos Lecteurs les faits & les obſervations qui ont fait naître différens ſyſtêmes, nous croyons devoir expoſer ces ſyſtêmes, les analyſer & y joindre nos idées, avec toute la modeſtie qui nous convient, & ſans chercher à diſſiper, par de fauſſes lueurs, les ténèbres qui enveloppent encore ces ſecrets de la Nature.

Les différentes diſſertations théoriques que l'enchaînement & la ſuite de notre travail nous forcera de faire, n'influeront point ſur la certitude des vérités phyſiques qui détermineront l'uſage & l'utilité de notre Carte. Nous l'avons déjà dit, c'eſt dans la Préface de cet Ouvrage que nous développerons notre plan; c'eſt après l'avoir lue, que l'on jugera notre marche; & nous oſons eſpérer qu'en reconnoiſſant avec nous les motifs qui nous ont déterminés à remonter aux grandes cauſes, aux cauſes primitives, pour partir de principes certains & conſtans qui nous ſervent de flambeaux pour diriger notre route, & qui puiſſent l'éclairer toujours, en appliquant avec nous ces principes à tous les phénomènes que la Nature nous préſentera, nous eſpérons, dis-je, que l'on ne nous accuſera pas de chercher à faire des ſyſtêmes nouveaux, nous travaillons pour l'utilité des hommes, nous oſons conſacrer nos travaux à la poſtérité la plus reculée, nous lui laiſſerons ſans doute bien des preuves de notre inſuffiſance; mais nous deſirons au moins ne lui point tranſmettre d'erreurs.

Ce que nous venons de dire de la marche des eaux, des opérations qui se font dans les profondeurs des grands bassins & relatives à la configuration de la surface du globe, est analogue aux idées les plus généralement reçues; & en attendant des discussions plus approfondies, c'en est assez pour nous avertir, que ce n'est point dans nos histoires qu'il faut chercher à connoître l'histoire de la Nature; étudions ses loix, suivons sa marche, recherchons avec soin les traces que laissent ses grands effets; Remontons toujours aux causes de ces effets, nous serons étonnés & de la foule des monumens que nous rencontrerons, & de la liaison qu'ils acquerront entre eux; c'est ainsi que l'on peut espérer de fixer leur chronologie par des époques certaines, incontestables, tirées des véritables annales du monde; non des histoires des hommes, qui se perdent dans ces grandes périodes, & qui ne sont que de vastes & sombres labyrinthes, où s'égarent les Auteurs qui vont y étudier les voies de la Nature.

Mais l'observation de la surface du Globe, ces traces frappantes de submersions, d'émersions, de sillonnemens, seroient elles-mêmes un dédale auſſi obſcur, ſi l'on n'y portoit pas le flambeau de la ſaine Phyſique. Pluſieurs cauſes ont réagi les unes ſur les autres & ont confondu leurs effets; ceux des grandes cauſes, des cauſes premières & générales, ſont ſouvent enſevelis ſous les produits des cauſes particulières, locales & ſecondaires. Ce n'eſt qu'en obſervant l'ordre, la nature, l'étendue de ces effets, en rapportant ces caractères à l'énergie de chacune des cauſes, en les déduiſant toutes d'un premier principe inconteſté, en n'intervertiſſant point l'ordre dans lequel elles doivent s'en déduire, que nous pouvons eſpérer de les réunir dans un ſyſtême clair dans ſes principes, lié dans toutes ſes parties, conſéquent dans toutes ſes déductions, applicable à tous les phénomènes qu'il doit expliquer.

Il ne faut jamais perdre de vue que tout ce que nous appellons des cauſes, ne forme qu'une chaîne d'effets dont le premier chaînon ne ſera jamais ſaiſiſſable; il eſt le ſecret que s'eſt réſervé l'Auteur de la Nature; il eſt, ainſi que l'a dit un Philoſophe illuſtre de nos jours, le mot de la grande énigme du monde: mais dans cette échelle des cauſes, le dernier échelon juſqu'auquel nous pouvons nous élever, devient pour nous la cauſe première. Si cette cauſe modifie toutes les autres, ſi ſon effet eſt général, ſi elle ne peut dépendre elle-même d'aucune autre cauſe naturelle, ſi elle nous paroît le premier acte, le ſimple concept de l'Auteur de l'Univers, il y auroit de la folie à ne pas la prendre pour premier principe dans nos recherches, pour le fil d'Ariane dans le labyrinthe de la Nature. Nous ſubordonnerons donc la Phyſique de la Terre, ſi imparfaite juſqu'à préſent, au même principe primitif duquel nous penſons que doit ſe déduire la Phyſique Céleſte, nous en expoſerons les loix, &, après avoir démontré comment elles régiſſent tous les grands corps de notre tourbillon, nous les appliquerons aux modifications de notre Globe.

La Terre n'eſt qu'une des parties du ſyſtême du monde, qu'une des roues de cette machine immenſe; c'eſt des loix qui régiſſent ce ſyſtême qu'elle reçoit ſes premières & ſes plus grandes impreſſions. Le mouvement & la chaleur ſont les deux cauſes les plus actives, ſi ce ne ſont pas les ſeules cauſes de ſes modifications; peut-être même ces deux cauſes peuvent-elles, en dernière analyſe, ſe réduire à une ſeule. Or, c'eſt évidemment & néceſſairement dans la Phyſique céleſte qu'il faut aller étudier & le principe & les loix de ces deux grands phénomènes. Ce n'eſt donc qu'en liant la Phyſique terreſtre aux premières & grandes loix de la Phyſique céleſte, que l'on peut eſpérer de répandre de véritables lumières ſur cette Science. La Géographie Phyſique ne peut être éclairée que par la Phyſique céleſte, l'Aſtronomie ſeule peut nous ſervir de guide. Cette partie des connoiſſances humaines n'eſt la plus parfaite, que parce que les objets qu'elle conſidère ſont les plus ſimples ſur leſquels l'eſprit humain puiſſe s'exercer (*a*). Les eſpaces céleſtes, les ſphères qui les parcourent, les aires qu'elles y décrivent ſont le véritable domaine des Mathématiques ; c'eſt-là, qu'elles ſont dégagées de toutes les actions de pluſieurs élémens, de toutes

---

(*a*) La Géométrie, conſidérée comme Science de l'étendue & du mouvement, eſt dépouillée de toutes les autres circonſtances phyſiques ; elle eſt purement intellectuelle, & l'ouvrage de l'eſprit qui a établi cette exactitude ſur les abſtractions : exactitude qui n'a plus lieu, rigoureuſement parlant, dès qu'en appliquant la Géométrie à la Phyſique, on la fait ſortir de l'imagination de l'homme, pour la rapprocher de la Nature. *Voyez Aſtronomie ancienne par M. Bailly, Diſcours Préliminaire, pag.* vij.

les combinaiſons qui en réſultent, de toutes les complications qui en naiſſent & qui ſurchargent l'application de la Géométrie à la plupart des phénomènes de la Phyſique terreſtre, & rendent cette application, ſinon impoſſible, au moins auſſi difficile qu'incertaine; c'eſt dans les eſpaces céleſtes que la Géométrie dicte des loix ſimples & eſſentiellement juſtes. Nous commencerons donc par expoſer celles de ces loix auxquelles nous croyons devoir rapporter toute notre Théorie.

La révolution de la Terre autour du Soleil, la courbe qu'elle y décrit, le tems de la révolution de cette courbe, ſes anomalies, les différences des diſtances & des aſpects ſolaires, ſont les véritables élémens des loix de ſon mouvement général; & il eſt auſſi reconnu que facile de prouver, que ce ſont auſſi les élémens de la chaleur qu'elle reçoit. Ces deux premiers principes de toutes ſes modifications, le mouvement & la chaleur, dépendent donc eſſentiellement des loix de ſa révolution, & ne peuvent varier qu'avec ces loix : mais ces loix ſont-elles variables? Voilà la premiere queſtion qui ſe préſente, & nous nous rencontrons ici avec l'Académie de Péterſbourg (*b*). Nous ſentons combien nous nous expoſons à être accuſés de témérité, en oſant décider cette queſtion, ou au moins prendre pour principe la ſolution que nous préſenterons, avant que cette ſavante Compagnie ait prononcé : mais la marche de notre travail ne nous permet pas de différer d'expoſer

(*b*) Prix propoſé par l'Académie Impériale des Sciences de Saint-Pétersbourg, pour l'année 1781.

Comme toutes les meſures du tems ſe rapportent au mouvement diurne de la Terre, qu'on a regardé de tout tems comme uniforme & inaltérable, par la réſiſtance de l'Atmoſphère ou de l'Ether, par les forces du Soleil & de la Lune ſur le Sphéroïde applati; par la marée, qui change la figure de ce Sphéroïde, & conſéquemment auſſi ſes axes principaux; ou enfin par d'autres forces quelconques, en tant que leur moyenne direction ne paſſe pas le centre de gravité de notre globe, ſans que juſqu'ici perſonne ait démontré que cette ſuppoſition ſoit conforme à la vérité; on demande, « ſi l'on » peut produire des preuves convaincantes de cette égalité des ro- » tations de la Terre, » Ou bien, en cas que ce mouvement diurne ne ſoit pas uniforme, & qu'il ait ſouffert réellement quelques légères altérations produites par la réſiſtance de l'Air & de l'Ether, ou par quelqu'autre force qui puiſſe agir ſur la Terre, on demande encore, « 1°. par quels phénomènes on peut connoître ces altéra- » tions produites dans le mouvement diurne; 2°. par quels moyens » on peut rectifier la meſure du Tems, afin d'en tirer une compa- » raiſon exacte entre la meſure du Tems des ſiècles paſſés & celle » de nos jours. » *Voyez le Journal de M. l'Abbé Rozier, Mars 1779, pag. 234 & 235.*

cette

nos idées ſur ce problême. Si cette illuſtre Académie ne l'avoit pas propoſé, nous aurions agité cette queſtion ; nous ſuivrons notre marche, comme ſi ſon Programme n'avoit pas été donné. Si nous ſommes forcés de reconnoître quelques erreurs dans notre Théorie, loin de chercher à les défendre, nous nous empreſſerons de les avouer & de nous rectifier.

Nous traiterons donc des mouvemens de la Terre, & particuliérement de l'égalité ou de l'inégalité des années ; & nous oſons eſpérer que nous préſenterons quelques idées neuves.

Le mouvement général des Eaux étant la bâſe & le principal objet de notre travail, nous appliquerons, à ce mouvement, les loix que nous aurons reconnues : mais la maſſe des Eaux ne préſente-t-elle d'autre queſtion importante que celle de ſon mouvement, cette maſſe totale des Eaux ne fait-elle que circuler ſur la ſurface de la Terre, ne doit-on conſidérer que ſon tranſport ſucceſſif d'une partie de cette ſurface ſur l'autre, ou cette maſſe totale diminue-t-elle, y a-t-il moins d'eau ſous forme liquide ſur le globe, qu'il n'y en avoit autrefois ? Cette grande queſtion a été agitée par boaucoup de Phyſiciens ; elle eſt, comme nous l'avons déjà dit, (& cela eſt évident par ſoi-même) la bâſe de notre Théorie. Nous la traiterons donc avec toute l'attention dont nous ſommes capables : nous annonçons d'avance que nous nous ſommes déterminés pour la diminution progreſſive ; mais non pas égale dans des intervalles de tems égaux.

Quelle peut donc être la nature, quel peut être le nombre des cauſes de cette diminution ? Voilà ce que nous nous propoſons d'examiner dans l'Introduction, qui contiendra les principes de notre Théorie. Mais, pour l'indiquer ici ſommairement, il nous ſuffira de dire qu'une des cauſes les plus énergiques, nous paroît être l'addition de chaleur dans le globe. Cette augmentation de chaleur, ſi elle exiſte, doit agir de deux manières : elle doit élever plus d'eau, ou de principe humide dans l'Atmoſphère, qui ſera d'autant plus propre à en ſoutenir une plus grande quantité, qu'elle ſera plus échauffée. Cette augmentation de chaleur doit encore produire plus de force vivifiante, organiſante dans la Nature ; les Êtres organiſés doivent donc conſtamment s'augmenter en nombre ſur la ſurface de la Terre, il doit donc y avoir conſtamment & à chaque inſtant plus d'eau fixée, &, pour ainſi dire, ſolidifiée dans les corps organiſés co-exiſtans; les débris de ces corps, lorſque le principe qui animoit leur organiſation les abandonne, doivent être plus diſpoſés à contracter de nouvelles unions, à entrer dans de nouvelles combinaiſons, à former de nouveaux mixtes; parce que leurs principes auront déjà été élaborés, atténués dans les philtres végétaux & animaux.

Nous nous rencontrons ici avec un Philoſophe bien digne de toute la célébrité qu'il a acquiſe; nous nous eſtimerons heureux, toutes les fois que nous pourrons nous trouver d'accord avec lui; ce ne ſera qu'avec regret que nous ſerons forcés de nous écarter de ſes idées; & ce n'eſt qu'à l'évidence, ou au moins à la perſuaſion de la vérité, que nous pourrons ſacrifier notre reſpect pour ſes opinions. M. le Comte de Buffon a préſenté avec cette force, avec cette éloquence qui lui ſont propres, l'augmentation progreſſive de la maſſe ſolide du globe, par la formation continuelle des maſſes calcaires dans l'intérieur des mers.

Les cauſes que nous venons d'indiquer produiſent des effets qui ſe combinent, & d'où naiſſent encore d'autres effets analogues ; elles deviennent, pour ainſi dire, cauſes augmentatives d'elles-mêmes. Un terrein ne peut être abandonné par les eaux, qu'il ne ſe diſpoſe à porter des Êtres organiſés ; toutes les parties de ſon domaine que l'Océan perd, deviennent le domaine des végétaux & des animaux ; ceux-ci, tant pendant leur durée qu'après leur deſtruction, & par leurs débris même, qui tendent à ſe convertir en matiere ſolide, accroiſſent donc toujours l'empire du ſolide. Vainement nous objectera-t-on qu'en perdant le principe qui les avoit élevés à l'état d'Êtres vivans, ils rendent à la maſſe humide, par leur deſtruction & par l'évaporation, tout ce qu'ils avoient reçu ; nous croyons très-démontré que l'Eau, devenue principe des corps, y contracte une adhérence qui s'oppoſe à ſon retour à l'état fluide, ou qu'au moins, s'il doit un jour avoir lieu, la progreſſion vers ce retour eſt beaucoup plus lente que celle par laquelle l'Eau arrive à l'état de ſolide. La maſſe du ſolide s'accroît donc journellement aux dépens du volume de la maſſe totale du fluide.

Ce ſont toutes ces actions, toutes ces combinaiſons que nous nous propoſons de raſſembler, d'analyſer, en rapprochant tous les faits, toutes les obſervations; en les enchaînant dans leur ordre naturel, en les rapportant à notre première cauſe, & en les en déduiſant toujours ſuivant les loix d'une ſaine Phyſique.

La néceſſité d'expoſer, quoique très-ſommairement, nos idées ſur la diminution de la maſſe totale des Eaux, diminution que nous avons adoptée, ne nous a permis que d'indiquer deux des cauſes auxquelles nous attribuons cette diminution, & nous les avons rapportés à l'addition de la chaleur, comme ſi cette addition étoit une vérité reconnue. Cependant tout le ſyſtême de ce Philoſophe que nous venons de nommer, & que nous deſirerions ne jamais citer que comme une autorité en notre faveur, s'éleve ici contre nous. Selon lui, non-ſeulement la Terre, mais tous les corps céleſtes, marchent rapidement à une congellation abſolue de toutes leurs parties; il a fixé l'époque où tout le ſyſtême ſolaire ſera le ſéjour des frimats éternels, où le ſoleil n'éclairera plus que des glaçons. Un Philoſophe qui réunit, ainſi que celui dont nous parlons, les connoissances les plus profondes, l'esprit le plus agréable & l'éloquence la plus persuasive, a admis cette hypothèse; il l'a adaptée, de la manière la plus ingénieuse, à un système aussi brillant qu'intéressant; il a fondé sur ce principe du refroidissement progressif, la partie de son système qui avoit peut-être le plus de besoin d'une bâse plus solide; il a même hâté la marche de son guide, & accéléré la progression déjà calculée.

Deux Adversaires aussi respectables ne s'écartent pas avec une simple supposition. Ce n'est qu'après s'être appuié sur les principes les plus évidens, après s'être armé des preuves les plus fortes, que l'on peut oser combattre les idées de deux aussi grands hommes. Nous exposerons donc nôtre Théorie sur l'addition de la chaleur de la Terre, & nous espérons ne rien laisser à desirer à cet égard. L'évidence peut seule remplacer l'opinion de MM. de Buffon & Bailli : mais cette augmentation de chaleur que nous emploierons comme une vérité mathématique, après lui avoir assuré ce caractère, doit-elle s'accroître à l'infini & par une marche constante & invariable, ou la Terre est-elle soumise à de grandes vicissitudes de froid & de chaud? Les loix de la Physique céleste ne déterminent-elles pas, pour notre globe, de longues périodes d'augmentation & de longues périodes de diminution de chaleur? N'ont-elles pas fixé un degré de chaud & un degré de froid qui ne peut jamais être excédé? Quelles seroient ces périodes? Quels seroient ces degrés? Voilà ce que nous nous proposons d'examiner. Si la vérité de nos assertions peut jamais être aussi démontrée pour nos Lecteurs, qu'elle l'est pour nous; nous croirons alors avoir vraiment déterminé les époques de la Nature, ou au moins celles de la Terre.

Après avoir traité ces grandes questions de l'augmentation de la chaleur, de la diminution des eaux, nous adapterons à l'état actuel des grands volumes d'eau de la surface de la Terre, la Théorie qui résultera de ces considérations; nous rapporterons tous les monumens, toutes les traces du passage & du séjour des mers sur cette surface, aux états de submersions antérieures. Nous réunirons ainsi dans une Théorie générale, les états antérieurs, l'état actuel & les états futurs & successifs des grands bassins; nous considérerons en particulier chaque détroit; nous chercherons l'époque à laquelle il a dû commencer à paroître par l'émersion des terrres qui le bordoient alors, ou à se former par l'action des Eaux ; nous considérerons les changemens qu'il doit éprouver, soit en tendant à s'élargir, soit en tendant à se combler, soit en se desséchant.

La Théorie des montagnes & toutes les considérations qui leur sont relatives, se trouveront liées nécessairement à ce que nous aurons dit sur les mouvemens & sur les effets des Eaux ; nous examinerons si l'existence de toutes ces élévations remonte à l'origine du globe, si toutes lui sont postérieures, ou si quelques-unes sont aussi anciennes, & d'autres plus récentes ; quelles seroient, dans ce second cas, celles de nouvelle formation ; quand & comment ont-elles pu se former ; sont-elles toutes sorties du sein des Eaux ? quand & comment ont-elles pu devenir le séjour des végétaux & des animaux ? quel fut l'état de ces Êtres sur ces terreins neufs ; quels sont ceux qui ont dû s'y développer les premiers ; quelle nature de sol, quel aspect céleste, quel degré de chaleur ou de sécheresse a pu, dans l'origine, convenir à chacun de ces Êtres ; ont-ils dû, par les variations des aspects

aſpects & par celle d'un ſol plus élaboré par l'Atmoſphère & par la chaleur, ſe détériorer ou ſe perfectionner? pluſieurs eſpeces n'ont-elles pas dû éprouver des modifications dans leurs formes, qui les ont rendu méconnoiſſables; pluſieurs même n'ont-elles pas pu diſparoître totalement? quelles ont dû être les cauſes & les époques de ces altérations dans les deux règnes organiſés; enfin, l'énergie de la ſomme totale de la vitalité a-t-elle dû, doit-elle encore tendre à s'exalter ou à s'affoiblir dans la Nature, ou doit-elle ſeulement parcourir différens climats, en ſe variant & ſe compenſant ſucceſſivement ſur la ſurface de la Terre? Ces queſtions, qui ne paroiſſent juſqu'à préſent que des ſpéculations téméraires & vaines, préſenteront peut-être des données aſſez préciſes, & ſe rapporteront à des principes aſſez certains pour devenir l'objet de diſcuſſions vraiment philoſophiques. L'Hiſtoire Morale du Monde ſe déduira donc de l'Hiſtoire du Monde Phyſique; & quel eſt le Philoſophe qui doute que cette déduction ne ſoit rigoureuſement juſte dans l'ordre naturel; il ne s'agit que de ſaiſir les vrais principes, la marche de cet ordre; & c'eſt ce que nous oſons nous proposer. Si nous parvenons à répandre quelque lumière sur ces grandes questions, cette partie de notre Ouvrage ne sera pas la moins intéressante.

Voilà quelles seront les matieres de nos premières Recherches; elles ne sont point étrangères, comme on le voit à notre objet principal; elles présenteront & établiront les principes sur lesquels toute notre Théorie sera fondée, & auxquels nous nous référerons dans toutes nos explications. Les observations que nous ferons sur la Topographie de la France se rapporteront donc à la Théorie générale de la Terre, & s'éclaireront de cette Théorie qu'elles serviront à confirmer; elles placeront des jallons sur les plans de notre Globe. Les feuilles de Discours séparés des Cartes, séparés même de ceux uniquement destinés à l'intelligence Physique & à l'objet d'utilité pratique de ces Cartes, nous en faciliteront les moyens, sans nuire à l'ordre, à la clarté de notre Ouvrage, & sans nous écarter par conséquent de notre marche.

Nous adopterons comme une vérité certaine un fait qui paroît admis par tous les Philosophes, & dont l'observation de la Nature fournit à chaque pas des preuves que nul raisonnement ne peut atténuer. Cette vérité de fait eſt que la France a été ſous les eaux de la mer ; les traces de ſon ſéjour ſur notre Sol ſe rencontrent à chaque pas. Les maſſes énormes de matière animale qu'elle y a dépoſées, les maſſes bien plus conſidérables encore de terreins qui n'ont pu recevoir que dans ſon ſein la configuration extérieure, & l'organiſation intérieure qu'ils préſentent, les couches horiſontales étendues ſous la ſurface de ces terreins ; tous ces faits décèlent un très-long ſéjour de notre Terre ſous les eaux de la mer. Ces eaux ne ſe ſont pas rétirées ſubitement. La marche de la Nature eſt conſtante & uniforme, mais lente dans ſes grands effets.

Il eſt néceſſaire cependant de ſe faire une idée juſte & préciſe de cette uniformité de la Nature. C'eſt dans les principes d'action, dans la nature de ces principes, qu'exiſte réellement cette uniformité, mais non dans l'identité & dans l'étendue des effets ; les effets précédens deviennent eux-mêmes des cauſes du changement des effets qui les ſuivent, ils produiſent de nouvelles circonſtances qui changent les rapports des corps ſoumis aux actions des cauſes générales. Il ne faut pas attribuer ces anomalies apparentes à aucune variation dans le principe de l'action, mais au nouvel état où est arrivé le corps qui éprouve cette action.

La manière dont la Nature agit aujourd'hui dépose de la manière dont elle a agi autrefois, & la retraite continuelle des Eaux de dessus la surface de la France, seroit une vérité de raisonnement, si elle n'étoit pas une vérité d'observation. L'action de la mer contre une partie de nos côtes, qu'elle attaque & qu'elle mine sensiblement, semble fournir une objection très-forte contre notre assertion de la diminution générale ; mais nous verrons ailleurs comment, après s'être retirée de dessus ces terreins par sa diminution constante, elle peut ensuite, par ses grands mouvemens produits par les vents & par les marées, miner & saper ces terreins, lorsqu'ils lui présentent des coupes escarpées, & nous verrons ces escarpemens se former sous nos yeux.

Nous présenterons dans différentes Cartes, lavées & enluminées, cette émersion de la France de dessous les Eaux ; nous les verrons laisser à découvert des chaînes de montagnes, des grands platteaux, ou même des pics ou montagnes isolées ; nous nous arrêterons à chacune des époques que nous choisirons, & nous y considérerons l'état où devoit être alors la surface sortant du sein des eaux. Un Mémoire particulier sera joint à chaque Carte pour en faciliter l'intelligence ; nous y exposerons les motifs qui nous auront déterminés à nous arrêter à tel ou tel niveau, & nous osons espérer que la nature de ces motifs, les rapports qu'ils auront avec la Physique générale & avec la Topographie de la France, ne permettront pas de les regarder comme arbitraires.

C'est en suivant ainsi l'émersion de la France, l'abaissement successif du niveau des Eaux au dessous des différentes parties de sa surface, que nous pourrons distinguer plus aisément les travaux de la mer & ceux des eaux pluviales, dont l'action sur la Terre a commencé à l'instant où elle a été découverte, & c'est à ces deux causes que nous attribuerons les formes des terreins ; nous ne négligerons point l'observation des effets produitspar les volcans : le précieux Ouvrage de M. Faujas de Saint-Fond, les recherches de M. Desmarets seront, pour nous, d'excellens guides, & nous fourniront les Mémoires les plus précieux. Peut-être les époques où ces volcans ont dû s'enflammer, celles où ils ont dû s'éteindre, se lieront-elles à la Théorie des émersions & aux décroissemens des Eaux d'une manière plus satisfaisante qu'on ne l'a pensé jusqu'à présent. Ces grands monumens sont des feuillets des Fastes de la Nature : il y en a d'épars beaucoup plus qu'on ne le croit ; il suffit de les rassembler, de les placer dans l'ordre dans lequel ils se sont succédés, pour qu'ils puissent former différens Chapitres de l'Histoire du Monde ; les coquillages, les plantes, les restes d'animaux exotiques enfouis dans tant d'endroits, formeront peut-être une des grandes parties de cette Histoire.

Nous appellerons formes primitives celles qui auront été produites sous la Mer, & formes secondaires, ou sillonemens, les modifications ou altérations de ces formes que nous reconnoîtrons pour être l'effet des eaux pluviales. Nous considérerons ces eaux comme agissant de deux manières, ou comme courant à découvert sur la surface de la Terre, & la creusant, ou comme pénétrant cette surface, s'arrêtant sur des bancs de terre propres à les retenir, & suivant les plans inclinés de ces bancs. Nous les verrons alors se pratiquer des routes souterraines qui tendent toujours à s'aggrandir en surface & en hauteur, & qui y tendent d'autant plus constamment, qu'elles ne peuvent s'enfoncer, la nature du sol sur lequel elles courent & qui leur est inattaquable, ne leur permettant pas d'agir dans cette direction.

Ces considérations, & l'aspect des vallons qui s'éleveront insensiblement sous nos yeux, nous conduiront à la véritable Théorie générale des vallons : nous observerons leur formation, leur direction vers les lignes des plus grandes inclinaisons, leur réunion dans ces lignes. Nous verrons les grands bassins se circonscrire ; nous y suivrons les routes & les sinuosités des fleuves, des rivières & des ruisseaux qui les arrosent : la surface de la France se formera par la réunion de deux grands Plans inclinés, l'un du sud au nord, & l'autre de l'est à l'ouest. Le premier descendant des Pyrénées, & l'autre des Alpes ; & formant dans la ligne, où ils se réunissent, la grande vallée où coule la Loire. Dans chacun de ces bassins, qui se présenteront successivement & par parties sous nos yeux, nous considérerons les lignes hautes des terreins qui les circonſcrivent, les différens vallons particuliers & ſecondaires ou tertiaires qui s'y ſont formés par les courans des eaux pluviales, la figure, la nature & la hauteur des intervalles ſolides de terrein qu'ils laiſſent entr'eux, les profils de ces terreins à la partie la plus élevée & à la partie la plus baſſe : les détails dans leſquels nous nous propoſons d'entrer à cet égard, ne peuvent être expoſés ici que très-ſommairement ; la manière dont nous parcourons la France, la rend pour nos Lecteurs un pays nouveau.

La majeure partie des objets que nous conſidérons n'ont pas encore reçu de nom ; nous oſons regarder la Géographie Phyſique que nous préſentons comme une Science neuve ; & ce qui nous autoriſe à le dire, c'eſt que nous ne trouvons point de termes conſacrés, ou même reçus, pour pluſieurs objets qui doivent fixer notre attention. La Science, dont la Langue n'eſt pas faite, n'exiſte certainement pas. Nous croyons donc devoir faire précéder nos Cartes Topographiques par un Dictionnaire des noms des terreins à conſidérer par leurs formes, par leurs élévations relatives ; nous oſons eſpérer que les noms que nous aurons choiſis & conſacrés,

consacrés, paroîtront suffisamment expressifs & clairs, & que l'on reconnoîtra qu'il étoit nécessaire de les adopter.

LA Carte que nous annonçons sera intitulée, *Carte Physique & Hydrographique de la France*; elle contiendra, ainsi que nous venons de le dire, le cours de toutes les eaux qui l'arrosent, la véritable configuration de son sol, les pentes, l'évasement des vallons, les inclinaisons des collines, les hauteurs des montagnes & des crêtes qui séparent les bassins des rivières, la forme, l'étendue & les différentes inclinaisons de ces bassins, l'élévation, au-dessus de la Mer, des différentes couches d'argile ou de glaise qui soutienent les eaux à différentes profondeurs sous la surface de la Terre, les inclinaisons de ces couches, leurs ruptures occasionnées par ces inclinaisons, & les différens versemens qui résultent de ces causes; nous y joindrons toutes les grandes Routes de terre, pour pouvoir nous occuper ensuite, & comme nous le dirons plus bas, de leurs rapports avec les Routes d'eau.

Cette Carte ſera diviſée par feuilles de grandeur in-folio ; elle réunira l'avantage de pouvoir être miſe en porte-feuille, conſidérée par partie & rapprochée des diſcours qui ſeront relatifs à chaque feuille, & qui, étant de même format, pourront y être joints, à la facilité d'être aſſemblées en une ſeule Carte. Chaque feuille contiendra quatre-vigt-mille toiſes d'Orient en Occident, & cinquante mille toiſes du Midi au Nord; les quarante-cinq qui la compoſeront étant aſſemblées, formeront un quarré de douze pieds ſur chaque côté, grandeur ſuffiſante pour que tout ſoit ſenſible, & pas aſſez conſidérable pour ne pouvoir être placée & conſidérée dans cet état, dans lequel on ſaiſira d'un ſeul coup-d'œil & d'une manière claire, le ſyſtême général de toutes les Routes de terre & celui de toutes les Navigations, ſoit naturelles, ſoit artificielles, exiſtantes ou ſeulement projettées.

Pour faciliter les obſervations de tous ces rapports, & laiſſer à la Carte toute la netteté qui lui eſt néceſſaire, nous ſupprimons toutes les poſitions qui ne ſont d'aucune importance, ainſi que toutes les lignes qui, dans les autres Cartes, ſervent à marquer les limites des diviſions civiles, telles que

Diocèſes, Gouvernemens, Généralités, &c. (c). Cette Carte ne préſentera que la Topographie Phyſique & conſtante du Royaume. Elle ſera donc véritablement une Carte perpétuelle, & les légères variations qui pourroient arriver ſur le ſol, & qui ſeroient produites par l'établiſſement de nouvelles navigations, par la conſtruction ou, par l'abandon de pluſieurs chemins, ſeront très-aiſées à y introduire, par les moyens que nous allons indiquer, & qui appartiennent à l'article où nous nous propoſons d'expoſer l'utilité de cette Carte.

Toutes les crêtes des montagnes ou des plaines élevées, qui circonſcriront les différens baſſins,

(c) on doit obſerver que les lignes des différentes diviſions civiles ſe confondent ou s'entrecoupent ſouvent; les contours des Gouvernemens, des Diocèſes, des Parlemens, des Généralités, &c. n'étant point les mêmes, & formant ſouvent des iſles les uns dans les autres, cette raiſon étoit ſuffiſante pour nous déterminer à ne faire graver ſur notre Carte aucune de ces diviſions. Nous ne ſuivons que celles de la Nature, qui ſont les chaînes de montagnes & le cours des eaux; ce ſont les ſeules relatives à notre objet. On pourra cependant faire rapporter au pinceau ſur nos Cartes, telle des diviſions civiles que l'on deſireroit; ſur la demande qui nous en ſeroit faite par les Souſcripteurs, nous les ferions ajouter à leur Exemplaire.

ſeront tracées en rouge; & toutes les hauteurs au-deſſus de la Mer, ou toutes celles au-deſſus des lits des fleuves, qui auront été déterminées d'une manière sûre, ſeront marquées en chifres; ceux qui indiqueront les hauteurs au-deſſus du niveau de la Mer, ſeront placés ſur la ligne rouge; ceux qui indiqueront les hauteurs au-deſſus du lit de la rivière, par la perpendiculaire, ſeront placés entre la ligne rouge & la rivière. Les navigations naturelles ſeront lavées en bleu, les navigations artificielles, ou les canaux, ſeront lavés en verd, & les navigations projettées ſeront lavées en jaune; le reſte des eaux ſera tracé en noir, comme dans les Cartes ordinaires.

On donnera en outre une Carte qui indiquera l'aſſemblage de nos feuilles, qui facilitera le moyen de rapporter, en un inſtant, tel point donné de ces feuilles avec le point qui lui correſpond ſur celles de l'Académie, afin de pouvoir rapprocher aiſément tous les objets que préſentera notre Carte, de tous ceux que renferme celle de l'Académie, & que nous aurons été forcés de ſupprimer.

De l'utilité de cette Carte.

Cette Carte ſera donc véritablement la Carte perpétuelle & invariable de la France ; une forêt s'élève ſur un ſol qui n'en a jamais porté, une autre diſparoît de deſſus celui qui la nourrit depuis des ſiècles : un village eſt détruit, on en conſtruit ailleurs un autre : la ſurface de la Terre ſe couvre ſucceſſivement des ouvrages des hommes ; mais les montagnes peuvent être conſidérées comme immuables, les cours des rivières varient rarement, & ne s'éloigent que très-lentement des lits qu'elles ſe ſont creuſés depuis des ſiècles ; encore ces variétés ne ſe font-elles appercevoir que dans des rivières du ſecond, & ſurtout du troiſième & du quatrième ordre. Il ne paroît pas que la Loire, la Seine, le Rhône, la Garonne, &c. aient ſouffert aucun changement conſidérable dans la direction de leurs cours ; & l'on verra bientôt que les légères variétés que nous avons ſuppoſées, ſi elles arrivoient réellement, ſeroient très-aiſément rapportées ſur notre Carte, ou par nous, ou par ceux qui, après nous, veilleroient à ſa conſervation & à ſon perfectionnement, & que chaque propriétaire d'un exemplaire de cette Carte, pourroit de même les y placer ; ce qui nous autorise à dire, avec la plus exacte vérité, que notre Carte sera une Carte perpétuelle, & qu'il n'y a point à craindre, qu'il est même impossible, qu'il y en ait jamais une nouvelle Edition qui differe de la première, & qui ait le plus léger avantage sur elle.

Cette Carte étant précédée de nos Cartes d'émersions successives de la France, où les terreins submergés à chaque époque seront lavés en couleur d'eau; on pourra aisément distinguer par la ligne des eaux, quelles sont les parties de notre sol qui sont restées à sec en même tems, & qui sont par conséquent au même niveau; conclusion applicable aux différentes couches qui se trouvent dans l'interieur de ces terreins; mais applicable plus particuliérement encore à la recherche des lieux par lesquels on peut tenter de nouvelles navigations, & établir par des canaux, de nouvelles communications des eaux, puisque l'on y reconnoîtra le niveau auquel les eaux se soutenoient, lorsqu'elles étoient élevées à ces hauteurs. Cet usage que l'on pourra faire de notre Carte sera exposé, avec plus d'étendue & plus de clarté, dans notre

Introduction, & rapporté à chaque feuille dans le Discours qui y sera joint.

Nous indiquerons, dans ces Discours, tout ce que nous saurons de relatif aux gissemens des minéraux ; ce qui concerne cette partie très-interressante, n'est pas notre objet principal ; cependant nous ne négligerons rien de ce qui pourra s'y rapporter. Les travaux des Savans qui s'occupent des Cartes minéralogiques de la France, nous seront d'un grand secours ; nous nous empresserons d'enrichir, non par nos Cartes, mais les Discours qui les accompagneront, des connoissances que nous avons droit d'attendre d'eux. Les occasions de leur témoigner notre reconnoissance, nous seront toujours très-agréables. Nous désirerions qu'ils eussent rapporté les positions des couches qu'ils nous indiquent au niveau de la Mer ; rapport essentiel que nous ne perdrons jamais de vue.

Cette Carte représentant avec exactitude la configuration du sol, les cours des eaux, les crêtes des chaînes des montagnes, les vallées ou gorges qui les coupent, on pourra former un systême général de navigation ; c'est-à-dire, que toutes les données physiques, toutes les possibilités de verſement & de communication étant connues, on pourra rapporter toutes ces données aux avantages que l'état économique & le commerce des différentes Provinces pourroient en retirer, comparer ces avantages entre eux & tracer enfin le plan du ſyſtême général de la navigation la plus deſirable, rapporter ce ſyſtême à celui des Routes de terre, les co-ordonner enſemble, procurer ainſi à toutes les Provinces, les débouchés les plus importans.

Ce Plan général, qui réuniroit les directions & les communications les mieux combinées de toutes les Routes d'eau & de terre, étant arrêté, on pourroit marcher toujours à ſon exécution, ſans craindre de s'écarter d'un pas : à l'inſtant où un nouveau projet ſeroit préſenté, on pourroit, d'un coup d'œil, juger de ſa poſſibilité phyſique & de ſon utilité, par le rôle qu'il joueroit dans le Plan général; tous ſes rapports phyſiques & économiques ſeroient ſous les yeux. Nous oſons même penſer que ce n'eſt que lorſqu'on aura formé le ſyſtême & tracé le Plan général des navigations du Royaume, que l'on ſera vraiment éclairé ſur le ſyſtême général des Routes de terre, &

& ſur le degré d'utilité de chacune de ces Routes. Ce Plan général de navigation préſentera des points communs à pluſieurs branches, & qui indiqueront des Ports dans l'intérieur des terres, Ports dont la connoiſſance ſera de la plus grande importance. Un motif puiſſant pour ſubordonner le ſyſtême des Routes de terre à celui des Routes d'eau, c'eſt qu'on peut faire des chemins par-tout, & qu'il n'en eſt pas de même des canaux. Nous entrerons à cet égard, dans de plus grands détails, dans notre Introduction à l'uſage de la Carte, & nous préſenterons même nos idées ſur le ſyſtême général de navigation que nous jugeons le plus avantageux, d'après les poſſibilités phyſiques, & en conſidérant tous ſes rapports avec le commerce général du Royaume & avec le commerce particulier des Provinces.

Ce Plan général, une fois formé, ne ſeroit point ſemblable à tous ces Mémoires, à tous ces Projets, dont les bureaux des Miniſtres ou des Ordonnateurs des Routes de terre & d'eau ſe rempliſſent, & où ils ſont enſevelis dans l'oubli, ſans qu'on ſe ſoit ſuffiſamment aſſuré s'ils méritent ce ſort. Souvent un excellent Projet eſt rejetté par des conſidérations de tems & de circonſtances, par des motifs & des intérêts mal entendus, par des oppoſitions étayées de plus de crédit que de raiſon, par des objections mal diſcutées; enfin par mille raiſons que nous ne nous propoſons point d'expoſer ici. Il nous paroît qu'il ſeroit très-important que tous ces projets fuſſent conſervés, après avoir ſubi, à leur préſentation, un jugement réfléchi & fondé ſur de vrais principes, que ce jugement leur reſtât joint, & conſervât les raiſons d'approbation ou de réjection. S'ils ſont jugés utiles & que quelques-uns des motifs que nous venons d'indiquer ne permettent pas de les exécuter actuellement, réſervons-les pour des tems plus heureux : s'ils doivent être proſcrits ſans retour, tranſmettons à ceux qui viendront après nous, les raiſons qui les ont fait rejetter; évitons-leur la peine de les examiner, ou le danger de les adopter.

L'étude de notre Carte ne permettra de propoſer que des Projets exécutables, & leurs rapports avec le ſyſtême général de navigation, fixera leur véritable mérite relativement à ce ſyſtême, ou les réduira à l'utilité locale, toujours plus facile à évaluer. Enfin les poſſibilités phyſiques, les convenances économiques & les rapports, tant généraux que particuliers, feront plus aifés à apprécier.

Pour tendre d'autant plus vers ce but, le Difcours qui fera joint à chaque feuille, préfentera le boffelage de cette furface, la circonfcription des grands baffins, leur confidération en eux-mêmes, & leurs rapports avec les baffins qui les environnent, les détroits par lequels ces baffins communiquoient les uns avec les autres dans les fubmerfions précédentes, l'ordre chronologique dans lequel ces détroits ont veillé; c'eft-à-dire, ont commencé à paroître au-deffus de la furface des Eaux. Or, ces détroits font évidemment les feules paffes par lefquelles on puiffe efpérer d'opérer des communications d'eau.

En confidérant ces baffins en eux-mêmes, il fera facile de reconnoître les baffins particuliers qui y font compris, les directions dans lefquelles ces baffins fe font ouverts, les directions dans lefquelles courent les eaux qui les arrofent, les crêtes qui les circonfcrivent, les inclinaifons de ces crêtes vers telle ou telle partie de l'horifon; en rapportant ces élémens aux lignes de fubmerfion, nous efpérons en déduire toutes les poffibilités phyfiques des verfemens d'un baffin dans un autre, établir des navigations dans l'intérieur de ces grands bafſins, navigations que nous appellerons du ſecond ordre; ne conſidérant comme navigations du premier ordre, que celles qui s'opèrent par le verſement des eaux d'un grand baſſin dans un autre grand baſſin; par exemple, du baſſin de la Loire dans celui de la Seine, du Rhône, de la Garonne, &c. Nos Diſcours ſur chaque feuille indiqueront encore les couches des terres qu'elles comprendront, la perméabilité, ou l'imperméabilité de ces couches aux eaux ſupérieures, les directions, les inclinaiſons générales de ces couches, les ruptures qu'elles auront éprouvées par les affaiſſemens & les éboulemens occaſionnés par le travail des eaux ſur les côtés des boſſelages, ou eſpèces de preſqu'iſles qu'elles ont formées dans l'intérieur des terres; Théorie qui ſera préſentée dans notre Introduction avec plus de clarté que nous ne pouvons lui en donner ici.

Enfin nous conſidérerons, en particulier & dans le plus grand détail, dans chacune de ces feuilles, l'état actuel des navigations, tant naturelles qu'artificielles, les nouvelles navigations que l'on pourroit y établir; & nous analyſerons tous les Projets de canaux qui viendront à notre connoiſſance;

nous ferons graver les Plans de ce canaux sur le même point que celui de notre Carte, & nous en délivrerons deux Exemplaires aux Souscripteurs; l'un pour rester joint au Mémoire ou Discours sur la Feuille où il seroit placé, l'autre pour pouvoir être découpé & transporté sur la Carte; ce qui, au moyen des indications & des règles que nous donnerons, deviendra de la plus grande facilité (*d*).

Quant à quelques détails plus intéressans que ces projets pourroient présenter, soit dans les excavations, soit dans d'autres ouvrages, nous les ferons graver plus en grand, pour rester joints aux Mémoires.

La facilité de transporter ainsi sur notre Carte toutes les navigations nouvelles qui pourroient être exécutées ou même projettées, mettra donc chaque Propriétaire d'un exemplaire dans le cas d'avoir toujours sous les yeux l'état général de la navigation actuelle & de la navigation possible. Il ne

(*d*) L'Exemplaire destiné à rester joint au Mémoire, sera imprimé en papier fort ou ordinaire; l'autre Exemplaire, destiné à être découpé & collé sur la Carte, sera imprimé en papier mince.

faut point oublier que les différentes navigations, soit naturelles, soit artificielles ; que parmi ces dernières, celles qui seront exécutées & celles qui seront seulement en projet, seront distinguées par des couleurs.

Notre Carte sera donc véritablement, & ainsi que nous l'avons annoncé, une Carte perpétuelle ; & elle conservera & représentera toujours toutes les idées qui auront été conçues sur tous les versemens des eaux ; elle sera à la fois & le dépôt & le tableau fidele de toutes les connoissances physiques sur la navigation, & de toutes les idées d'étendue & de perfection que cette partie intéressante aura fait naître, & qui, jusqu'à présent, se sont ensevelies & perdues dans les porte-feuilles des Auteurs, ou dans les cartons des Bureaux ; on ne fera plus dans cette Science un seul pas dont la trace ineffaçable ne reste gravée sur nos Cartes, & les Mémoires qui y seront joints conserveront des analyses fondées en principes sûrs & discutés dans le plus grand détail, sur la possibilité & sur l'utilité de chaque projet rapporté au système général de navigation ; considération importante, & qu'il est d'autant plus nécessaire de ne jamais perdre de vue, qu'il en résultera que ſouvent un Projet qui, ſeul & conſidéré en lui-même devroit être négligé, méritera d'être accueilli, protégé, exécuté par le rôle qu'il jouera dans le ſyſtême général.

Nous oſons donc nous flatter, d'après le Plan que nous venons de préſenter, que notre Carte ſera d'une utilité générale & conſtante, qu'elle repréſentera toujours la véritable Topographie phyſique & naturelle de la France, quel que ſoit le degré de perfection qu'acquierre ſa navigation. Nous eſpérons auſſi que la réunion de notre Introduction aux Mémoires que nous donnerons avec chaque feuille, formera un Traité complet de la Géographie Phyſique de la France : traité dont on n'avoit peut-être pas encore eu d'idée juſqu'à préſent.

Nous ne nous diſſimulons point l'étendue de l'engagement que nous contractons, ni les difficultés ſans nombre que nous rencontrerons dans notre route. Mais nous l'avons déja dit, & nous nous permettrons de le répéter encore, pour juſtifier notre entrepriſe, & parce que l'ordre & la méthode peuvent ſeuls nous concilier la confiance de ceux qui nous liront; vingt ans de méditations ſur nos principes, la certitude d'être remontés à des cauſes dont l'énergie eſt auſſi inconteſtée qu'inconteſtable, la ſévérité de l'ordre ſynthétique que nous avons ſuivi, en ſubordonnant toujours les ſecondes cauſes aux premières, en déduiſant toujours nos concluſions des premières loix, & en leur rapportant toujours le nombre, la nature & l'enchaînement des effets que nous avons obſervés; l'application de notre méthode à une grande partie de notre Ouvrage déja faite, tout nous autoriſe à eſpérer que nous pourrons remplir notre tâche.

L'étendue des lumières qui éclairent aujourd'hui le carrière que nous parcourons, la maſſe des connoiſſances qu'on a répandues ſur toutes les matières que nous traitons, l'eſprit philoſophique qui dirige, depuis pluſieurs années, les Savans, la multitude de faits & d'obſervations que nous puiſons dans leurs Ouvrages, nous fourniſſent des moyens ſans nombre & ſur leſquels nous étayons notre confiance. Nous ne perdrons pas une occaſion de leur en témoigner notre reconnoiſſance; & ſi nous omettons de citer un ſeul des Savans dont nous aurons emprunté les ſecours, nous le prions inſtamment d'être très-perſuadés que ce ſera par inadvertance, vertence, ou par défaut de mémoire, & nous nous empresserons, au premier avis, de réparer nos torts.

C'est aux Auteurs de la Carte de France, donnée par l'Académie, que nous devons notre premier hommage; sans cet excellent & immortel Ouvrage, dont le nôtre est la suite & le complément, ce dernier n'eût pas été possible. C'est la Carte de l'Académie qui nous a présenté la surface de la France, que nous aurions vainement cherché à connoître dans toutes les autres Cartes qui existoient avant. Trop heureux si nous pouvons faire pour ceux qui nous suivront, autant que ces Savans ont fait pour nous; & si le travail auquel nous nous consacrons, peut quelque jour faire naître & exécuter ce systême, ce Plan de navigation générale de l'intérieur du Royaume, co-ordonné avec les Routes de terre, c'est le premier objet de nos vœux.

Nous prions avec les plus vives instances les Physiciens & les Observateurs qui se sont occupés des matières que nous traitons, de nous aider de leurs lumières sur la nature des terreins qu'ils connoissent, de nous faire part de leurs réflexions sur les observations qu'ils auront faites, de nous faire connoître les nivellemens de l'exactitude desquels ils se seroient assurés. Toutes ces observations se réuniront, se lieront entre elles dans notre Ouvrage, & formeront ainsi un systême régulier composé d'une multitude de faits épars & perdus par le défaut de connoissance de leurs rapports entre eux. Tous ces faits rapprochés se vérifieront les uns par les autres, tous confirmeront notre Théorie de la configuration de la surface de la France, & prouveront que les principes qui nous auront guidés, seront toujours applicables, avec la même précision, à la configuration de toutes les autres parties de la surface du globe entier. Si quelques erreurs, quelques inadvertences s'étoient glissées dans les observations que l'on voudra bien nous communiquer, ou dans celles que nous aurions faites nous-mêmes, nous en serions avertis par l'incohérence de ces observations avec toutes les autres, & de nouveaux voyages que nous ferions sur les lieux, décideroient la question. Nous nous empressons ici de reconnoître combien nous sommes redevables à M. Guettard; ses recherches très-nombreuses sur l'Histoire Naturelle & sur la Topographie de la France, l'esprit vraiment philoſophique qui a guidé ſes obſervations, la ſaine Phyſique qui a éclairé ſes réflexions, ſont pour nous des tréſors dont nous connoiſſons tout le prix. Nous le prions d'agréer les témoignages de notre reconnoiſſance, & nous invoquons ſes ſecours pour la ſuite de notre Ouvrage.

Enfin nous eſpérons que la réunion des connoiſſances déja acquiſes ſur la ſurface de la France, à celles dont les Phyſiciens, les Naturaliſtes & les autres Obſervateurs exacts, voudront bien nous faire part, & à tous les genres de recherches, de ſoins & de travaux auxquels nous nous conſacrons, nous mettra à portée de préſenter au Public une Carte de la France abſolument nouvelle & digne de toute ſon attention.

N'oſant cependant pas nous flatter de ne tomber dans aucune erreur; lorſque nous en reconnoîtrons nous-mêmes, ou qu'on nous en indiquera, nous nous hâterons de nous rectifier dans des Mémoires particuliers deſtinés aux additions, & que nous donnerons avec les livraiſons ſucceſſives. Nous délivrerons les corrections gravées de ces erreurs, & propres à être tranſportées ſur les Cartes d'une manière auſſi facile que sûre.

Qu'il nous ſoit permis d'inviter tous les Phyſiciens de l'Univers à faire, pour leur Pays, ce que nous oſons tenter pour le nôtre. Puiſſe notre Ouvrage mériter leur attention, exciter leur zèle. Dûſſions-nous être infiniment devancés dans la carrière par ceux que nous invitons à y entrer, l'honneur de la leur avoir ouverte ſuffit pour notre gloire.

PRÉFACE.

La Physique de la Terre est nécessairement dépendante de la Physique céleste : c'est aux Loix primitives & dominantes de celle-ci qu'il faut rapporter tous les phénomènes que nous observons sur notre Globe.

Toute cause physique qui n'est pas la cause primitive du système du monde n'est qu'un effet. Il est impossible de connoître la nature, les véritables propriétés de cet effet, & leur énergie, si l'on ignore comment il a été produit, les modifications de temps, de lieu, de circonstances dont il est susceptible ; si on ne s'est élevé enfin jusqu'au principe, jusqu'aux loix qui déterminent ces modifications.

Que sont donc toutes les théories qui emploient l'un ou l'autre de ces effets comme cause premiere, qui prétendent en déduire l'explication de tous les phénomènes, sinon des édifices ruineux ?

La Physique ne sera véritablement une science exacte que lorsqu'elle n'aura qu'un premier principe, que lorsque tous les effets seront en derniere analyſe rapportables à une cauſe générale & unique, que lorſque toutes les actions pourront ſe déduire d'une ſeule action.

Il eſt auſſi impoſſible qu'il exiſte dans la Nature deux cauſes phyſiques, indépendantes l'une de l'autre, ſans action l'une ſur l'autre, qu'il eſt impoſſible qu'il exiſte deux créateurs, deux ordonnateurs de l'univers; une ſeule cauſe phyſique le régit, comme une ſeule intelligence l'a produit.

Il étoit donc abſolument néceſſaire pour affermir notre théorie ſur une bâſe inébranlable, de remonter juſqu'à la premiere cauſe phyſique du ſyſtême du monde, de ſuivre tous les effets de cette cauſe, & de reconnoître ſon action dans tous les phénomènes. L'enſemble de tous ces effets, & de tous ces phénomènes forme ce que nous appellons la Nature. Etudier la Nature, c'eſt parcourir tous les chaînons de cette chaîne, en obſervant attentivement comment ils tiennent les uns aux autres. Deux ſciences ſemblent particulierement ſe partager cette étude, qui ne peut cependant être diviſée; & quoique ſœurs & ayant toutes deux le même objet, la recherche de la vérité, elles s'appuient ſur des principes différens. Ces deux ſciences ſont les Mathématiques & la Physique : ce n'est que de leurs efforts réunis, que nous pouvons attendre des connoissances certaines & démontrées qui émanent évidemment des principes naturels, & qui appartiennent véritablement au systême du monde ; ce n'est que du concours de la certitude physique & de la démonstration mathématique, que l'exposition de ce systême peut recevoir toute la certitude dont sont susceptibles les productions de l'entendement humain. Toute la puissance de l'une de ces deux sciences ne peut élever, sans le secours de l'autre, un édifice solide, établir une théorie générale qui, sans révolter la raison par des suppositions purement arbitraires, sans employer les chimères de l'imagination, au lieu des simples résultats des observations les plus réfléchies, suffise à l'explication des phénomènes.

Peut-être ne nous a-t-il pas été donné de connoître toutes les voies de la Nature, de suivre sa marche dans toutes ses opérations. Ce doute est affligeant pour l'esprit humain : mais il ne ralentit point son effort ; le courage avec lequel il saisit & poursuit tous les problêmes, en prouvant combien il repousse cette crainte, semble déceler en lui une force ſuffiſante pour vaincre tous les obſtacles. Les plus puiſſans ſont peut-être déjà détruits, peut-être même n'avons nous été arrêtés dans notre marche que par la rapidité que nous avons voulu y mettre; nous en aurions plus appris ſur le ſyſtême du monde, ſi nous avions moins cherché à le deviner. Notre imagination ardente prête trop ſouvent ſes moyens à la nature, lorſque celle-ci ſemble envelopper les ſiens; on diroit qu'alors nous nous indignons de ſa réſiſtance, & que nous voulons preſque nous paſſer d'elle pour écrire ſon hiſtoire. Suppoſer n'eſt pas connoître. Ne prêtons rien à la Nature, ne mettons pas nos plans à la place du ſien. Remontons d'effets en effets, juſqu'à celui qui nous paroîtra ne pouvoir être produit que par l'Etre qui a tout produit; que cet effet primitif ſoit pour nous la cauſe phyſique primitive, la bâſe phyſique de notre théorie. Appellons alors à notre ſecours cette ſcience à laquelle ſeule il appartient de meſurer les forces, d'en calculer les actions, de répartir ces actions dans les eſpaces & dans les maſſes. Que notre ſyſtême enfin, fondé ſur une vérité phyſique, inconteſtable, ſe développe, s'étende & s'applique par les Mathématiques

thématiques à tous les phénomènes que présente la Nature.

Il est aisé de reconnoître qu'il s'en faut beaucoup que le concours si desirable de ces deux sciences ait encore servi de base à aucun systême de Cosmogonie. Nul de tous ceux qui ont été proposés n'est établi sur un principe physique reconnoissable, saisissable dans la Nature ; les deux grands agens qui dominent aujourd'hui dans les sciences dont nous parlons, sont l'un & l'autre de pure institution : ils ne sont que des déductions des phénomènes observés, & non des agens physiques qu'il soit possible de connoître en eux-mêmes.

L'impulsion & l'attraction, sont, selon presque tous les Savans, les deux grands principes de la Nature, & c'est de la combinaison de leurs actions qu'est né le systême le plus ingénieux & le plus imposant auquel l'esprit humain paroisse capable de s'élever.

Mais n'est-ce pas déjà un vice dans ce systême que d'avoir besoin de deux principes, non-seulement indépendans l'un de l'autre, & qui ne peuvent se rapporter à aucune cause physique qui leur ſoit commune, mais agiſſant même dans des directions contraires, & exerçant continuellement leurs efforts l'un contre l'autre. L'Auteur de la Nature a donc eu beſoin de créer deux agens phyſiques, d'établir deux pouvoirs oppoſés, de l'équilibre deſquels réſultât la Loi générale qu'il a preſcrite à ſon ouvrage : il lui a donc fallu deux reſſorts pour déterminer la marche de ſa machine. Cette ſuppoſition ne convient point à l'idée ſublime que nous avons de l'œuvre du Créateur. Convaincus cependant que nous ne pouvons nous élever juſqu'à la ſublimité de ſes vues & concevoir où il a voulu placer la ſimplicité & la perfection de ſon plan, nous ne nous permettrions pas de faire, de ce défaut d'unité d'action, une raiſon ſuffiſante pour rejetter un ſyſtême, ſeulement parce que cette unité d'action ne s'y trouveroit pas. Mais nous oſerions eſpérer que quelque Génie plus heureux parviendroit, un jour, à ſimplifier la théorie, & nous ſerions portés à regarder, comme plus parfait, comme plus digne de Dieu, le plan qui réduiroit ces principes à un ſeul, & à l'adopter de préférence, s'il ſatisfaiſoit également à l'explication des phénomènes.

Si, du moins, ces deux principes contraires, ces deux agens opposés qu'on nous propose, étoient reconnoissables dans la Nature, s'ils étoient concevables en eux-mêmes, si l'on pouvoit se faire quelqu'idée de leur existence & de leurs propriétés physiques ? Mais ils s'y refusent également & absolument l'un & l'autre, ou au moins, & pour parler plus juste, l'un (& c'est l'impulsion) est une pure supposition, un agent placé hors de la Nature, un acte isolé que l'on fait faire au Créateur, ou plutôt une multitude d'actes semblables tendans à une même fin, & qui ne conviendroient qu'au grossier & très-imparfait méchanisme des hommes, & non à l'Etre qui d'un seul acte de son entendement produisit tout ce qui devoit & tout ce qui pouvoit exister. L'autre principe (& c'est l'attraction) répugne par lui-même à toutes les idées physiques : il est contraire, sur-tout, aux loix les plus certaines du mouvement, à cet axiome évident, que les corps ne peuvent agir qu'où ils sont, qu'ils ne peuvent recevoir & commmuniquer du mouvement que par des contacts.

L'impulsion sort donc du rang des causes physiques & purement naturelles, il faut recourir à

Dieu pour en concevoir l'exiſtence. Son admiſſion n'introduit donc aucune connoiſſance phyſique dans le ſyſtême du Monde, elle rappelle à l'eſprit ces génies qui, dans l'enfance de l'Aſtronomie, étoient ſuppoſés guider les ſphères céleſtes dans leurs révolutions, parce qu'on n'avoit imaginé aucun autre moyen de concevoir leurs marches.

Mais cette impulſion n'eſt pas même un acte abſolu commun à toute la matiere, comme la création; il faut conſidérer dans chaque globe une impulſion particuliere qui doit lui avoir été imprimée à part; une multitude énorme de globes, tous les ſoleils ont-ils reçu cette impulſion à la fois, l'ont-ils tous reçue dans le même ſens? Les planetes, au moins, ont reçu des impulſions différentes de celles des ſoleils : il faut que ceux-ci n'aient été frappés que par un coup oblique propre à les faire tourner; ſeulement ſur leurs centres, tandis que les planetes auront été frappées perpendiculairement à leurs ſurfaces, pour leur faire décrire des orbites dans l'eſpace; & obliquement à leurs ſurfaces, pour les faire tourner ſur elles-mêmes. Les comètes ſuppoſent une multitude d'impulſions différentes, puiſque toutes leurs directions sont différentes. Que de chocs, que d'actions particulieres, entraîne & exige l'admission de ce principe en apparence si simple ! Que cette multitude d'actions, d'actes différens convient peu à la production du Monde qui doit être né du simple & pur concept de son Auteur, & dont le majestueux & immense ensemble doit avoir résulté d'une cause simple, comme ce concept ! Que le recours à cette cause méchanique, à son application multipliée & variée, décèle la foiblesse de l'esprit humain, & rapproche de ses moyens celui de l'Auteur de la Nature ! Nous voyons des corps se mouvoir dans l'espace, nous ne concevons de cause de mouvement que le choc; & nous disons, Dieu a frappé ces corps, il les a poussés dans cette espace qu'ils parcourent. Toutes ces directions différentes sont l'effet des différentes impulsions données par Dieu.

Non, ce n'est point ainsi que Dieu a agi, il a dit un mot, ce mot a été la loi éternelle & générale, il en est né un mouvement unique dont sont nés tous les autres mouvemens; cette vérité est certaine, parce qu'elle doit l'être, parce qu'elle convient seule à l'action du Tout-Puissant; elle est certaine, parce qu'elle suffit seule à l'explication de tous les mouvemens de l'Univers, & parce qu'il n'y a qu'elle qui puisse les expliquer. En effet, l'impulsion ne suffit pas pour expliquer tous les mouvemens célestes, ni même aucun d'entr'eux; il a fallu recourir à une autre cause, à l'attraction; & celle-ci n'est, comme l'impulsion, qu'une déduction des phénomènes, qu'une supposition tirée de plusieurs conséquences composées.

L'attraction & l'impulsion réunies ne satisfont encore aux phénomènes pour lesquels on les invoque, que parce qu'elles sont l'une & l'autre des déductions des mouvemens observés dans les sphères célestes. On a dit que l'attraction agissoit en raison du quarré des distances, parce qu'il falloit qu'elle fût telle pour opérer les effets observés dans les espaces célestes. On a si peu d'idée des loix de cette puissance d'institution arbitraire, que l'on est toujours prêt à varier la nature de son action, lorsque de nouvelles circonstances le demandent. Ses Apôtres les plus zélés l'ont souvent représentée comme agissant tantôt en raison du cube des distances, tantôt en raison du quarré quarré; les loix qu'elle suit dans les très-grandes distances, ne ſont pas celles auxquelles elle obéit dans les très-petites, &c. Il eſt donc évident qu'elle n'eſt qu'une force d'inſtitution créée arbitrairement pour ſatisfaire au beſoin que l'on a cru en avoir, qu'elle n'eſt qu'une hypohtèſe déduite des effets obſervés, & inſtituée telle préciſément qu'il convenoit qu'elle fût pour être la cauſe de ces effets.

Comment en effet conçoit-on l'attraction en elle-même ? L'attraction, nous dit-on, eſt une force par laquelle deux corps, ſeuls dans l'Univers, s'approcheroient l'un de l'autre, quelque éloignés qu'ils fuſſent, ſans qu'aucune autre force, aucun autre agent, les pouſſât ni l'un ni l'autre. L'attraction eſt donc une propriété eſſentielle de la matiere, propriété qui lui a été donnée par Dieu, & par laquelle toutes ſes parties tendent l'une vers l'autre en raiſon directe de leurs maſſes & inverſes du quarré de leurs diſtances.

Il eſt donc évident, & tous les Savans avouent que l'attraction impoſſible à trouver *à priori* & à concevoir en elle-même (*a*), n'a été déduite que

---

(*a*) Muſſembroek, l'un des plus zélés partiſans de l'attraction, eſt obligé de convenir « qu'il n'eſt pas poſſible de démontrer, ni mê-

des phénomènes obſervés dans la Nature & premierement dans les eſpaces céleſtes. Képler, le premier qui a reconnu les loix des révolutions des planetes placées à différentes diſtances du ſoleil, & qui a trouvé que les quarrés des tems de ces révolutions étoient entr'eux comme les cubes de leurs moyennes diſtances, fut conduit à ſuppoſer l'attraction des corps. Les Philoſophes qui le ſuivirent, & ſur-tout Newton, adopterent cette idée; il faut avouer qu'elle s'eſt prêtée avec une facilité admirable à tous les phénomènes céleſtes: mais on ne doit pas en être ſurpris, on connoiſſoit des loix certaines, on a ſuppoſé un principe à ces loix; la ſuppoſition de ce principe a été telle qu'il

---

» me de comprendre clairement la nature, la conſtitution d'un tel » principe, ni de quelle maniere il ſeroit uni aux corps, ni com» ment il agiroit extérieurement, ni enfin comment il pourroit agir » ſur les corps qui ſeroient placés à quelque diſtance les uns des au» tres. En effet, il n'eſt point donné à l'homme de porter ſes regards » juſques dans l'intérieur des corps, & d'en découvrir la conſtitution, » à l'aide des ſens dont l'Auteur de la Nature l'a pourvu: par con» ſéquent la connoiſſance de ce principe ne peut point être rangée » parmi celles qu'on conçoit clairement, qu'on développe aiſé» ment, & qu'on démontre manifeſtement.

Muſſenbroeck, cours de Phyſique expérimentale & Mathématique. Tom. 2. pag. 2. Edit. de M. Sigaud de la Fond. Paris, 1769.

convenoit

convenoit qu'elle fût : on en a tiré des conséquences, il étoit impossible que ces conséquences ne fussent pas vraies relativement à la supposition : mais cette vérité n'étoit pas plus réelle que la supposition elle-même, & ne pouvoit procurer à celle-ci aucun degré de réalité : c'étoit l'hypothèse elle-même que l'on érigeoit en puissance physique.

Cette attraction admise, (& nous verrons qu'on a très-bien fait de l'admettre comme une hypothèse, comme une supposition empruntée) elle ne pouvoit avoir de cause naturelle ; il a donc bien fallu recourir à Dieu pour l'imprimer à la matiere. Voilà encore un nouvel agent créé. Les Philosophes ont donc fait encore intervenir Dieu pour donner une existence physique à une idée très-métaphysique.

L'impulsion, au moins présente une idée claire : on conçoit comment une force quelconque peut pousser un corps, & comment un corps en mouvement peut en mouvoir d'autres. La volonté de Dieu peut suppléer à cette force physique & méchanique. Rien ici ne répugne aux autres loix connues en Physique. Il n'en est pas de même de l'attraction; nous avons vu que cette force agit en distance sans contact immédiat ni médiat; un corps agit donc sur un corps sans le toucher: & c'est ainsi que l'a remarqué le Savant Mairan, comme si un corps agissoit où il n'est pas.

La cause de l'attraction est donc surnaturelle, & son action est non-seulement inconcevable, mais même contraire aux notions les plus générales, les plus claires & le plus unanimement reçues en Physique.

Nous ne rassemblerons point toutes les objections tant de fois répétées contre l'attraction, nous ne cherchons point à la proscrire comme hypothèse: nous allons, au contraire, nous rapprocher bientôt de ses partisans; nous ne la considérerons point comme une propriété essentielle de la matiere, comme une force innée en toute matiere: nous ne la regardons que comme une supposition empruntée, que comme une abstraction de la cause véritable pour simplifier l'explication des phénomènes. La pesanteur n'est selon nous qu'un effet dans la Nature, & non une propriété essentielle, une cause primitive. Nous admirerons la sagacité extrême & la puissance de génie avec lesquelles les Astronômes ont satisfait, à l'aide d'une seule supposition à tous les phénomènes. Avec quel succès ils ont parcouru la carriere la plus vaste & la plus difficile ! avec quelle profusion ils y ont répandu la lumiere ! Nous le répétons encore, nous ne différerons des partisans de l'attraction que dans un point : ils veulent que l'attraction soit un principe inhérent à la matiere, une faculté essentielle attribuée par Dieu à toute portion de matiere : ils la regardent ainsi que l'impulsion, comme deux actes différens produits par le Créateur : nous ne les considérerons l'une & l'autre que comme deux effets émanés d'une même cause, & nous remonterons jusqu'à cette cause.

Ce qu'il y a de certain dans la Nature, ce sont les phénomènes. C'est pour les expliquer que l'on a institué l'attraction & l'impulsion comme principes. C'est de l'observation des phénomènes qu'on a déduit la nature & les loix de l'attraction ; & la théorie s'est trouvée avoir toute l'exactitude qu'on pouvoit desirer. Conservons cette théorie, elle restera à jamais inattaquable. Mais voyons s'il étoit nécessaire de recourir à la supposition des principes invoqués. Donnons à l'évidence mathématique la certitude physique qui manque encore au systême général du Monde; nous simplifierons infiniment ce systême, nous le débarrasserons de plusieurs causes prises hors de la Nature, telles que cette force d'attraction, cette force d'impulsion, cette autre force de répulsion que l'on est si souvent réduit à supposer, & qui n'est encore qu'un être chimérique né du besoin que l'on a cru en avoir. Nous espérons enfin que nos principes satisferont d'une maniere plus claire & plus générale à tous les phénomènes.

Dieu, pour nous, n'agira qu'une fois, ne produira qu'un acte : cette action simple & unique sera commune à tout l'œuvre de la création : la machine de l'univers n'aura qu'un principe unique de mouvement & qu'un ressort.

Pour nous justifier d'avoir osé croire que le systême astronomique avoit encore besoin d'une bâse physique, & que la Physique avoit le droit de venir dicter de nouvelles loix dans le domaine des mathématiques qui semblent la dédaigner beaucoup trop & se croire trop indépendantes d'elle, nous nous permettrons d'emprunter les réflexions infiniment judicieuſes de M. le Comte de Buffon, ſur la différence eſſentielle qui ſe trouve dans la nature des vérités que préſentent ces deux ſciences.

« Il y a pluſieurs eſpèces de vérités, & on a » coutume de mettre dans le premier ordre les » vérités mathématiques, ce ne ſont cependant » que des vérités de définition; ces définitions por- » tent ſur des ſuppoſitions ſimples, mais abſtraites, » & toutes les vérités en ce genre ne ſont que des » conſéquences compoſées, mais toujours abſtraites, » de ces définitions. Nous avons fait les ſuppoſi- » tions, nous les avons combinées de toutes les » façons : ce corps de combinaiſons eſt la ſcience » mathématique ; il n'y a donc rien dans cette » ſcience que ce que nous y avons mis, & les » vérités qu'on en tire ne peuvent être que des » expreſſions différentes ſous leſquelles ſe préſen- » tent les ſuppoſitions que nous avons employées; » ainſi, les mathématiques ne ſont que les répéti- » tions exactes des définitions ou ſuppoſitions. La » derniere conſéquence n'eſt vraie que parce » qu'elle eſt identique avec celle qui la précède, » & que celle-ci l'eſt avec la précédente ; & ainſi » de ſuite en remontant juſqu'à la premiere ſup-

» poſition ; & comme les définitions ſont les ſeuls » principes ſur leſquels tout eſt établi, & qu'elles » ſont arbitraires & relatives, toutes les conſéquen- » ces que l'on en peut tirer ſont égalemeut arbi- » traires & relatives. Ce que l'on appelle vérités » mathématiques ſe réduit donc à des identités » d'idées, & n'a aucune réalité : nous ſuppoſons, » nous raiſonnons ſur nos ſuppoſitions, nous en ti- » rons des conſéquences ; nous concluons, la con- » cluſion ou dernière conſéquence eſt une propo- » ſition vraie, relativement à notre ſuppoſition ; » mais cette vérité n'eſt pas plus réelle que notre » ſuppoſition même.

» Les vérités phyſiques, au contraire, ne ſont » nullement arbitraires, & ne dépendent point de » nous : au-lieu d'être fondées ſur des ſuppoſitions » que nous ayons faites, elles ne ſont appuyées que » ſur des faits ; une ſuite de faits ſemblables, ou, ſi » l'on veut, une répétition fréquente & une ſuc- » ceſſion non-interrompue des mêmes évènemens, » fait l'eſſence de la vérité phyſique : ce qu'on ap- » pelle vérité phyſique n'eſt donc qu'une probabi- » lité, mais une probabilité ſi grande qu'elle équi- » vaut à une certitude. En Mathématique, on ſup- » poſe ; en Phyſique, on poſe & on établit : là, ce

» ſont des définitions ; ici, ce ſont des faits : on va » de définitions en définitions dans les ſciences abſ» traites ; on marche d'obſervations en obſervations » dans les ſciences réelles.

» Les vérités mathématiques auroient été perpé» tuellement de pure ſpéculation, de ſimple curio» ſité & d'entière inutilité, ſi on n'avoit pas trouvé » les moyens de les aſſocier aux vérités phyſiques.

» L'évidence mathématique & la certitude phy» ſique ſont donc les ſeuls points ſous leſquels nous » devons conſidérer la vérité ; dès qu'elle s'éloi» nera de l'une ou de l'autre, ce n'eſt plus que vrai» ſemblance ou probabilité (*f*) ».

C'eſt d'après ces principes, de la vérité deſquels nous avons toujours été intimement perſuadés, que nous avons penſé qu'il manquoit aux théories mathématiques de notre Coſmogonie une bâſe phyſique ; qu'il étoit abſolument néceſſaire d'établir les définitions ſur des faits ; de faire diſparoître tout ce qui peut avoir l'apparence d'arbitraire ; & pour emprunter encore les paroles de M. de Buffon, « de montrer phyſiquement le comment des cho-

(*f*) Tome I[r]. Edit. de 1752 *in*-12., pag. 76 & ſuivantes.

» ſes, tandis que par les mathématiques nous en » reconnoîtrons le combien» ; de remonter juſqu'à la cauſe phyſique d'où dérivent tous les effets particuliers ; de reconnoître & de déterminer enfin cet agent naturel dont les Mathématiciens ont ſi bien calculé les actions ſous les noms empruntés d'impulſion & d'attraction. Alors le ſyſtême du Monde ſe déduira d'un principe unique, un ſeul reſſort animera cette machine immenſe, comme une ſeule idée de ſon Auteur a produit ſon exiſtence & tous ſes modes. Tous les faits particuliers émaneront d'un ſeul fait, & l'idée du méchaniſme de l'Univers, en devenant, ſi nous oſons le dire, plus digne de la toute-puiſſance & de la ſublime intelligence de ſon Auteur, deviendra plus à la portée de notre foible entendement.

Tout eſt connu, excepté la puiſſance dont on a calculé les efforts. L'obſcurité qui enveloppe encore la véritable nature de cette puiſſance, prive les vérités mathématiques de cette certitude phyſique qui, ſeule, peut les élever de l'état de probabilités au rang de vérités démontrées.

C'eſt donc cette cauſe phyſique primitive, unique, générale, dont nous nous propoſons de démontrer

montrer l'exiſtence & les effets; effets qui ſe trouveront enſuite parfaitement analogues aux vérités mathématiques, qui ne ſeront plus alors des ſuppoſitions purement arbitraires, des vérités de pure ſpéculation.

Nous obſerverons d'abord que tout l'édifice aſtronomique, tel qu'il exiſte aujourd'hui, eſt fondé ſur une abſtraction, & ſur la ſuppoſition que l'eſpace immenſe dans lequel marchent les globes céleſtes eſt un eſpace abſolument vuide, ou rempli au moins d'un fluide extrêmement rare qui ne réſiſte point, & qui n'eſt par conſéquent ſuſceptible d'aucune action dont on doive, ni dont on puiſſe s'occuper.

Les Aſtronomes ont démontré que les mouvemens des Planètes ne ſont point altérés par la réſiſtance de ce fluide: donc, ont-ils conclu, il ne leur réſiſte point; & « puiſque les eſpaces céleſtes » ſont ſans réſiſtance, ils ſont ſans action (*g*) ». La concluſion eſt certainement juſte. Mais la conſéquence qu'ils en ont tirée que ce fluide n'eſt donc capable d'aucune action; qu'il ne peut donc avoir

(*g*) Sigorgne. Inſtitutions Newtoniennes, *in*-8°. p. 48.

aucune part au mouvement des Planettes eſt-elle également vraie ?

Le courant de la rivière ne réſiſte aſſurément pas au bateau qu'il entraîne, s'enſuit-il qu'il ne contribue point au mouvement de ce bateau ? Suppoſons un homme qui, d'un point donné, obſerve plusieurs bateaux en repos ſur un fleuve très-large : concevons que l'obſervateur ſoit placé de manière à ne point voir la ſurface de l'eau, à n'appercevoir ſeulement que le haut des mâts, & qu'il ignore que ces points qu'il apperçoit, appartiennent à des bateaux ; ſuppoſons encore que tous ces bateaux, d'abord amarrés & en repos, partent en même tems, & que l'obſervateur frappé de la différente viteſſe qu'il reconnoît bientôt dans leur marche, cherche à en calculer les rapports ; qu'il parvienne à trouver une loi de ces rapports entr'eux, certainement il ſera arrivé à la découverte de cette loi, ſans avoir égard à l'action du fleuve qu'il ne connoiſſoit pas, & la vérité mathématique de la loi trouvée ſera eſſentiellement juſte. Qu'il ſuppoſe alors que des chevaux font mouvoir ces points viſibles avec des forces qui ſont en raiſon des viteſſes obſervées, ou que le vent les pouſſe tous avec une force égale, leurs viteſſes étant diminuées par leurs poids différens, dont alors il ſuppoſera & déterminera les différences, telles qu'elles ſeront néceſſaires ; ou qu'il ſuppoſe enfin que la force du vent agit différemment à raiſon des différentes ſurfaces que les mobiles lui préſentent, & qu'il calcule alors quelles doivent être ces ſurfaces ; certainement encore la vérité mathématique ſera la même, & il n'y aura d'incertain & d'arbitraire que la ſuppoſition de la cauſe. L'évidence mathématique y ſera toute entière ; mais la certitude phyſique manquera. L'obſervateur n'aura ſur cette cauſe qu'une probabilité ; & ſi, au lieu d'un ſeul obſervateur, il y en avoit eu trois, dont l'un eût ſuppoſé les mobiles tranſportés par des chevaux, l'autre pouſſés par le vent avec des viteſſes différentes en raiſon de leurs poids, & que le troiſième les eût également ſuppoſés pouſſés par le vent, mais avec des viteſſes différentes à raiſon de leurs ſurfaces, il eſt certain que tous trois auroient également de leur côté la vérité mathématique.

Admettons qu'il en ſurvienne un quatrième qui ſache que ces mobiles, dont les viteſſes relatives ont été calculées, ſont des mâts de bateaux entraînés par le courant de l'eau, alors tous les calculs faits ſur les rapports de viteſſes, ſur les forces des différens agens ſuppoſés, ſur les produits de ces forces, c'eſt-à-dire les vérités mathématiques, reſteront les mêmes; les ſuppoſitions ſeules ſeront rejettées, & la vérité phyſique ſera miſe à la place.

Il ſe trouvera même que les Obſervateurs, avec leurs fauſſes ſuppoſitions, avoient pris le chemin le plus court & le ſeul pratiquable peut-être, pour déterminer l'action du fleuve dans les différentes diſtances de la ligne de plus grande rapidité; & que, ce fleuve reconnu enſuite, la théorie de ſa viteſſe ſe trouvera toute déterminée.

Voilà ce que nous eſpérons qu'ont fait, pour nous, les Mathématiciens qui nous ont dévancés; ils ont été véritablement pour nous ce qu'étoient nos trois premiers Obſervateurs pour le quatrième qui eſt ſurvenu. Nous prendrons Newton pour exemple.

Il ſe préſente d'abord ici une différence eſſentielle entre Newton & nos premiers Obſervateurs, & cette différence eſt pour nous de la plus grande importance. Newton connoiſſoit le fleuve, c'eſt-à-dire, que Newton n'a jamais regardé, en Phyſicien, l'espace comme vuide ; il ne l'a pas même regardé comme rempli d'un fluide sans action, sans force ; il lui en accorde au contraire une excessive. Il a calculé l'énergie de cette force, & il la regarde comme 490,000,000,000 fois plus grande que celle de l'air de notre atmosphère (*h*). Aussi l'appelle-t-il un fluide infiniment élastique, infiniment expansible. Il reconnoît que ce fluide agit sur tous les corps qui y nagent & qu'il les pousse. Voici comme il s'explique dans son *Traité d'Optique*, pag. 520.

« La force élastique de l'éther est excessivement » grande ; elle peut suffire à pousser les corps, des » parties les plus denses de ce milieu vers les plus » rares, avec toute cette puissance que nous ap- » pellons gravité ». Voilà donc notre fleuve nommé par Newton lui-même ; c'est ce fluide qui remplit tout l'espace ; c'est l'éther, & voilà la reconnoissance la plus formelle & la plus positive de l'action de ce fluide sur les corps célestes. Newton admet

(*h*) Jean & Jacques Bernoulli, Euller, ont pensé de même. *Voy.* Jean Bernoulli, *Recherches physiques & géométriques sur la propagation de la lumière* ; Jacques Bernoulli, *De gravitate ætheris* ; Euller, *De igne* ; Newton, *Traité d'Optique.*

donc, comme Physicien, une cause physique de la pesanteur; & cette cause physique, c'est l'impulsion de l'éther.

Il ne l'a jamais rejettée comme Géomètre; mais il a pensé (& il a eu raison de le penser) qu'il pouvoit, qu'il devoit même en faire abstraction.

Képler avoit découvert, par mille tâtonnemens, comme il nous l'apprend lui-même, un rapport certain & général entre les tems des révolutions de toutes les Planètes autour du Soleil, & leurs moyennes distances de cet astre. Ce rapport est aussi le même entre les tems des révolutions des Planètes secondaires autour de leurs Planètes principales.

Selon cette découverte que toutes les observations postérieures ont paru confirmer, & qu'on appelle la règle, la loi de Képler, les vitesses des Planètes sont en raison inverse des quarrés de leurs moyennes distances (*i*).

(*i*) Si deux corps égaux commencent à tomber en même tems du haut d'une Tour; que l'un des deux rencontre en son chemin un obstacle qui l'empêche de descendre plus bas, tandis que l'autre corps continuera à tomber; on aura quatre quantités à considérer, deux espaces ou distances au sommet de la Tour, & deux durées de mouvement ou deux temps. L'un des deux corps, par exemple,

Galilée découvrit à-peu-près dans le même tems, & également par l'obſervation, que l'accélération de la viteſſe des corps qui tomboient ſur la terre, en faiſant abſtraction de la légère réſiſtance qu'ils éprouvoient de la part de l'air de l'atmoſphère, étoit comme le quarré des tems de cette chûte. (*k*)

Selon la Loi de Képler, les Planètes les plus

---

a été arrêté par l'obſtacle à la fin de la troiſième ſeconde, & l'autre n'a atteint le ſol au pied de la tour qu'à la fin de la ſeptième ſeconde; le rapport de tems des chûtes eſt trois à ſept. Les quarrés de ces nombres ſont neuf & quarante-neuf, qui ſont proportionnels aux eſpaces que les deux corps ont parcourus en deſcendant du haut de la tour. Il eſt connu par l'obſervation que les corps qui tombent librement, parcourent quinze pieds dans la première ſeconde de leur chûte; multipliant neuf & quarante-neuf par quinze, on aura cent trente-cinq pieds & ſept cent trente-cinq pieds pour les hauteurs des chûtes pendant trois & ſept ſecondes.

(*k*) Soient deux Planètes, par exemple, l'une éloignée du Soleil d'une diſtance trois, & l'autre d'une diſtance huit, en parties de la même échelle, les quarrés de ces diſtances ſont neuf & ſoixante-quatre, dont le rapport inverſe eſt 64 à 9; ainſi la Planète la plus prochaine parcourra, par exemple, ſoixante-quatre lieues en un certain tems dans ſon orbite, & la Planète la plus éloignée ſeulement neuf lieues dans le même tems: de même une Planète quatre fois plus éloignée que la première parcourroit dans ſon orbite ſeize fois moins de chemin dans un tems égal pour toutes les deux; ſi elle étoit cinq fois plus éloignée, elle en parcourroit vingt-cinq fois

près du ſoleil ont plus de viteſſe : ſelon la règle de Galilée, ces viteſſes qui repréſentent l'accélération des corps qui tombent, en les ſuppoſant dans le vuide, ſont comme les quarrés des temps.

Il n'y avoit donc plus qu'à conſidérer la révolution des Planètes autour du Soleil, comme une chûte de ces globes ſur cet aſtre : alors la loi de Képler, & la règle de Galilée leur étoient parfaitement appliquables : & la théorie de leurs révolutions s'établiſſoit ſur les deux obſervations les plus certaines, ſur les deux Loix les plus ſimples & les plus générales de la Nature : mais il falloit encore ſuppoſer qu'elles tomboient dans le vuide, c'eſt-à-dire, que le milieu qu'elles traverſoient ne leur réſiſtoit pas, parce que la règle de Galilée ſuppoſoit ce vuide & n'étoit vraie que dans cette ſuppoſition.

Voilà le parti que prit Newton. Cependant d'où venoit aux Planètes cette tendance vers le Soleil ? Il étoit égal qu'elles fuſſent pouſſées vers

moins, puiſque la force qui lui communique le mouvement diminue non-ſeulement à meſure que la diſtance augmente, mais décroît comme le quarré de cette diſtance augmente. Il en eſt de même de tous les autres exemples que l'on pourroit propoſer.

cet

cet Aſtre, ou attiré par lui ; mais en ſuppoſant qu'elles fuſſent pouſſées, il falloit remonter à la cauſe qui les pouſſoit, expliquer comment cette cauſe avoit agi, pourquoi elle n'agiſſoit pas différemment ſur les différentes Planètes & à différentes diſtances : la Théorie devenoit infiniment compliquée, infiniment embarraſſée. Suppoſer au centre du Soleil une force inhérente en lui, une propriété eſſentielle à cet Aſtre par laquelle il attiroit tous ces globes, c'étoit réduire & ſimplifier la Théorie. En ſuppoſant encore que cette force décroiſſoit comme les quarrés des diſtances augmentent, on rendoit raiſon de la regle de Galilée & de celle de Képler.

Tout devoit donc déterminer à préférer la loi de l'attraction à celle de l'impulſion. On réſervoit celle-ci uniquement pour expliquer pourquoi les Planètes qui tendoient à ſe précipiter ſur le Soleil avec une viteſſe ſi accélérée, n'y tomboient cependant pas. Elles ont été, dit-on, toutes pouſſées, dans l'origine, ſelon la même direction & en ligne droite. En obéiſſant à cette ſeule force, elles auroient traverſé l'eſpace infini pendant des temps infinis & dans des lignes paralleles

les unes aux autres : mais la force de l'attraction a contrarié la force d'impulsion. Par cette attraction, à chaque point de leur route, elles ont été détournées de la ligne droite, & chacune a décrit ainsi un cercle autour du Soleil, comme une boule, attachée à une corde dont l'autre extrémité le seroit à un piquet, tourneroit autour de ce piquet, si on la frappoit horisontalement; parce que, tandis qu'elle tendroit à s'échapper par la ligne droite pour obéir à l'impulsion, elle seroit retenue par la corde qui représente l'attraction. Tous les globes ont donc dû décrire, autour du Soleil, des cercles concentriques, & l'on explique très-bien ensuite toutes les irrégularités de ces cercles.

Cependant ces deux suppositions, l'une de l'attraction, comme force réelle & inhérente au Soleil; l'autre du vide absolu de l'espace, ne parurent point des vérités physiques à Newton même, qui le premier les a invoquées & les a employées avec le plus grand succès : il s'en explique de la maniere la plus claire & la plus précise en plus de vingt endroits; il dit à la fin de ses Principes de Physique : « J'ai jusqu'ici montré la force » de la gravitation par les phénomènes célestes,

» & par ceux de la Mer : mais je n'ai nulle part » aſſigné la cauſe, cette force vient d'un pouvoir » qui pénètre au ſein du Soleil & des Planètes, » ſans rien perdre de ſon activité, & qui agit, » non pas ſuivant la quantité de la ſuperficie des » particules de la matiere, comme ſont les cauſes » méchaniques, mais ſelon la quantité de matiere » ſolide, & ſon action s'étend à des diſtances im» menſes, diminuant toujours exactement ſelon le » quarré des diſtances.

» J'appelle, dit Newton, dans ſon Livre premier, » définition 8, les forces motrices & accélératrices, » indifféremment attraction & impulſion, & je » prends indifféremment l'un pour l'autre ces mots » d'attraction, d'impulſion, de propenſion vers » le centre, conſidérant ces forces mathémati» quement & non phyſiquement. Il ne faut donc » pas que le Lecteur s'imagine que j'entends par » ces termes une ſorte ou une maniere d'action, » ou une cauſe phyſique, ni que j'attribue des » forces véritables & phyſiques aux centres qui » ſont des points mathématiques, lorſque je di» rai que les centres tirent, ou que je parlerai des » forces des centres ».

Plus bas, dans le même Livre, Section 2, Scholie de la proposition 69, il dit: « Qu'il appelle » généralement attraction l'effort que font les corps » pour s'approcher les uns des autres, soit que » cet effort vienne de l'action de l'éther ou de » l'air qui les pousse l'un contre l'autre, ou de » quelqu'autre cause que ce soit ». Il n'exclut donc pas, comme ses prétendus disciples, l'éther ni son impulsion vers le centre des révolutions des Planètes.

Enfin, au commencement de la Section 2e. du même Livre, il se déclare même plutôt pour l'impulsion que pour l'attraction comme cause de l'accession réciproque des corps. « J'appelle, dit-il, » les forces centripètes attraction, quoiqu'à » parler physiquement elles soient peut-être des im- » pulsions ».

On peut donc assurer que Newton n'a point considéré l'attraction, comme une cause physique, qu'il semble même comme Physicien avoir penché beaucoup plus vers l'impulsion. On peut encore assurer qu'il n'a pas plus admis les grands vides, le vide absolu de l'espace interplanétaire, comme un vide réel. Il parle de l'éther en beaucoup d'autres endroits que ceux que nous venons de citer. Il a calculé, comme nous l'avons déjà dit, sa force élastique & expansive, & il l'a trouvé excessivement grande. il n'a donc admis l'attraction que comme hypothèse, & le vide qu'elle exigeoit que comme une abstraction qui devenoit nécessaire dans ce principe ; & il eut, sans contredit, raison de préférer, comme Mathématicien, l'attraction à l'impulsion pour expliquer & pour exposer les rapports des mouvemens célestes. Cette hypothèse rendoit la Théorie beaucoup plus simple : la supposition de l'attraction comme propriété essentielle à la matiere, à toute matiere, inhérente en elle, se prêtoit plus aisément à toutes les analyses mathématiques, qui, comme nous l'avons déjà dit, ne sont jamais si exactes que lorsqu'elles sont fondées sur des abstractions, & qu'elles n'ont pour objet que des grandeurs ou des quantités...

On connoissoit déjà la marche de la loi qui devoit régir l'attraction, puisque c'étoit des phénomènes observés que l'on formoit cette loi, à laquelle on cherchoit un principe : il falloit donc supposer en même temps cette loi comme inhérente à ce principe. Les corps parcouroient, en tombant, des espaces qui étoient comme les quarrés des temps des chûtes; on regarda les mouvements planétaires, comme des chûtes de ces corps sur le Soleil: la force qui les faisoit tomber, agissoit donc en raison du quarré des distances, & décroissoit comme les quarrés de ces distances augmentent.

Mais nous avons suffisamment prouvé que Newton ne regardoit point l'attraction comme une cause réelle & physique, qu'il sembloit même pencher beaucoup plus vers l'impulsion; nous avons vu, encore, qu'il reconnoissoit la force élastique infiniment grande de l'Ether; qu'il la considéroit même comme suffisante pour pousser tous les corps célestes vers la terre. Il concevoit donc cet Ether comme cause de la pesanteur; il admettoit donc l'impulsion de cet Ether comme cause première, & l'attraction n'étoit pour lui qu'une abstraction, qu'une supposition qu'il empruntoit comme Mathématicien.

Jean Bernoulli s'exprime ainsi, en parlant des principes de ce savant: « Quand M. Newton » considère la gravité comme une force attrac» tive, il le fait, dans ses Principes Philosophiques,

» en qualité de Géomètre, fans fe mettre en peine » de la véritable caufe phyfique de la pefanteur, » comme il l'avoit dit lui-même dans plufieurs en-» droits ; ainfi fes partifans lui font tort de lui » prêter des fentimens fur la nature de la pefanteur, » comme fi c'étoit une qualité des corps effentielle » & inhérente, contre fa propre déclaration; d'au-» tant plus qu'il dit pofitivement que les corps » pefent vers la terre, à caufe qu'ils y font pouffés » par la force élaftique de l'Ether »; & Jean Bernoulli rapporte le paffage que nous venons de citer.

Nous ferons donc au moins auffi Newtoniens que ceux qui fe difent les difciples de ce grand homme, en admettant une caufe phyfique de la gravité & de l'impulfion; & nous efpérons que les Loix felon lefquelles nous démontrerons que cette caufe agit, s'accorderont avec tous fes Phénomènes.

Nous oferons donc rappeller, dans l'efpace célefte, ce fluide qui en fembloit banni pour jamais; nous oferons rejetter cette opinion du vide, fi impoffible à concevoir, fi répugnante même à la première vue de l'efprit, & fi contraire à toutes les inductions physiques tirées de la communication constante & générale du mouvement, de la propagation de la lumière, de la présence presque instantanée de cette matière dans tout l'espace qu'elle remplit. Nous ressusciterons le systême du plein ; c'est dans ce fluide, dont nous remplirons tout l'espace, que nous ferons tourner les sphères, entraînées par ce fluide même, & obéissant aux loix de son mouvement; le principe qui déterminera ce mouvement & ses loix, ne sera ni arbitraire, ni incertain, ni surnaturel. Tous les phénomènes n'auront qu'une cause. La théorie mathématique des mouvemens célestes se déduira aussi clairement, aussi évidemment des loix de notre fluide, que de l'hypothèse de l'impulsion & de l'attraction; & on verra que cette théorie essentiellement vraie, comme déduite de l'observation, mais attribuée jusqu'ici à des causes purement arbitraires & de simple institution, s'accordera très-bien avec celle que nous présenterons, & acquerra cette certitude physique qui lui manquoit jusqu'à présent, & qui doit toujours servir de bâse à toutes nos connoissances.

Nous espérons donc que notre systême, vraiment physico-mathématique, ne déplaira point aux Astronomes,

tronomes, qui, peu occupés des causes physiques & parfaitement indifférens sur leur nature, ne cherchent que des résultats, des déterminations de conséquences composées, des identités d'idées, enfin des vérités relatives. Nous rendrons un hommage pur & sincère à leurs sublimes travaux : nous rétablirons seulement une puissance dont nous pensons qu'ils ont très-bien fait de faire abstraction comme Astronomes.

Quant aux Physiciens, nous nous flattons qu'ils nous sçauront gré de revenir contre cette abstraction, de rétablir ce fluide dont ils ne peuvent se passer pour l'explication d'une multitude de phénomènes qui, sans lui, n'auroient point de causes. Ces phénomènes se présenteront à nous dans le cours de notre Ouvrage, ou dans différentes théories physiques que nous nous proposons de donner, lorsque nous aurons parcouru la carrière que nous nous sommes ouverte dans ce Traité de Physique générale.

En rétablissant l'idée du plein, ne devons-nous pas craindre d'être soupçonnés de renouveller aussi toutes les erreurs si justement proscrites dans les ouvrages de Descartes & de ses disciples? Nous respectons infiniment ce grand-homme, le plus grand peut-être de tous ceux dont les noms ſont écrits dans les annales des Sciences, celui qui a le plus tiré de ſon propre fonds, celui dont le génie puiſſant a le plus produit avec moins de ſecours étrangers; mais nous déclarons que nous ſommes bien éloignés d'adopter ſes erreurs. Les lumières répandues depuis l'inſtant où il alluma, dans le monde, le flambeau des Sciences; les connoiſſances accumulées, depuis qu'il traça la route qu'on devoit ſuivre pour en acquérir, ſont un monument immortel de ſa gloire : mais ſon ſyſtême a été écrâſé ſous cet édifice immenſe dont il a, pour ainſi dire, poſé la premiere pierre.

Nous déclarons que nous ne connoiſſons point de plein abſolu, que cette idée répugne même & ſeroit eſſentiellement contradictoire à l'idée de fluide. La fluidité réſulte de la forme des parties de la ſubſtance fluide; ces parties doivent être ſphériques pour ſe mouvoir, reſpectivement les unes aux autres, avec toute la facilité qu'exige la fluidité. Or, dans un aſſemblage de ſphères, de quelque maniere qu'elles ſoient diſpoſées, le vide eſt toujours à-peu-près égal au plein (*l*). Cette vérité eſt démontrée en Mathématique, le mouvement peut donc toujours s'y exercer librement.

Les Newtoniens ont prouvé de la maniere la plus déciſive l'impoſſibilité du plein abſolu.

(*l*) Nous expoſerons, dans la ſuite de cet Ouvrage, la Théorie des mélanges de globules ſphériques de différens ordres; la proportion que doivent avoir entre eux les diametres des ſpheres interpoſées ou inſcrites dans les vides que laiſſent entre elles les ſpheres du premier ordre, qui s'entretouchent dans chacun des quatre arrangemens dont elles ſont ſuſceptibles; quels doivent être les diametres des ſpheres tranſmiſſibles par les intervalles qui reſtent entre les ſpheres de différens ordres, &c. Toute cette Théorie, qui manque encore aux Sciences, eſt le véritable fondement de la Cryſtallographie, & peut-être le principe déterminant de toute organiſation.

C'eſt à M. Romé, de Lille, que nous devons d'avoir dirigé les eſprits vers cette nouvelle conſidération de la Nature. Son excellent Ouvrage ſur cette matiere intéreſſante eſt le ſeul qui nous paroiſſe, en quelque genre que ce ſoit, réunir au mérite d'être le premier qui ait été fait, celui d'être le meilleur peut-être que l'on puiſſe faire. Perſonne n'a mieux obſervé, & perſonne n'obſervera mieux les produits des combinaiſons de la Nature dans les cryſtalliſations. Mais quelles ſont les loix qui déterminent ces combinaiſons, ces arrangemens réguliers? Où l'éternel Géometre en a-t-il placé les principes? Quelle eſt enfin la théorie phyſique & mathématique de ces cryſtalliſations qui ſemblent être les rudimens de la vie végétale & de la vie animale, les eſſais par leſquels la Nature prélude, pour s'élever à ces grands & ſublimes produits de ſa puiſſance? Voilà ce que nous eſpérons faire connoître.

Mais le fluide dont nous rempliſſons, ainſi qu'eux, tout l'eſpace, n'y produit point, comme nous venons de le voir, ce plein abſolu; le vide y eſt toujours égal au plein. Ce fluide peut donc, d'une part, ſe mouvoir dans chacune de ſes molécules; de l'autre, il ne peut nuire au mouvement des planetes: c'eſt lui, au contraire, qui produit en elles ce mouvement; c'eſt lui qui en détermine & la force & la direction. L'eau de la riviere nuit-elle au mouvement des corps qu'elle voiture dans ſon ſein?

Nous nous attendons à l'objection tirée des cometes qui, traverſant l'eſpace céleſte dans tous les ſens, ne paroiſſent pas obéir au mouvement général. Cette objection aura ſa réponſe: mais ce n'eſt pas ici qu'il convient de la placer.

Si Deſcartes revenoit parmi nous, une partie des matériaux de l'édifice qu'il avoit élevé, ſortiroit de deſſous les ruines qui les couvrent: ce grand Philoſophe, plus inſtruit de leur véritable nature, de leurs propriétés réelles, plus éclairé ſur leurs rapports, les feroit ſervir, ſans doute, à la conſtruction du Temple de la Vérité.

Ce que nous ſommes perſuadés que feroit Deſcartes, nous oſons l'entreprendre; non parce que nous nous croyons animés du même génie, mais parce que la Nature étudiée, obſervée depuis long-tems en exige beaucoup moins. Dans la carriere des Sciences, le courage naît de l'amour de la vérité : ce courage inſpire une confiance qu'il ne faut jamais confondre avec l'orgueil ; il peut aller quelquefois juſqu'à la témérité : mais que deviendroient les Sciences elles-mêmes ſans cette noble & utile témérité ? C'eſt vainement &, (nous oſerons le dire) c'eſt même avec autant de fauſſeté que d'inconſéquence, qu'un Auteur, faiſant parade d'une modeſtie feinte, ſemble prévenir ſes Lecteurs qu'il ſe croit fort au-deſſous de la matiere qu'il traite. S'il le penſe, qu'il n'écrive pas ; s'il ne le penſe pas, qu'il attende avec reſpect & réſignation, mais avec confiance, que ſes véritables juges aient prononcé. C'eſt ainſi que nous préſenterons ce que nous avons cru reconnoître pour la vérité ; prêts à abandonner nos idées, ſi on nous prouve qu'elles ne ſont que des erreurs.

Nous donnerons à l'expoſition de notre ſyſtême l'étendue néceſſaire, pour qu'il ſoit compris avec toute la facilité & toute la clarté dont de pareils ouvrages ſont ſuſceptibles : nous deſirons être à la portée de tous les Lecteurs, & nous espérons y parvenir.

Pour atteindre à ce but, nous serons souvent forcés de nous permettre des répétitions & des longueurs qui nuiront à la rapidité, à l'harmonie, & surtout à l'égalité du style : celui de la démonstration différera beaucoup de celui de l'exposition. Notre Ouvrage perdra sans doute une grande partie de ces agrémens si prisés aujourd'hui : mais en renonçant à ce charme puissant qui enleve le Lecteur sans lui laisser le tems de reconnoître le pays qu'il parcourt, nous desirons le conduire dans des routes dont ses yeux pourront toujours suivre la direction, d'où il pourra toujours observer les terreins qui l'environnent, en considérer la Topographie, & la transporter dans ses plans.

Depuis quelque tems le goût des Sciences devient général en France. Ce préjugé ridicule, ce reste honteux des siecles barbares qui faisoit regarder l'étude des Sciences, comme réservée à la seule classe des hommes obscurs, comme l'inutile emploi de ceux qui n'en pouvoient espérer d'honorable dans l'ordre civil, est enfin détruit. Ce siecle, qu'on a voulu distinguer par le titre de siècle de la Philoſophie, ſe diſtingue plus véritablement encore, comme ſiècle des Sciences. On ne confond plus les Savans avec les Pédans de l'ancienne Ecole. Ceux qu'on appelle les gens du grand monde ſe font aujourd'hui une gloire d'être admis dans ces Laboratoires, dans ces Cabinets qu'ils dédaignoient autrefois. Ils s'honorent des lumieres qu'ils vont y puiſer. Les Savans voient avec plaiſir cette affluence de diſciples qui ſe livrent à la recherche de la vérité : ils s'efforcent de les encourager en rendant, de jour en jour, les Sciences plus faciles à acquérir par des méthodes plus claires & plus ſimples ; ils en rendent la langue plus intelligible. Autrefois les Savans n'écrivoient que pour les Savans, & ſe faiſoient un mérite de l'obſcurité de leur idiôme : ils paroiſſoient s'occuper du ſoin d'envelopper de ténèbres leurs idées & leurs découvertes : une ſecrette jalouſie ſembloit les faire jouir de la peine qu'ils préparoient à ceux qui voudroient les entendre, & ſe venger ainſi de celle qu'ils avoient priſe eux-mêmes pour entendre leurs Prédéceſſeurs. Cette manière d'écrire ſi propre à perpétuer l'empire de l'ignorance, diſparut enfin vers le commencement de ce ſiècle.

Descartes qui avoit ouvert la carrière des Sciences, venoit de mourir; lorsque la Nature produisit un homme qu'elle sembloit destiner à semer de fleurs cette carrière. S'il ne fut pas toujours heureux dans le choix & dans la disposition qu'il en fit; si le goût ne présida pas toujours à la profusion avec laquelle il les répandit, il sçut au moins écarter les épines & les ronces; il se fit lire par ceux que le titre seul de ses Ouvrages devoit repousser, & qui étoient les plus étrangers à la matière qu'il traitoit. On voit assez que c'est de Fontenelle que nous parlons, & que les Ouvrages que nous désignons sont la Pluralité des Mondes & les Eloges des Académiciens.

Il ne faut à l'esprit des François qu'une légère impulsion pour leur faire parcourir, avec rapidité, les plus grands espaces sur-tout dans la route de l'utile & du beau. La révolution que Descartes & son disciple Rohault avoient préparée, Fontenelle l'accéléra. L'Abbé Nollet ouvrit, peu après, un magnifique Cabinet qui fut bientôt rempli par une foule de gens attirés, les uns par la nouveauté du spectacle, & qui y alloient presque comme à la lanterne magique; les autres par la foule même; d'autres d'autres enfin, par un véritable deſir de s'inſtruire. L'adreſſe du démonſtrateur dans l'art difficile des expériences, le nombre qu'il en faiſoit, les principes de la ſaine Phyſique qui ſe développoient déjà, & qu'il expliquoit aſſez clairement, mirent cette Science à la mode. Mais un génie vaſte, une imagination vive & brillante faite pour exciter & pour entraîner tous les eſprits, un homme éminemment éloquent, & dont le ſtyle enchanteur répandoit des charmes ſur les matières qui ſembloient faites pour s'y refuſer le plus opiniâtrément, vint bientôt embrâſer tous les eſprits du feu dont brilloit ſon génie. Tout le monde voulut lire l'Hiſtoire naturelle, générale & particuliere, & vingt-mille exemplaires de cet Ouvrage tranſmis de main en main, firent autant de proſélites à la haute Phyſique, qu'ils eurent de Lecteurs. Il étoit impoſſible de ne pas deſirer de ſe livrer à une étude dont l'objet étoit plein d'intérêt par lui-même, & vers lequel on marchoit par une route ſemée de fleurs; on conçut alors que le ſyſtême du Monde pouvoit être expliqué, & qu'il n'étoit pas néceſſaire d'être très-ſavant pour l'entendre,

Tandis que cette grande impulsion excitoit & élevoit les esprits, plusieurs Savans qui se livroient à l'étude des différentes parties dont M. le Comte de Buffon avoit présenté un majestueux ensemble, offrirent, à l'ardeur qui dirigeoit vers les connoissances naturelles, les secours les plus précieux. M. Valmont de Bomare rassembloit des échantillons de toutes les productions de la Nature, des modèles de tout ce qui se trouve répandu avec profusion sur la Terre : on apprenoit, chez lui, à connoître tous les êtres naturels, à les distinguer par leurs formes, à les diviser par genres & par classes. L'on acquéroit le desir d'en étudier la composition, d'en observer la combinaison, d'en connoître les propriétés. Alors (car il faut observer que c'est à-peu-près à la même époque que toutes les parties des Sciences se sont développées parmi nous, & qu'on s'est occupé du soin de les rendre toutes accessibles à tous dans des Cabinets ouverts au public, & cette époque n'a pas trente ans) : alors donc, & lorsque les yeux étant suffisamment familiarisés avec les formes & avec les apparences des différens produits de la Nature, l'oreille accoutumée à leur nomenclature, à cette langue nouvelle qui devoit avoir paru barbare, la curiofité portoit à pénétrer leur intérieur, à connoître le nombre & la nature des ingrédiens qui les compofent, & qui leur donnent les propriétés dont ils jouiffent, à diftinguer dans ces combinaifons les liens qui les uniffent, à fuivre enfin la Nature dans la compofition de tous les mixtes, en combinant tous leurs principes. Alors M. Sage (*m*), très-jeune encore, mais animé de cet amour ardent des Sciences qui donne véritablement des aîles & des forces pour en parcourir la carriere, doué de ce génie qui femble accumuler les années, parce qu'il accumule les obfervations qui paroîtroient en exiger beaucoup da-

(*m*) Si nous ne plaçons pas ici l'illuftre Rouelle, ce n'eft affurément point pour lui refufer un éloge qui lui eft fi légitimement dû; nous honorons en lui le père de la Chymie Françoife : mais lorfque ce Savant, dont tous nos Chymiftes actuels s'honorent d'être les difciples, faifoit fes cours, ceux-là feuls qui fe confacroient particulièrement aux fciences couroient entendre fes leçons; ceux qui n'étoient animés que par un goût foible & naiffant, n'ofoient aller écouter ce grand-homme. Ce goût, même foible, n'étoit pas encore très-répandu; la langue de la Chymie fur-tout effrayoit les oreilles des gens du monde. C'eft à M. Rouelle que cette fcience doit les progrès qu'elle a faits parmi nous; c'eft lui qui l'a tirée des ténèbres où l'ignorance, & des préventions pires encore la tenoient reléguée.

vantage, commença ſes Cours de Chymie. Le Gouvernement, en lui confiant, depuis peu, une Chaire de Minéralogie, en a, en même temps, créé une d'Hiſtoire Naturelle : il y a placé un Savant dont les connoiſſances ſont auſſi profondes qu'exactes, dont le génie eſt auſſi étendu que méthodique. L'affluence des Diſciples qui s'empreſſent à profiter des leçons de ces deux Profeſſeurs, eſt l'expreſſion la plus énergique de la reconnoiſſance publique.

Nous avons obſervé que c'eſt à-peu-près à la même époque que toutes les parties des connoiſſances phyſiques ont tendu à ſe développer parmi nous, & qu'elles ſont devenues acceſſibles à tous ceux qui ont voulu s'y livrer.

Nous nous flattons que cette digreſſion ſur la nouveauté du goût général de l'étude des Sciences, ne paroîtra pas déplacée dans cette Préface, en nous mettant ſous les yeux les progrès que nous avons faits dans un ſi court eſpace de temps : elle nous annonce tous ceux auxquels nous avons droit de prétendre ; plus la Nature aura d'obſervateurs, plutôt & mieux elle ſera connue. Nous ne nous étendrons pas ici ſur la multitude d'effets heureux pour la ſociété qui réſulteront de cette pente générale des eſprits vers des occupations véritablement dignes d'eux ; le génie de notre nation, en conſervant toutes ſes grâces, toute ſa facilité, perdra ſeulement cette réputation de frivolité, trop exagérée ſans doute, mais peut-être auſſi trop méritée.

Loin de nous cette vaine terreur de pédanterie, jamais la Nation Françoiſe ne ſera pédante. Un homme de peu d'eſprit & très-vain pouvoit étaler autrefois l'orgueil de quelques connoiſſances légères, & s'en glorifier, lorſque preſque tous les hommes étoient encore plongés dans l'ignorance : mais ce ridicule que puniſſoit dès-lors le dédain public, n'oſera & ne pourra plus ſe montrer, lorſque le titre ſur lequel il ſe fondoit ne ſera plus excluſif. Les Savans étoient autrefois des pédans, le ſont-ils aujourd'hui ? Les Duc de la Rochefoucault, les Comte de Buffon, de Treſſant & de Milly, les Marquis de Condorcet, les d'Alembert, les Bailly, les Lavoiſier, & tant d'autres que l'on pourroit nommer, ſont-ils des pédans ? Ne ſont-ils pas au contraire infiniment plus deſirables dans la ſociété que ces hommes frivoles qui, embarraſſés de la durée du temps, femblent ne trouver d'autre moyen de diffiper leur ennui que de le répandre dans la multitude des cercles qu'ils parcourent ? Nous penfons que quelques réflexions morales fur l'utilité civile de la diffufion générale de la lumiere des Sciences pourroient préfenter des idées vraiment intéreffantes : mais ce n'eft pas ici le lieu de les placer.

On concevra aifément, d'après ce que nous venons de dire, que notre principal objet, en écrivant cet Ouvrage, doit être de le mettre à la portée de tout le monde ; ce font les primitives & véritables loix de la Phyfique générale que nous nous propofons d'y préfenter ; nous efpérons établir nos principes fur les démonftrations les plus rigoureufes & les plus complettes. Nous defirons nous rendre dignes de toute l'attention des Savans : mais nous fouhaitons, avec autant d'ardeur, qu'il ne foit pas néceffaire d'être Savant pour nous entendre.

Les Ouvrages qui traitent des connoiffances naturelles ne peuvent être hors de la portée du commun des Lecteurs, que lorfque les Auteurs fuppofent des connoiffances déjà acquifes. Lorfqu'on traite d'une des parties d'une Science, lorſqu'on n'a pour objet que d'étendre des Théories déjà connues, de les appliquer à de nouveaux phénomènes, il eſt permis, il eſt même indiſpenſable d'être inintelligible pour ceux qui ignorent ces Théories : étrangers à toutes les connoiſſances ſur leſquelles elles ſont fondées, ignorant les principes établis précédemment, les faits & les raiſonnemens deſquels on les a déduites, ils ne peuvent ſuppléer toutes ces connoiſſances préliminaires & néceſſaires : de pareils écrits ne ſont faits que pour ceux qui ſont déjà familiariſés avec la Science dont ils traitent.

L'Ouvrage que nous préſentons n'eſt point de ce genre; nous ne commençons point notre marche, en partant de l'embranchement de quelques routes qui nous laiſſent ignorer ce qui reſte derrière nous ; ce n'eſt point à un chaînon particulier de la chaîne des Sciences que nous commençons & que nous attachons notre Théorie. C'eſt le premier de ceux dont elles deſcendent toutes que nous ſaiſiſſons ; nous remontons à des principes primitifs & évidens, nous n'emploierons pas une idée qui ne ſoit claire en elle-même, &

qui ne se déduise aussi naturellement que facilement de celles que nous aurons déjà présentées ; nulle connoissance, nulle instruction préliminaire ne sera donc nécessaire pour nous entendre. Nous conduirons nos Lecteurs de vérités en vérités, sans qu'ils puissent perdre un instant de vue l'ordre dans lequel elles se déduiront les unes des autres, la preuve de chacune résultera toujours de celles qui l'auront précédée & qui nous y auront amenés, enfin nous desirons que notre Traité de Physique soit aussi élémentaire que général. Cette forme lui ôtera sans doute de la grâce, de la facilité, & un certain air imposant que prend plus aisément un Ouvrage dans lequel on néglige & l'exposition des principes & leur application constante, & un nombre infini d'idées intermédiaires. Mais si cette perte est compensée par la méthode & par la clarté, nous nous en consolerons très-aisément.

Nous n'emploierons, autant qu'il nous sera possible, que des termes connus & familiers, & lorsque nous serons forcés d'en emprunter qui seront propres & particuliers aux Sciences, nous aurons soin de ne les employer que d'une maniere qui

qui les rende intelligibles; nous les définirons, ſoit dans le texte même, ſoit dans une note; nous joindrons, en outre, à chaque livraiſon, un Dictionnaire des termes peu connus qui ſe trouveront dans cette livraiſon, ils y ſeront expliqués & préſentés dans toutes les acceptions dans leſquelles on peut les prendre; nous y déterminerons clairement la valeur que nous leur donnerons toujours; les équivoques ſur les valeurs & ſur les définitions des mots, ſur le véritable ſens dans lequel on doit les entendre, ne ſont que trop fréquens en Phyſique; la langue de cette Science ſe reſſent beaucoup de ſon ancienne obſcurité, & de l'état d'imperfection dans lequel elle eſt encore: cet inconvénient bien plus grand dans la langue de la Chymie (*n*), quoiqu'il diminue ſenſiblement tous les jours, ſur-tout depuis l'excellent Dictionnaire de M. Macquer, devient une ſource d'embarras & d'erreurs ſans nom-

(*n*) De toutes les Sciences, la Chymie eſt, ſans contredit, celle qui a la nomenclature la moins exacte; ſes expreſſions ſont preſque toutes équivoques. M. Bayeu, *Journal de Phyſique*, *Décembre* 1739; *pag.* 447.

bre dans la combinaiſon des idiômes de ces deux Sciences, combinaiſon néceſſairement très-fréquente dans les Ouvrages modernes dans leſquels on ſent de plus en plus que ces Sciences ſont ſœurs.

Notre Théorie de la Terre ſeroit inintelligible, ainſi que nous l'avons déjà dit, ſi tous les principes dont nous la déduirons n'étoient pas clairement expoſés & conſidérés dans tous les rapports par leſquels ils doivent être appliqués à notre ſyſtême.

On a vu dans notre Diſcours Préliminaire que nous regardions le mouvement & la chaleur comme les deux grands agens primitifs des modifications de la Nature, que nous penſions même qu'ils ſe reduiſoient à un ſeul principe : ce principe n'eſt encore lui-même qu'un effet, mais cet effet primitif général & commun à toute la Nature, ce principe identique avec l'acte de la création, n'aura que Dieu pour cauſe. L'action du Créateur eſt, pour nous, le dernier échelon de l'échelle des cauſes. Nous ne pouvons rien eſpérer de plus que de remonter juſqu'à une premiere action dont l'exiſtence ſoit démontrée, dont l'énergie ſoit connue, qui ſoit émanée primitivement, immédiatement & évidemment de la pure volonté du Créateur, ſans qu'on puiſſe avoir beſoin de ſuppoſer d'autre acte antérieur, concomitant ou ſubſéquent.

Nous expoſerons comment de cette action primitive & ſimple ſe déduiſent tous les phénomènes du mouvement & de la chaleur. Ces deux principes de la Nature, unis alors par une origine commune, & produits néceſſairement enſemble par la même action, acquerront une véritable identité de cauſe & ſe réduiront à un ſeul principe qui ſera celui de toute la Nature. Nous ſuivrons la marche de ſes effets dans la production des grands phénomènes : nous ſerons donc forcés de nous étendre beaucoup ſur l'origine, ſur la nature, ſur les propriétés & ſur les effets du mouvement & de la chaleur, & de poſer les véritables principes de leur théorie ; ces principes ſeront ceux de toute la Phyſique.

Nous oſons eſpérer que ces conſidérations ſur la cauſe premiere du mouvement & de la chaleur, & ſur la Théorie de ces grands principes actifs de la Nature, répandront quelque intérêt ſur la partie aſtronomique de notre Ouvrage qui paroît au premier coup d'œil ne préſenter aucun attrait à ceux de nos Lecteurs qui ne ſont pas familiariſés avec cette Science : cette partie ſera purement phyſique, & nous eſpérons la rendre auſſi intelligible qu'intéreſſante.

Nous préſenterons l'aſpect général & tous les développemens particuliers du ſyſtême céleſte : des planches deſſinées ſous toutes les projections qu'il importera de conſidérer, c'eſt-à-dire, ſous tous les points de vue néceſſaires pour concevoir aiſément toutes les poſitions reſpectives des aſtres, rendront ce ſyſtême très-aiſé à comprendre.

Nous en expoſerons les Loix d'une maniere ſimple & claire : celles de ces Loix qui détermineront notre Théorie phyſique ſe reconnoîtront aiſément, & n'exigeront, dès le premier apperçu, qu'une légère attention pour en preſſentir les effets. Tous les hommes, dit M. de Voltaire, ont une géométrie naturelle dans l'eſprit qui ſuffit pour ſaiſir les rapports qui ne ſont pas très-compliqués. Lorſque nous ſerons forcés d'emprunter les ſecours d'une Géométrie plus élevée, & que nos démonſtrations deviendront trop abſtraites, nous n'en emploierons dans le Texte que les réſultats ou les conclufions , & nous en renverrons les preuves à des Remarques placées à la fin de la Section.

En ofant préfenter une nouvelle Théorie de la Terre, en ofant tenter d'en rendre l'expofition claire, facile & intéreffante pour tous les Lecteurs, nous ne nous diffimulons pas avec quel défavantage, avec quelle défaveur même nous defcendons dans l'arène; elle retentit des applaudiffements donnés à M. de Buffon. La plus grande partie de nos juges font pleins des idées de ce Philofophe, & d'autant plus attachés à fes opinions qu'elles font les premieres qu'ils ont reçues, & qu'elles leur ont été préfentées avec tous les charmes, & tous les moyens de féduction qui pouvoient les faire recevoir, & même les faire aimer. Nous avons donc à combattre, non-feulement contre la perfuafion qu'il a fçu répandre, mais encore contre le fentiment qu'il a fçu infpirer; contre une efpèce d'idolâtrie auffi aifée à juftifier que celle que des Peuples entiers avoient pour le Soleil; il a répandu, comme lui, l'éclat le plus brillant fur la Nature, & fi cet aftre en a été regardé comme le Dieu, M. de Buffon a dû l'être comme fon Interprète & fon Oracle.

Qu'il nous ſoit cependant permis, pour autoriſer notre hardieſſe, de repréſenter que pluſieurs Savans ſe ſont déjà élevés contre la Théorie de ce célèbre Ecrivain; rappellons ici le jugement auſſi ingénieux que juſte d'un Philoſophe que le génie le plus pénétrant & le plus ſage a toujours guidé dans l'étude des choſes naturelles: M. Bonnet de Genève, dit, en parlant de M. de Buffon:

« En général M. de Buffon ne paroît pas poſ» ſéder l'eſprit d'analyſe, ou s'il le poſſède, ſon » imagination ne lui a pas permis d'en faire une » application heureuſe; trop prévenu d'une Théo» rie que ſon génie fécond avoit ſçu inventer, » il n'a vu qu'elle dans les phénomènes, & la Na» ture qu'il aimoit lui a échappé (*o*) ». Le même M. Bonnet dit encore, en parlant de M. D. B. « Le » Peintre de la Nature n'en eſt pas toujours le Deſſinateur (*p*) ».

Mais les grâces ont préſidé à la compoſition de ſes tableaux, elles ont broyé ſes couleurs, elles ont

(*o*) *Conſidérations ſur les Corps organiſés*, Tom. 2, pag. 146, Edit, in-8°.

(*p*) *Contemplation de la Nature*, Edit. in-8°.

conduit ſon pinceau, il a ſçu les familiariſer avec les idées qui ſembloient leur être les plus étrangeres : on les voit près de lui ſe jouer au milieu des objets les plus ſérieux, s'aſſocier aux ſpéculations les plus ſublimes du génie le plus élevé, partager & embellir ſes travaux.

Si nous oſions nous comparer au Cardinal de Polignac, nous dirions de M. de Buffon ce que ce Prélat diſoit de Lucrèce (q) :

« Nous n'avons point l'éloquence de votre Poëte, » nous n'avons point les charmes de ſa voix, nos » chants n'ont point la douce mélodie des ſiens. » La Nature répand ſur ſes écrits tous les attraits » dont elle brille, elle lui prodigue tous ſes tré- » ſors ».....

(q) *Non mihi, quæ veſtro quondàm facundia Vati,*
Nec tam dulce melos, nec par eſt gratia cantûs.

. . . .

. . . .

Illius ad plectrum ſuſpirant molliùs auræ,
Gratior & cælo radius deſcendit ab alto.

. . . .

. . . .

Olli ſuppeditat dîves natura leporis
Quidquid habet, latos ſubmittens prodiga flores.

Mais lorſque nous ſommes occupés à repouſſer l'accuſation de témérité, en nous écartant des idées de M. de Buffon, aurions-nous à redouter une imputation bien plus grave? Pourrions-nous craindre que quelques-uns de nos Lecteurs ne fuſſent bleſſés des longues périodes que nous avons crû devoir remarquer dans la Nature, & que leur foi & leur juſte reſpect pour les Livres Saints ne fuſſent offenſés de la différence entre notre chronologie & celle de la Génèſe? Nous partageons avec eux cette foi & ce ſaint reſpect; ainſi nous ſommes très-éloignés de vouloir y porter aucune atteinte: mais nous connoiſſons deux ordres de vérités, les vérités de la révélation & celles de la raiſon. Nous ne conſidérons que ces dernieres dans notre Ouvrage; nous ſommes ceux dont parloit Salomon, lorſqu'il diſoit: Dieu a livré le monde à leurs diſputes. Nous penſons que Dieu n'a révélé que ce qui étoit néceſſaire au ſalut, ce que la raiſon ne pouvoit concevoir, les vérités juſqu'auxquelles elle ne pouvoit s'élever par ſes propres forces. Les livres Saints ont été dictés pour faire de parfaits Chrétiens, & non pour faire des Savans, ils nous guident dans la voie du ſalut, & non dans la la carrière des Sciences. C'est aux efforts de l'entendement humain que Dieu a abandonné ces dernieres & tout ce qui leur tient.

Cependant, si quelques-uns de nos Lecteurs pouvoient penser que le texte doit être entendu tel qu'il est écrit ; que, par exemple, les six jours de la création ont été ce que nous entendons aujourd'hui par six jours naturels, & qu'on ne peut s'écarter de ce sens littéral, quoiqu'il nous paroisse qu'il n'y avoit point de jours, avant que le Soleil fût créé, & qu'il est écrit qu'il ne l'a été que le quatrieme jour, tandis que le Ciel, la Terre & la Lumiere l'avoient été dès le premier ; si l'on pensoit qu'en conséquence l'instantanéité de la création, telle que nous l'admettons, & si conforme à ce texte, *Au commencement, Dieu créa le Ciel & la Terre*, fût néanmoins inconciliable avec les six jours de Moyse, que nous regardons comme représentant une suite de développemens successifs de l'acte unique de la création : si quelqu'un pensoit enfin que les vrais principes de la Physique du Monde, que les loix de cette Physique sont partie de la révélation, qu'elles sont implicitement comprises dans le récit que Moyse nous a laiſſé de la création ; nous proteſtons à ceux qui regarderoient toutes ces choſes, comme article de foi, que nous ne penſons en aucune manière à atténuer cette foi, & que nous ne regardons nos principes comme vrais, que dans l'ordre des vérités naturelles ſeulement, mais comme infiniment ſubordonnés à l'ordre éminemment reſpectable des vérités ſurnaturelles.

Nous oſons eſpérer que c'en eſt aſſez pour écarter de nous tout prétexte à ces imputations odieuſes qu'un zèle aveugle, plus ardent que circonſpect, & plus inquiet que vigilant, s'eſt trop ſouvent permis de prodiguer à ceux qui parcourent la carrière des Sciences.

Il nous reſte encore un autre genre de Lecteurs à raſſurer ; ce ſont ceux qui, ne ſaiſiſſant pas aſſez l'enſemble de notre ſyſtême, l'enchaînement des cauſes, la déduction des effets, & l'unité d'action qui a déterminé primitivement toutes les cauſes des modifications de la ſurface de la Terre, ne regarderoient pas nos principes d'Aſtronomie Phyſique comme démontrés. Ces Lecteurs ne conſidérant alors que notre Carte de la France & l'utilité pratique dont elle doit être, craindroient peut-être que les erreurs supposées dans notre systême ne nuisissent à cette utilité, & aux inductions que l'on pourroit tirer de nos principes dans l'usage de notre Carte.

Nous les assurons que, quel que soit le jugement qu'ils porteront sur nos principes généraux de Physique, les conclusions que nous tirerons des formes Topographiques, formes qui seront des données positives & certaines, seront absolument indépendantes de ces principes qui leur seroient suspects. On peut différer d'avec nous sur le jugement que l'on portera de notre systême; mais nous croyons, au moins qu'il sera impossible de rien objecter contre l'exposition physique des modifications présentes & futures de la surface de la France, & par conséquent contre toutes les conclusions que nous en tirerons relativement à la navigation de l'intérieur de ce Royaume.

LETTRE (r)

De M. le Baron de Marivetz, à M. Sennebier, Bibliothécaire de la République de Genève.

C'EST avec la satisfaction la plus vive que je signe enfin, Monsieur, l'hommage très sincère que sous un nom supposé je rends depuis longtemps à votre génie & à vos lumières : mais je vous dois compte des motifs qui m'ont fait emprunter & prolonger l'*incognitò*.

Uniquement occupé de l'Ouvrage au plan duquel vous avez bien voulu applaudir, j'avois toujours présente à l'esprit l'idée d'une première cause physique de tout mouvement & de toute chaleur

(r) Nous avons cru devoir rapporter cette Lettre à la suite de notre Préface, elle en est l'extrait. Nous y joignons l'exposition que MM. les Auteurs du *Journal de Physique* ont bien voulu présenter de notre Systême ; nous nous honorons de l'idée favorable qu'ils paroissent avoir pris de notre Ouvrage.

Nous ne rendons pas publique la réponse de M. Sennebier : nos justes égards pour ce Savant, répriment notre amour-propre ; nous sacrifions la faveur que son suffrage nous procureroit, à la crainte de compromettre son jugement dans l'esprit de ceux qui ne liront pas nos Ecrits avec autant d'indulgence.

dans la Nature : le phénomène de la lumière, nécessairement lié à ces deux grandes modifications, devoit, dans mes principes, avoir avec elles une origine commune.

Plus je méditois sur cette importante matière, plus je me persuadois que la chaleur & la lumière devoient naître d'un mouvement primitif, principe de tous les autres mouvemens : que ce mouvement devoit émaner de l'acte immédiat de l'Auteur de l'univers, être le premier effet de cet acte, la première action dans la Nature & le véritable instant de sa naissance : que cette action devoit s'étendre à tous les globes, à tous les points de chaque globe, selon des modifications dont il seroit facile de découvrir les loix, lorsqu'une fois on auroit reconnu le premier moteur.

Il est évident que j'entends ici par chaleur cette modification primitive & générale qui s'opère dans les grands corps, à travers l'espace, & par l'action quelconque du Soleil : quant aux chaleurs locales & particulières produites par différens moyens ; elles ne peuvent être rapportées à la cause primitive & s'expliquer par elle, qu'en suivant la chaîne des effets & des modifications intermédiaires,

& en ayant égard à toutes les circonſtances locales ; l'explication de ces phénomènes particuliers & locaux ne peut donc trouver ſa place dans l'expoſition de la théorie générale : ce n'eſt que des corollaires qui doivent s'en déduire, que cette explication peut naître.

Rempli de cette idée de l'identité de la cauſe première du mouvement, de la lumière & de la chaleur ; perſuadé que le Soleil détermine ſeul ces trois modifications, qu'il eſt ſeul agent primitif de tout le ſyſtême au centre duquel il réſide, que ce que nous appellons notre monde eſt ſon empire, qu'il y dicte ſeul des loix ; c'étoit à déterminer ces loix, la manière dont il les preſcrit & les fait exécuter, que j'employois toutes les facultés de mon eſprit.

Le Soleil régit tout notre ſyſtême, me diſois-je : il doit être pour nous le ſeul moteur, la ſeule cauſe active de la Nature : la première action produite par l'Eternel a dû l'être dans ce point de ſon ouvrage, & s'étendre de lui à tous les autres : la multiplicité d'action n'a pas dû avoir lieu dans l'acte du Tout-Puiſſant, un mobile unique a dû devenir le moteur de tous les mobiles. Un mot a dû être la loi unique & générale ; tout ce que nous appellons des loix différentes, tous les phénomènes qui en résultent ne doivent être que des effets de cette loi primitive, toutes les actions doivent en dernière analyse être rapportées & réduites à une seule action ; mais quelle est cette action ? comment s'exerce-t-elle & s'étend-elle à tout ce qui existe dans la nature ? Voilà le grand problême.

Rebuté de toutes les hypothèses dont j'avois sous les yeux les abus aussi fréquens qu'excessifs, je cherchois dans le Soleil cette propriété physique primitive, nécessaire & évidente, de laquelle seule tous les phénomènes pussent se déduire.

L'admission d'une chaleur propre & primitive, d'une chaleur essentielle du soleil ne m'a jamais paru qu'une pure supposition, une supposition absolument précaire ; & d'autant plus à rejetter que ne pouvant être ni vérifiée, ni démontrée par des observations & par des preuves directes, elle pouvoit influer longtems sur nos idées physiques ; & qu'une fois admise, la facilité d'en déduire beaucoup d'effets, pouvoit la faire conserver, malgré des inconvéniens sans nombre, & la rendre chere aux Physiciens ; que par conséquent, cette supposition, si elle étoit fausse, pouvoit retarder infiniment les progrès de la saine Physique.

Enfin, me disois-je, pourquoi le Soleil seroit-il chaud ? La chaleur ne paroît pas pouvoir appartenir à la matiere du Soleil, comme une propriété essentielle de la substance solaire. Il est impossible de considérer la chaleur dans aucune substance, autrementt que comme une modification produite par une cause étrangère à cette substance, modification dont l'intensité est relative à l'énergie de la cause, dont les accroissemens & les décroissemens sont progressifs & reconnoissent également des bornes : toute autre idée de la chaleur est inconcevable & par conséquent inadmissible. Qui donc a échauffé le Soleil ? L'action qui a produit en lui cet effet ne s'est-elle exercée que sur lui, cette action continue-t-elle d'agir, ou n'agit-elle plus ? Dans le premier cas, ne s'exercera-t-elle jamais que sur ce globe, tandis que, par lui, elle s'étend à toute la Nature. Quel en sera le *maximum* ? Si cette action n'agit plus, que deviendra cette chaleur ? Que deviendra la Nature ? &c. &c.

J'avois cent autres questions à me faire sur cette chaleur propre du Soleil : il s'en présentoit autant, & peut-être peut-être plus encore, ſur cette autre propriété par laquelle cet aſtre répand la lumière. Le Soleil conſidéré comme lumineux par lui-même & comme pouſſant hors de ſon ſein la matière de la lumière, comme ſource proprement dite de cet océan de lumière qui s'étend ſans doute juſques par-delà les limites des domaines des étoiles fixes, puiſque celles mêmes que nous appellons de la derniere grandeur envoient juſqu'à nous leur rayons; la ſuppoſition de ces émiſſions infinies & continues : toutes ces idées me ſembloient incompréhenſibles. D'ailleurs, je trouvois, dans la ſuppoſition de cette propriété lumineuſe, attribuée à la ſubſtance ſolaire, le même défaut qu'à la ſuppoſition de ſa chaleur propre, celui de ne pouvoir être vérifiée par des obſervations directes, démontrée par des preuves à *priori*.

J'avois donc pris, depuis très-longtems, le parti de ne regarder le Soleil, ni comme chaud, ni comme lumineux par lui-même & par ſon eſſence, puiſque cette chaleur & cette lumière ſuppoſées en lui, étoient deux hypothèſes ſans fondement, deux effets ſans cauſes phyſiques connues, deux déductions par leſquelles on attribuoit au Soleil comme propriétés eſſentielles, deux effets qu'il produiſoit, & auxquels il falloit dans mes principes trouver des cauſes phyſiques qui ne fuſſent pas des ſuppoſitions : mais c'étoit toujours dans le Soleil qu'il falloit chercher ces cauſes, puiſque c'étoit lui qui déterminoit & modifioit les effets obſervés.

Nous ne connoiſſons évidemment de cet aſtre que ſon lieu relatif dans l'eſpace & ſon mouvement; je penſois donc qu'il falloit abſolument & néceſſairement tout déduire de ces deux données certaines, ou courir riſque de ſe laiſſer entraîner & égarer par une imagination que rien ne pouvoit guider.

L'idée de M. le Comte de Buffon ſur la première cauſe active déterminante de la chaleur qu'il trouve dans le mouvement de rotation & dans l'attraction des ſphères céleſtes,, me parut grande, noble, ſimple & par conſéquent très-ſéduiſante : mais en la méditant, en la conſidérant avec attention, ſon effet s'affoiblit bientôt : & l'application que l'Auteur de cette ingénieuſe hypothèſe en a faite, loin de ſatisfaire aux phénomènes pour leſquels il l'a créée, ne me paroît pas avoir été heureuſe. Elle détruit ſon ſyſtême, au-lieu de l'étayer.

Tout entier à ces idées, mais ne voulant me nommer, qu'en annonçant l'ouvrage dont j'ai donné le proſpectus; deſirant cependant diſcuter l'opinion de M. de Buffon avec M. de Buffon lui-même, je pris le parti de l'*incognitò*, & ſous un nom ſuppoſé, je lui écrivis; je reçus une réponſe qui ne diſſipoit pas mes doutes: je récrivis, ne penſant point alors à donner jamais aucune publicité à ce commerce; M. de Buffon ne me répondit plus. Eſpérant enfin que dans le nombre infini de ſes Diſciples, quelqu'un ſe chargeroit de la défenſe de ſon opinion, ce que je deſirois infiniment, je me déterminai à adreſſer à M l'Abbé Rozier, mes lettres à M. de Buffon & ſa réponſe (*s*): je ne craignis point que cette démarche lui déplût. Il ne pouvoit s'offenſer d'une objection, & dans la manière dont je la propoſois, je ne m'étois aſſurément pas écarté des égards que ceux qui cultivent les Sciences ſe doivent mutuellement, & auxquels M. de Buffon a acquis des droits particuliers.

(*s*) Voyez Journal de Phyſique 1777, T. IX, p. 7. & T. X. p. 148

Je confirme & renouvelle avec plaisir ici l'hommage que je luirendois alors comme pseudonyme: personne ne me répondit.

Je lus dans l'intervalle, Monsieur, vos excellens Mémoires sur le Phlogistique (*t*), & toutes mes espérances se tournèrent de votre côté. Je desirois d'établir entre nous, non pas une dispute; je les fuirai toujours: mais une correspondance dans laquelle je pusse discuter mes idées & m'instruire. Je conservai l'*incognitò* par les mêmes motifs qui me l'avoient fait adopter (*u*).

Vous eûtes, Monsieur, la complaisance de me répondre (*x*): je me félicitai d'avoir osé vous provoquer, j'admirai en vous ce génie qui sait embrasser l'ensemble d'un grand systême, cet esprit d'analyse auquel nulle observation n'échappe, & cette sagacité qui, dans les nuances presque imperceptibles qui distinguent des phénomènes, qu'il se-

(*t*) Voyez Journal de Physique 1776, T. VIII, p. 25. 1777, T. IX, p. 97.

(*u*) Voyez Journal 1777, T. X, p. 206 & Supplément, p. 281.

(*x*) Voyez Journal, Septembre 1779, p. 200, Novembre 1779, p. 355.

roit pour tout autre si aisé de confondre, saisit les différentes actions des causes qui se combinent.

Cependant, toujours occupé de mes idées, je m'y confirmois. Il me sembloit démontré que tout tournoit dans notre systême solaire, uniquement parce que le Soleil tournoit; que tout étoit échauffé, parce que le Soleil tournoit; que l'espace étoit éclairé, parce que le Soleil tournoit; qu'enfin ce mouvement de rotation du Soleil étoit l'unique cause de tout mouvement, de toute chaleur naturelle, de toute lumière naturelle.

Je ne pouvois me dissimuler que je tombois dans le Cartésianisme, & j'avois continuellement sous les yeux les anathêmes lancés contre cette doctrine; j'en pesois, j'en méditois les motifs, j'en répétois l'application à mes principes: mais ils m'ont toujours paru à l'abri de tous les coups portés jusqu'à-présent au systême de Descartes. Les points dans lesquels je diffère d'avec ce grand-homme me sembloient écarter de moi les objections auxquelles ses Disciples n'ont pu répondre, les difficultés qu'ils n'ont pu vaincre, les problêmes qu'ils n'ont pu résoudre.

Déterminé enfin à donner l'essor à mes idées,

à oser présenter mes principes sur la Physique générale du Monde; à déduire de la Physique céleste, toute la Physique de la terre, & particulièrement l'Histoire Naturelle de notre globe; à en faire une application utile à mon pays, à donner une Géographie physique de la France déduite de principes généraux qui pouvoient être appliqués à toutes les autres parties du globe, je sentis l'insuffisance de mes lumières & de mes travaux pour une entreprise aussi vaste.

Ce fut alors que je proposai à M. Goussier, dont je connoissois le génie, & qui réunit à beaucoup d'instruction dans les Sciences exactes, la connoissance la plus parfaite de la surface de la France, d'être mon Collègue. Il se trouva heureusement dans les mêmes idées que moi: il accepta ma proposition; & après avoir employé tout le tems nécessaire pour considérer l'ensemble de nos principes, pour mesurer & la carrière & nos forces, nous donnâmes le Prospectus de l'Ouvrage que nous avions suffisamment médité.

Mon premier soin fut de vous l'adresser, Monsieur, & de cesser un *incognito* que je desirois de remplacer par un commerce direct; votre réponse m'a fait d'autant plus de plaiſir que vous voulez bien m'accorder les ſecours que je vous demande, moyen le plus ſûr d'exciter mon zèle & ma confiance.

Les deux Mémoires que vous aviez déjà envoyés à M. l'Abbé Rozier, & qui ont été imprimés depuis, ſont infiniment précieux : je les ai lus & relus avec la ſatisfaction la plus vive & la plus ſincère. On y reconnoît un génie puiſſant qui médite au milieu des obſervations les plus délicates, qui analyſe comme Bonnet, pour généraliſer enſuite comme Buffon. Quel homme, Monſieur, que votre digne ami, votre illuſtre compatriote ! Oſerois-je vous prier d'être mon interprète auprès de lui, & de lui faire agréer mon hommage ?

Malgré toute l'ardeur que m'inſpirent vos derniers Mémoires, malgré le plaiſir infini & tout l'avantage que je trouve à vous mettre à portée de combattre mes idées, je ſuis forcé de ceſſer, ou du moins de ſuſpendre notre correſpondance publique. L'Ouvrage que je ſuis à la veille de publier ne me laiſſe pas un inſtant ; d'ailleurs, cet Ouvrage contiendra tous mes principes, ils y ſeront expoſés avec plus d'ordre & de méthode.

La théorie générale de la lumière & de la chaleur appartient à la Physique céleste : leurs effets particuliers & leurs différens états sur notre globe, sont des phénomènes compliqués qui tiennent à une multitude de rapports & de combinaisons : ils sont le produit de bien des effets réunis, mais qui tiennent tous en dernière analyse à une même cause primitive. Quand nous aurons bien reconnu cette cause, nous suivrons ensemble ses effets, & il faudra bien que dans cette série de causes & d'effets tout se trouve à sa place.

Avec quelle confiance j'aurai recours alors, Monsieur, aux ingénieuses expériences que vous avez déjà faites & à celles que vous vous proposez encore de faire ! Ou le desir extrême que j'ai de me rencontrer avec vous me fait illusion, ou nous nous rapprocherons beaucoup.

Enfin quel que soit le sort de mes recherches, j'aurai acquis un droit certain à la reconnoissance éternelle des Savans : ils apprendront, en lisant vos excellens Mémoires, que c'est à mes observations qu'ils en doivent une partie.

En suspendant notre correspondance publique, permettez-moi, Monsieur, de m'en dédommager par

par un commerce plus particulier & d'invoquer votre ſecours, après vous avoir provoqué au combat. Ceux des Amateurs des Sciences devroient être comme les anciens Tournois ; une noble ardeur mutuelle pour la gloire ne devroit faire que des émules, non des rivaux & jamais des ennemis; ce n'eſt qu'avec de pareilles diſpoſitions qu'il convient d'entrer dans cette illuſtre carrière. Je deſirerois pouvoir y acquérir aſſez d'honneur pour que vous vouluſſiez bien m'avouer pour votre frère d'armes.

J'ai l'honneur d'être, &c.

IDÉE DE L'OUVRAGE.

1°. RECONNOÎTRE dans la Nature le premier moteur physique de tous les corps célestes; déduire, du mouvement simple qui a été imprimé à ce moteur par l'Eternel, tous les mouvemens composés des sphères; présenter les loix mathématiques de ces mouvemens; exposer, enfin, toute la théorie physique de notre systême solaire & expliquer son méchanisme.

2°. Appliquer toutes les loix générales qui règnent dans l'espace, qui y régissent tous les corps & qui émanent du mouvement primitif, au globe de la Terre; déduire des impressions nécessaires que ce globe reçoit toutes les modifications qu'il a éprouvées, & par une conséquence immédiate, toutes celles qu'il éprouvera encore; réduire à une puissance unique, toutes les forces de la Nature, & rapporter par une suite de déductions nécessaires, tous les phénomènes à cette puissance unique.

3°. Joindre à ces grandes & majestueuses déterminations physiques & mathématiques, des vues d'utilité publique de la plus grande importance pour la France, les rendre facilement applicables à tout l'univers.

Enfin, développer le véritable ſyſtême général de la Nature; éclairer les hommes de tous les tems & de tous les lieux ſur les changemens ſucceſſifs de la ſurface de la Terre; dire quels ſont ceux de leurs grands ouvrages, ou de leurs grands monumens que l'ordre des évènemens futurs reſpectera plus ou moins longtems; & comment, lors même qu'on ſe promettroit de réparer ſucceſſivement les dégradations qu'opérent les ſiècles, ces monumens ſeroient, ainſi que la ſurface ſur laquelle ils repoſent, ſapés par leurs fondemens, ou enſevelis ſous les débris que les eaux promènent ſucceſſivement ſur toute la ſurface du globe; appliquer plus particulièrement cette théorie au ſyſtême de Navigation de la France; rendre, par ces principes, cette Navigation auſſi générale, auſſi facile, auſſi durable qu'il eſt poſſible de l'eſpérer dans le développement des formes que la ſurface de la France doit éprouver dans la ſuite des tems:

Tels ſont les objets qui ſeront traités par les Auteurs du Proſpectus dont nous rendons compte.

Ces Auteurs paroiſſent ſe propoſer de ſuivre la méthode la plus rigoureuſe & de l'expoſer avec la plus grande clarté. Pour ne point interrompre la chaîne des idées, & pour préſenter l'enſemble du ſyſtême d'une manière auſſi claire que continue, toutes les démonſtrations mathématiques des différentes aſſertions ſeront renvoyées à des additions, notes ou remarques placées à la fin de chaque Section.

La lettre de M. le Baron de Marivetz, à M. Sennebier, Bibliothécaire de la République de Genève ſuffit, avec ce que nous venons de dire, pour donner une idée de cet Ouvrage.

ESSAI
SUR L'HISTOIRE DE LA COSMOGONIE (a).

LA TERRE ne préſentoit aux hommes, dans le premier inſtant où ils l'ont habitée, qu'une ſuperficie ſenſiblement plate, quoique hériſſée de différentes inégalités ; qu'une

(a) La Coſmogonie eſt la Science de la formation du monde ; ce mot eſt formé de deux mots Grecs, Κόσμος, monde, & γίνομαι, je naîs. La Coſmogonie doit donc repréſenter la maniere dont l'univers s'eſt formé, expliquer les loix de cette formation.

La Coſmographie eſt la Science qui enſeigne la conſtruction, la

surface étendue dont ils ne cherchoient point à mesurer les dimensions : le desir de ces connoissances n'a dû naître parmi eux que plusieurs siècles après l'époque de leur origine. Des objets plus pressans occupoient leur esprit, fixoient leur attention & absorboient toute leur intelligence.

Cette intelligence n'a pu sortir des bornes étroites entre lesquelles les besoins primitifs & essentiels de la Nature la circonscrivoient dans les premiers tems, que lorsque les moyens de subvenir à ces besoins sont devenus plus faciles, & qu'en se multipliant & multipliant en même tems les

---

figure, la disposition & le rapport de toutes les parties qui composent le monde; ce mot est formé de deux mots Grecs, κόσμος, monde, & γράφω, je décris.

La Cosmographie differe de la Cosmogonie, en ce que la Cosmogonie explique la maniere dont le monde s'est formé, présente les loix de cette formation, & que la Cosmographie n'est que la science, la description des parties du monde supposé tout formé & tel qu'il existe.

La Cosmologie est la Science qui traite du monde, ou qui raisonne sur le monde, dès qu'il existe. Ce mot vient de deux mots Grecs, κόσμος, monde, & λόγος, discours; elle differe donc de la Cosmogonie en ce que celle-ci traite de la maniere dont le monde s'est formé, & que la Cosmologie ne traite que du monde dans son état actuel; elle est une physique générale & raisonnée des loix du monde tel qu'il est.

Elle differe de la Cosmographie, en ce que celle-ci n'est que l'exposition, la description pure & simple des parties du monde, sans aucunes recherches ultérieures sur les loix & sur l'état variable de ces parties.

Ces définitions sont tirées du Dictionnaire Encyclopédique.

befoins factices, ils ont animé l'activité de l'efprit, excité le reffort de l'imagination, développé enfin toutes les forces & toute l'énergie de l'entendement humain.

Cette faculté, dont nous fommes bien éloignés de connoître toute la puiffance, s'eft étendue à mefure que de nouveaux defirs nés de nouvelles jouiffances l'ont agitée & dirigée. Elle a embraffé tous les objets dont elle a conçu, nous ofons même dire, dont elle a foupçonné l'exiftence ; & fouvent la fagacité avec laquelle elle s'eft exercée fur des fuppofitions même chimériques, a été auffi fublime & auffi utile que celle qu'elle a employée à la confidération des êtres réels.

Semblable à un reffort que des obftacles compriment de toutes parts, & réduifent à n'occuper, pour ainfi dire, qu'un point dans l'efpace, mais dont l'élafticité n'eft que contenue fans être détruite, & fe développe lorfque les obftacles diminuent ; l'efprit humain, dès qu'il a pu s'étendre au-delà des bornes entre lefquels les befoins phyfiques le circonfcrivoient, a parcouru avec rapidité tout le terrein qu'il gagnoit : mais bien différent de ces refforts groffiers dont nous empruntons la comparaifon, c'eft en fe développant que fes forces s'accroiffent. L'ignorance femble être une croûte épaiffe qui enveloppe l'intelligence humaine ; plus cette croûte eft fracaffée en différens endroits, plus toute la maffe perd de fa folidité ; les parties qui femblent conferver encore toute leur confiftance font prêtes à tomber en pouffiere, dès que celles qui les entouroient & les foutenoient font brifées.

Nous confidérons ici l'homme ne laiffant encore tomber

ſur le lieu qu'il habite que des regards qui ſe dirigent uniquement vers ſes premiers beſoins phyſiques ; il ne méditoit alors ni ſur le volume , ni ſur la forme de la Terre, ni ſur les loix qui la régiſſoient , ni ſur les modifications dont elle étoit ſuſceptible.

Bornés au court eſpace qu'ils pouvoient parcourir , les hommes ne conſidéroient la Terre que comme la nourrice des plantes & des animaux ; ils renfermoient dans ces ſeules propriétés toutes leurs obſervations. La Terre immobile ſous leurs pieds, n'éprouvant dans ſa forme aucun changement ſenſible , ils étoient bien éloignés de ſoupçonner qu'ils fuſſent emportés avec elle dans les eſpaces céleſtes, de rechercher ſi elle étoit l'ouvrage du feu ou celui des eaux : ils crurent habiter une demeure fixe & immuable, ils ne ſe demandoient point, ils ne deſiroient point de connoître quelle étoit l'étendue de cette demeure. Les chaînes de montagnes inacceſſibles, les mers ſembloient à ceux qui pouvoient les conſidérer , les limites du Monde : les fleuves étoient d'autres barrieres au - delà deſquelles on voyoit les prolongemens d'habitations ſemblables ſans deſirer de les parcourir , ſans concevoir que cela pût être poſſible. Des mers & des montagnes devoient encore terminer plus loin cette ſurface totale que les hommes ont ſi long-tems cru plate, & regardée comme une grande table.

Mais l'homme ne pouvoit élever ſes regards vers les cieux, ſans que la ſphere de ſes idées ne fût infiniment étendue ; c'étoit de-là que deſcendoit cette lumière qui éclairoit ſes pas & ſes travaux ; c'étoit là qu'il en conſidéroit la ſource. La marche majeſtueuſe du Soleil a ſans doute fixé l'attention du premier homme que ſa lumiere a éclairé : mais quelle diſtance énorme n'y avoit-il pas entre le premier ſentiment de l'admiration confuſe & preſque ſtupide que cet aſtre lui inſpiroit alors, & cette idée hardie de calculer ſa diſtance & la viteſſe des rayons de ſa lumiere ?

La reconnoiſſance ſuivit de près l'admiration ; le Soleil éclairoit l'eſpace que pouvoit parcourir l'être qui le conſidéroit ; c'étoit par le ſecours de cet aſtre que les regards de l'homme embraſſoient l'horiſon ; c'étoit à ſa ſeule clarté qu'il appercevoit les êtres qui l'environnoient, & qui pouvoient ſervir à ſon uſage ; c'étoit par elle qu'il diſtinguoit leurs formes & qu'il pouvoit juger de leurs propriétés ; & ce qui dut le frapper bien plus encore, la lumiere répandoit ſur la Terre cette chaleur, cet eſprit de vie qui faiſoit naître & croître les plantes, qui augmentoit l'énergie & l'activité de l'exiſtence des hommes & des animaux ; par elle enfin tout étoit vivifié.

L'homme dut donc alors voir dans le Soleil le Pere de la Nature ; mais il lui étoit impoſſible de ſoupçonner les véritables moyens par leſquels cet aſtre opéroit tous les phénomènes dont la réunion & la combinaiſon forment le ſyſtême de l'univers. Qu'il y avoit loin encore de cette contemplation douce & ſimple, à l'idée ſublime & compliquée que c'étoit ce même globe de feu qui entraînoit autour de lui dans la vaſte enceinte de ſon empire cette Terre qui ſembloit immobile, & qui, quoique connue dans une très-petite partie de ſa ſurface, paroiſſoit infiniment plus groſſe que lui.

L'homme adora le Soleil : idolâtrie pardonnable à la reconnoiſſance, à ce ſentiment qui ne pouvoit s'élever encore jusqu'à l'Auteur du Soleil-même, jusqu'à celui qui a ſemé avec une profuſion inexprimable, & diſpoſé avec l'harmonie la plus ſublime des millions de Soleils dans l'eſpace infini.

Le Soleil n'attira pas ſeul les regards des premiers hommes : cet autre aſtre dont la douce & foible clarté leur prêtoit encore ſon ſecours, lorſque le Soleil les abandonnoit ; ce flambeau de la nuit, dont la lumiere inégale, la marche irréguliere & les apparences variées avoient ſi peu de reſſemblance avec la lumiere, la marche & l'apparence du Soleil, mais qui diſputoit encore aux ténèbres l'empire que leur abandonnoit le Pere du jour, & qui prêtoit aux hommes une clarté qui ſuffiſoit à pluſieurs de leurs beſoins, la Lune dut fixer l'attention des hommes, les inviter à obſerver ſes variétés & à en chercher les cauſes.

Enfin, dans des climats heureux, ſous un ciel pur & ſerein, des hommes tranquilles pouvant partager leur vie entre les ſoins qu'exigeoit ſa conſervation, & des réflexions ſur ce qui les entouroit, dûrent conſidérer attentivement le Ciel, leurs regards embraſſoient la voûte entiere : ils avoient continuellement ſous les yeux des corps brillans de lumiere, ils ſuivoient leur marche : c'étoit de la région où ces aſtres ſembloient regner, c'étoit d'en-haut que venoient la lumiere & les ténèbres, le chaud & le froid, la grêle deſtructive & les roſées bienfaiſantes, la ſérénité ou les orages : tous ces évènemens, les ſeuls qui puſſent intéreſſer vivement des hommes vraiment champêtres, qui puſſent agir puiſſamment ſur leur eſprit, deſcendoient donc des eſpaces céleſtes ; c'étoit de là qu'arrivoient & le bien & le mal : ces corps lumineux étoient donc des êtres puissans qui règnoient dans cet empire, & dont dépendoit le sort des humains; tout dans cette vaste enceinte intéressoit dans tous les instans; ils n'appercevoient au contraire sur la Terre nulle scène importante & rapide, aucun des grands effets qui enlevent l'admiration, en portant dans l'âme l'étonnement: tout dut donc diriger vers le Ciel leur attention, leur curiosité & leurs recherches.

Outre le Soleil & la Lune, ils découvroient encore plusieurs autres points lumineux; tous sembloient emportés autour de la Terre; tous décrivoient plus ou moins rapidement des cercles autour de cette demeure de l'homme, qui seule sembloit immobile.

L'admiration s'accrût à mesure que les observations se multiplierent. On conçut enfin qu'il pouvoit exister une science des rapports des mouvemens de ces astres entr'eux & avec la Terre. Alors naquit la premiere idée de la Cosmogonie, c'est-à-dire, de la science qui embrasseroit tous les rapports de la Terre & des Cieux: mais cette idée fut très-imparfaite sans doute, les premiers pas que l'esprit humain fait dans toutes les carrieres qu'il peut s'ouvrir, sont les pas d'un enfant, ils en ont toujours la foiblesse, & trop souvent aussi la hardiesse imprudente & inconsidérée.

On peut dire avec M. Bailly, que dès que le Ciel a eu des témoins, il a eu des admirateurs. « Alors saisi d'admi» ration, l'homme est tombé dans une profonde rêve» rie (*) ». Sa curiosité fut vivement excitée, l'idée la plus sublime & la plus vraie se présenta dès-lors à son esprit. Cette majestueuse course des astres, l'uniformité de

(*) Hist. de l'ancienne Astronomie, p. 2, §. II.

leur route, la régularité périodique de leurs absences & de leurs retours, imprima dans l'esprit des hommes ce sentiment profond d'un ordre général & immuable qui embrassoit & enchaînoit toute la Nature, & qui réveloit son Auteur.

Nous ne suivrons point la marche de l'esprit humain dans la route que lui ouvroit cette nouvelle idée si digne de son intelligence, & dont l'Eternel avoit préparé le développement d'une maniere si majestueuse & si générale ; nous marcherions long-tems d'erreurs en erreurs, si nous considérions toutes les inconséquences dans lesquelles les hommes furent entraînés pendant des siècles d'ignorance.

Quelques observations répétées & réunies furent des rayons de lumiere qui brillerent dans ces ténèbres : elles s'éclaircirent & se dissiperent enfin. C'est dans l'excellent Ouvrage de M. Bailly qu'il faut suivre cette marche ; par-tout le génie y est guidé par les connoissances les plus exactes, par-tout on reconnoît le Savant & le Philosophe.

Nous précipiterons nos pas dans ces recherches sur l'histoire de la Cosmogonie pour arriver aux systêmes qu'a produit le siècle dans lequel nous vivons ; ce sont les seuls qui méritent d'être examinés.

A quel siècle remonterions-nous en effet pour placer l'époque des découvertes astronomiques. « Si l'on accordoit, » dit M. Bailly, le titre d'inventeurs à ceux des hommes » qui les premiers ont été frappés du spectacle des Cieux, » ils auroient tous le même droit, & l'Astronomie seroit » aussi ancienne que le Monde lui-même. Le véritable » inventeur de la science est celui qui, en découvrant la » premiere

» premiere vérité, a posé la bâse de nos connoissances astro-
» nomiques (*) ».

Mais cette premiere vérité soupçonnée ou découverte a peut-être été perdue pour les contemporains mêmes de ce premier Astronome, elle peut avoir été ou négligée ou rejettée. Ce n'est que dans la nation où elle a été reçue & accueillie, à l'époque où elle a fait une sensation assez vive pour que l'on s'en soit occupé, que l'Astronomie a véritablement pris naissance. Sur quelle partie de la surface de la Terre peut-on placer ce peuple? à quel siècle peut-on rapporter cette époque? voilà ce que nous ignorerons vraisemblablement toujours.

(*) Ibid. p. 2, §. II.

C'est en vain que les Bailly, les Gébelin, &c. rassemblent par le travail le plus opiniâtre les traditions les plus anciennes, qu'ils les ordonnent avec le jugement le plus sage & le plus éclairé, qu'ils cherchent à en démêler l'harmonie avec la sagacité la plus ingénieuse & la plus subtile. Les archives de l'Histoire ne fourniront jamais des moyens suffisans pour résoudre ce problême.

Nous sommes bien éloignés de rejetter l'opinion de M. Bailly sur cette époque mémorable, à laquelle semblent remonter les connoissances de tous les Peuples; nous ne pensons pas que tous puissent être arrivés, par leurs propres forces, au même degré de connoissances dans le même siècle. La marche de l'esprit humain est trop dépendante des influences physiques des climats, & sur-tout des influences morales des Gouvernemens, pour avoir été la même chez des Peuples chez lesquels ces circonstances étoient si différentes.

Si nous remontons donc jusqu'à des tems où les sciences se sont élevées au même période sur différentes grandes parties de la surface de la Terre, nous serons portés à supposer que ces différens Peuples ont commencé à les cultiver à des époques différentes : mais si nous trouvons chez tous les mêmes vérités, les mêmes erreurs, les mêmes méthodes, les mêmes formules, les mêmes analyses ; s'il nous est possible même de nous convaincre que plusieurs de ces Peuples ont employé ces méthodes, ces formules, ces analyses, sans en connoître la nature, les propriétés & l'étendue, nous serons plus que portés à croire qu'ils les ont reçues de quelque peuple plus éclairé dont elles étoient l'ouvrage, tout alors nous persuadera qu'elles sont émanées d'une source commune.

A cette époque donc où M. Bailly nous présente les sciences, & sur-tout l'Astronomie déjà très-avancée chez plusieurs Peuples fort éloignés les uns des autres, communes à toutes ces nations, & élevées au même point chez chacune d'elles, nous ne les croirons pas toutes nées dans le sein de chacune de ces nations. Nous pensons même qu'il est prouvé, autant qne cette matiere est susceptible de preuves, que c'est à une seule nation qu'il faut rapporter cette diffusion de lumieres ; mais la nation à qui nous croirons devoir attribuer l'honneur de ces connoissances primitives, ne les avoit-elle pas reçues d'une autre ? ne les avoit-elle pas formées de la réunion des lumieres de plusieurs nations successives ou contemporaines ? Si une seule nation peut être parvenue par ses seules forces à ce haut degré de connoissances, quand a-t-elle commencé à cultiver les Sciences, quelle fut la rapidité de sa marche dans cette carriere? combien de tems a-t-elle conservé ce dépôt dans son sein? quand l'a-t-elle transmis? comment s'est faite cette transmission? comment tous ces Peuples se sont-ils trouvés en état de recevoir ces lumieres, & de les conserver? voilà ce que nous croyons très-difficile à déterminer avec certitude. La main qui posa les fondemens de ce systême peut seule mettre le comble à l'édifice : personne n'est plus en état que M. Bailly, de l'élever avec solidité, & de l'orner de toutes les véritables beautés dont il est susceptible : l'avoir fondé est une espece d'engagement de le finir, & jamais on ne remettra volontairement à M. Bailly les engagemens qu'il aura pris.

Nous ignorons ce qu'ont pensé de la Terre ces nations dont les noms sont presqu'ignorés, ainsi que les pays qu'elles habitoient, & les tems où elles ont existé. Mais ce qui nous intéresseroit bien plus que leurs opinions, ce seroit la connoissance de l'état de la Terre à quelques-unes de ces époques reculées. Chaque génération n'a pu fonder ses systêmes que sur les observations qu'elle avoit alors sous les yeux, & celle-là seule l'emporte sur les autres, qui peut en réunir davantage. La force propre de l'esprit humain a toujours été à-peu-près la même chez toutes les nations qui ont cultivé les sciences (*b*). Les circonstances & le ca-

(*b*) Les différences des climats ont influé sans doute sur les facultés intellectuelles des hommes; mais nous pensons que ces influences ont agi plus puissamment sur les produits de l'imagination que sur ceux de la méditation. La Poésie & l'Eloquence, par exem-

ractere qui les portent vers ces ſpéculations, décelent, favoriſent & développent un degré de maturité & d'énergie qui les éleve infiniment au-deſſus des autres nations ; mais une fois arrivées à ce période auquel l'eſprit humain ſemble pouvoir s'élever, pour ainſi dire, du premier vol & par ſa propre force, autant ces nations s'écartent alors de celles qui n'ont pas encore pris ce noble eſſor, autant elles ſe rapprochent les unes des autres ; elles ne pourroient plus différer entr'elles que par la maſſe des obſervations conſervées & réunies ; leurs âges pourroient, pour ainſi dire, ſe compter par ces obſervations.

Si une ſeule nation s'étoit ouvert la carriere des Sciences, ſes pas empreints ſur l'arène, conſerveroient le plan de l'eſpace qu'elle auroit parcouru ; mais cette carriere eſt depuis long-tems ſi fréquentée, que les pas des concurrens s'effacent ſucceſſivement, ils ſe recouvrent & ſe confondent. Le peuple qui cultive les Sciences depuis un demi-ſiècle,

---

ple, dépendent beaucoup plus de ces influences phyſiques des climats, des influences morales des gouvernemens & des ſociétés, & des mœurs des nations, que n'en dépendent les Sciences exactes : les unes ſont guidées par le goût, les autres le ſont par le jugement ; ce qui plaît à la génération actuelle détermine & dirige les efforts de tous ceux qui cherchent à lui plaire, ce qui eſt vrai dirige la marche de tous ceux qui veulent s'inſtruire. La regle des premiers eſt donc purement arbitraire, celle des ſeconds eſt rigoureuſe, conſtante & néceſſaire ; le goût peut s'égarer & ſe plaire longtems dans ſes égaremens, le jugement ne peut conſidérer une erreur ſans la reconnoître & la rejetter.

a déjà rassemblé, s'est déjà approprié toutes les connoissan-qu'avoient accumulé tous les siècles écoulés.

Depuis ces tems fabuleux ou vrais auxquels les habitans de la Sibérie ont, selon M. Bailly, éclairé l'univers, jusqu'à l'instant où nous écrivons, tout ce que peut avoir conservé, retrouvé ou acquis chaque nation, est également le domaine de toutes. Le Russe réveillé par le Czar, en a déjà réuni tout l'ensemble. Heureuse diffusion dont la généralité étend & assûre l'empire des Sciences. Semblables à la lumiere qui éclaire d'autant plus d'espace qu'elle est réfléchie par plus de points, ces réflets multipliés des connoissances acquises sur quelque partie de la Terre que ce soit, ne laisseront bientôt pas un pouce de terrein à l'ignorance.

Ce n'est plus en écartant ou en arrachant laborieusement les épines qui couvroient la carriere des Sciences, que l'homme qu'anime une noble curiosité, peut parvenir à acquérir pas-à-pas quelques connoissances incertaines. Il cultive aujourd'hui des champs déjà défrichés, il jouit des travaux de tous ceux qui l'ont devancé.

Que resteroit-il donc à desirer, sinon que ceux qui se livrent aux Sciences ne cherchassent pas mutuellement à dépriser leurs utiles travaux; qu'honorant respectivement leurs efforts, ils ennoblissent la carriere, & qu'à la place d'un vain & méprisable orgueil, toujours aveugle dans le choix de ses moyens, toujours trompé dans leur effet, ils ne connussent d'autre sentiment que celui d'une bienveuillance réciproque; que la sévérité qui force sans doute à bannir les erreurs de l'empire de la vérité, fût adoucie par une indulgence encourageante ; qu'ils étouffassent enfin les cris de l'envie & de la méchanceté, armes terribles sous les coups desquelles celui-là seul mérite de succomber, qui en les employant, semble en justifier l'usage contre lui.

Cette digression dans laquelle nous a entraîné notre juste indignation contre ces passions cruelles & basses qui déshonorent trop souvent la carriere des Sciences, & contre les Auteurs de ces critiques ameres qui écartent & dégoûtent les concurrens, sans instruire personne, nous a écartés de notre sujet.

Nous disions donc que les nations qui cultivent les Sciences, ne s'élevent les unes au-dessus des autres dans ces nobles contemplations, que par le nombre & l'importance des observations dont elles s'enrichissent ; que l'esprit d'observation joint à l'esprit d'analyse, peut seul diriger dans l'étude de la Nature. C'est pour ce genre d'esprit qu'il n'est point de labyrinthe : l'imagination en produit par-tout ; tous les ouvrages dictés par cette faculté impétueuse ne présentent jamais les vraies routes de la Nature.

Il paroît enfin que le tems est arrivé, où les hommes, trop souvent abusés par des chimeres, ne se prêteront plus aux illusions. Notre siècle, trop long-tems égaré par tous les prestiges de l'esprit, a reconnu qu'il sert également l'erreur & la vérité ; il s'arme enfin contre cette faculté dangereuse & trop long-tems souveraine qui a confondu tant d'idées, obscurci tant de vérités, accumulé tant d'erreurs. Les Savans sentent croître leurs forces & leur courage à la vue de la multitude des découvertes déjà faites. Ce sont des tréſors acquis qu'il faut augmenter ; & pour rapporter à notre objet particulier ce que nous diſons ici, on ſent enfin que c'eſt des obſervations nombreuſes déjà faites, de l'application, de l'enchaînement de ces obſervations, qu'il faut déduire l'Hiſtoire de la Nature.

Tout ce qui prouve ou décele un état antérieur, annonce une cauſe de ce qu'il étoit avant, de ce qu'il eſt aujourd'hui, & de ce qu'il ſera vraiſemblablement un jour.

Il paroît que ce qui a le plus frappé les obſervateurs, ce ſont ces amas énormes de productions de la mer répandues ſur toute la ſurface du globe, à des profondeurs & à des élévations conſidérables, & qui ſe prolongent peut-être dans ces deux directions à des diſtances plus grandes encore que celles qu'on a reconnues.

C'eſt particulierement l'obſervation de ces corps qui a déterminé les Auteurs des différens ſyſtêmes de la Terre ; ce ſont ces médailles du règne de Neptune que l'on a cherché à rappeller à leur véritable époque dont on cherche à déchiffrer le milléſime.

Dès qu'on a commencé à conſidérer la Terre avec une attention plus réfléchie, on a bientôt reconnu ſur ſa ſurface des preuves évidentes de variations ; on y a remarqué des rivieres dont le cours avoit changé, & dont les anciens lits ſe trouvoient loin de ceux dans leſquels elles couloient alors ; des profondeurs qui préſentoient l'idée d'un enfoncement ; toutes les hauteurs diverſement inclinées, diverſement figurées, les côtés de ces hauteurs dont l'état de dégradation permettoit de voir à nud leur compoſition intérieure, ceux que les travaux des hommes avoient entamées, préſentoient des couches inclinées, souvent rompues, fracassées, confondues ensemble, & qui annonçoient des éboulemens, tandis que presque toutes les plaines indiquoient, par des couches horizontales, des dépôts lents, des précipitations successives qui n'avoient souffert aucun bouleversement. La terre a été ébranlée par des secousses violentes, des volcans ont répandu la terreur, ces efforts & terribles se sont fait sentir à différentes époques : tout a averti les hommes que, si leur demeure étoit établie sur des fondemens solides & inébranlables, sa surface, au moins jusqu'à une certaine profondeur, étoit livrée à de grandes variations. En observant plus attentivement encore, ils ont reconnu non-seulement les traces des anciennes modifications; mais ils en ont apperçu de nouvelles qui s'opéroient sous leurs yeux, ils en ont prévu qui se préparoient : ils ont enfin fixé leur attention sur ces grands évènemens si importans pour eux.

Nous ne nous proposons pas de présenter ici toutes les idées que l'histoire nous a conservées sur la Cosmologie; écrire toutes les erreurs des hommes, sur quelque science que ce pût être, ce seroit entasser des volumes, & consacrer, par un monument colossal, la foiblesse & la honte de l'esprit humain.

« Enfin la Nature s'est trouvée dans différens états; la » surface de la Terre a pris successivement de nouvelles » formes; les Cieux mêmes ont varié, & toutes les choses » de l'univers physique sont comme celles du monde mo» ral, dans un mouvement continuel de variations succes» sives (*) ».

(*) Buffon, T. IX, p. 4.

Ce

Ce sont ces variations physiques de l'univers, ces différens états de la Terre & des Cieux que l'Historien de la Nature doit se proposer de présenter & d'expliquer.

L'histoire de la Nature est celle de ces grands évènemens. Elle doit constater la vérité des faits, les déduire de causes démontrées, ou au moins des causes les plus probables; déterminer l'ordre dans lequel ces causes ont agi, poser l'enchaînement des effets, en fixer, s'il est possible, la chronologie.

Ecrire l'histoire du Monde, c'est sans doute l'entreprise la plus hardie que l'esprit humain puisse former. « Le Monde » n'est point ce globe que nous habitons, tout immense qu'il » soit pour nous, ou qu'il paroisse, au moins, à ceux qui » n'ont de l'espace que des idées déduites de celui qu'ils » peuvent parcourir. Ce globe n'est dans l'univers qu'un » point imperceptible; lui, l'orbe même qu'il parcourt » dans les Cieux n'est pas à l'espace qu'ils remplissent, ce » qu'un grain de sable est à toute la surface de la Terre (*) ».

(*) M. le Comte de Buffon.

Si l'espace se refuse à nos mesures, le tems se refuse également à nos calculs. Il répand de profondes ténebres sur tout ce qu'il laisse derriere lui; il emporte sur ses aîles la mémoire des monumens que sa faux a renversés. Les phénomenes qu'ont vu les générations anciennes, les observations que ces phénomenes ont fait naître, sont, ainsi que ces générations, ensevelies dans l'éternel oubli qui marche à la suite des siècles.

Mais l'Ordonnateur éternel de l'espace, de la matiere & du tems, a imprimé sur son ouvrage le sceau de sa toute-puissance. Des loix immuables reglent les mouvemens dans l'espace & les durées dans l'éternité.

Si nous sommes des êtres éphémeres, il nous a été donné de considérer des êtres durables, & tandis que nos générations se succedent avec rapidité, les Cieux nous présentent des révolutions, des périodes immenses dont nous pouvons connoître & les loix & les durées. Nous pouvons fixer l'état de ces révolutions à quelqu'époque qu'il nous plaise de choisir dans les siècles antérieurs, ou dans ceux qui s'écouleront. Nous pouvons comprendre des durées dont notre imagination s'effraie, tandis que notre intelligence les calcule & que notre jugement les classe dans l'ordre des vérités démontrées. Les loix éternelles qui régissent l'univers, rendent donc présentes à notre esprit des révolutions qui arriveront dans des myriades d'années.

L'âge des hommes, l'âge de tout ce qui jouit du don de la vie, ou de celui de la plus simple organisation, est compris dans un court intervalle de tems entre sa naissance & sa fin. L'état successif & continuellement variable de l'existence de ces êtres, annonce, à chaque instant, qu'ils ne sont pas faits pour durer toujours; les altérations qu'amenent les années ne sont point réparées par les années qui les suivent, & les dégradations du tems préparent lentement une destruction dont les progrès sont sensibles, dont on prévoit aisément le terme. Ce n'est que par des destructions que nous pouvons compter ici-bas des époques dans le tems.

Mais, si tel est le spectacle de ce qui nous entoure sur la surface de la Terre, rien de semblable ne s'annonce dans ces astres qui roulent sur nos têtes & qui parcourent l'espace des Cieux; si nous élevons nos regards jusqu'à ces globes, si nous y cherchons des mesures du tems, ce n'est plus par des altérations, par des dégradations que nous pourrons les reconnoître; des révolutions constantes dans des périodes certaines, se renouvellent avec ces périodes; tout est changé, rien n'est altéré; ce n'est qu'ici-bas que le Tems est armé de sa faux; dans les espaces célestes, il n'a que des aîles, & semblable à l'oiseau qui fend l'air, il ne laisse aucune trace de son passage. Ces révolutions célestes, après lesquelles tout est comme il étoit avant, sont les instans de la Nature, & ces instans mille fois répétés ne sont point semblables à nos années, dont celles qui se sont écoulées sont déduites de celles qui nous avoient été accordées.

Les globes célestes sont les véritables pieces de la machine de l'univers; c'est leur ensemble immense qui forme le système de cet univers, c'est leur sublime & inaltérable harmonie qui en détermine & en manifeste les loix; & ces loix sont inviolables & éternellement durables.

Cependant ces révolutions sont susceptibles elles-mêmes de quelques variétés entr'elles: la révolution qui suit ne présente jamais tous les rapports observés dans la révolution qui a précédé. Aucune révolution ne réunira tous les phénomenes d'aucune des révolutions antérieures; mais ces variétés mêmes émanent nécessairement de loix éternelles & générales, & de combinaisons innombrables dans lesquelles l'esprit humain se confond & se perd.

Nul astre ne revient sur ses pas; à chaque révolution la courbe qu'il décrit ne rentre point sur elle-même; ce n'est point un cercle, moins encore le même cercle: chaque astre doit être considéré comme se mouvant dans une espece d'orbe ou d'anneau, dont l'épaisseur & la largeur sont faciles à déterminer, & expriment les latitudes dans lesquelles le globe exécute ses révolutions (c). Le centre de ce globe passe successivement par tous les points compris dans la solidité de cet anneau. Or quel est le nombre de révolutions nécessaires pour qu'il passe par tous ces points? Quelle seroit la période après laquelle tous les globes de notre seul systême se retrouveroient dans toutes les mêmes positions respectives où ils sont aujourd'hui? Qu'on le demande à celui qui a compté tous les points dans l'espace, tous les instans dans l'éternité.

La Terre, ce globe que nous habitons, cet objet si intéressant de nos recherches & de nos méditations, n'est qu'une des roues de la machine immense de l'univers, déterminée dans ses différens mouvemens par le principe général & commun à la machine entiere, c'est des différens points de l'espace par lesquels ces mouvemens la dirigent, qu'elle reçoit ses premieres modifications, celles qui font naître toutes les autres; toutes celles enfin dont dépend notre état physique & qui fixent les conditions de notre existence. C'est ainsi que d'un des points de la surface de ce globe presque imperceptible dans l'immensité de l'espace, l'homme s'éleve à la considération du majestueux ensemble de l'univers.

Si nous portons nos regards vers les Cieux, lorsque les ombres de la nuit enveloppent la Nature, mille & mille

(c) Ces anneaux seront représentés de la maniere la plus claire & la plus intelligible dans nos Planches; on y verra comment les astres en parcourent les différens points.

points lumineux se présentent à notre vue ; c'est la profondeur de l'univers qu'elle pénetre. Mais bientôt ces lumieres s'affoiblissent, elles s'éteignent enfin ; de nouveaux feux, une splendeur nouvelle décore la Nature ; une voûte azurée arrête nos regards, tout disparoît à la clarté du flambeau qui nous éclaire ; nos yeux ne contemplent plus que le Pere du jour dont l'éclat annonce le pouvoir ; les effets que nous éprouvons, lorsqu'il nous éclaire, nous avertissent assez qu'il est plus puissant sur nous que tous ces points lumineux qui ont disparu devant lui.

Pourrions-nous faire un crime aux premiers hommes qui ont contemplé sa brillante & majestueuse course, de lui avoir adressé des hommages ? Si celui qui créa l'Univers n'avoit daigné se révéler lui-même & éclairer nos esprits, sous quelle autre image eût-il pu s'offrir à notre imagination, sous quel autre emblême aurions-nous pu l'honorer ?

La révélation pouvoit seule peut-être enlever au Soleil le titre de Dieu de la Nature ; mais l'étude de l'Astronomie a prouvé que c'étoit à lui que l'Auteur de l'univers avoit donné l'empire de la Terre & des autres planetes ; que lui seul étoit le grand agent de notre Monde ; le moteur, le modérateur & le modificateur de tout ce qui y existe. Ces points brillans que nous n'appercevons que pendant son absence, sont trop éloignés de nous pour que leur action opere aucun effet sensible & dont nous devions nous occuper. Nul d'eux n'étend ses droits sur la Terre, & sur tout ce qui est compris dans l'empire du Soleil : établis au milieu des domaines qui leur furent accordés, lorsque des centres furent fixés dans l'espace, ils se servent mutuellement de barrières, sans empiéter jamais l'un sur l'autre; ils se balancent, sans se contrarier ni s'affoiblir.

En parcourant la vaste enceinte des Cieux, nous ne remarquons distinctement, après le Soleil, que six Astres dont le volume apparent fixe particulièrement nos regards, & dont nous puissions observer la marche. De longs intervalles de tems ne sont pas nécessaires pour nous assurer qu'ils parcourent des routes circulaires dans les Cieux, la plus légere attention les suit dans leur course; s'il en a fallu beaucoup plus pour reconnoître que nous étions emportés nous-mêmes dans l'espace, cette grande vérité enfin démontrée, établit entr'eux & nous une analogie qui semble nous les rendre plus intéressans par les rapports d'une destinée commune. La possibilité de connoître leur route, de rectifier, de perfectionner, en les observant, la connoissance de la marche de notre globe dans les Cieux, excite notre curiosité. Nous distinguons parmi eux cet astre que ses bienfaits nous rendent si précieux, cet astre qui nous éclaire lorsque le Soleil nous abandonne, & que son éclat nous fuit. La course rapide, ou plutôt le peu de durée des révolutions de la Lune, nous prouve qu'elle est infiniment plus près de nous que les autres corps lumineux; & l'esprit se porte déjà à chercher dans tous un rapport entre les tems de leurs révolutions & leurs distances; ces révolutions, ces distances, l'ordre des positions respectives dans les tems & les distances, qui sont l'objet de l'Astronomie. La Terre n'est donc plus qu'une partie d'un empire particulier dans l'espace infini; l'infini n'effraie plus notre esprit, notre raison, qui se rassûre à mesure que les bornes entre lesquelles elle doit s'éxercer se resserrent, ne voit plus dans la Terre qu'une des roues d'une machine dont elle peut contempler tout le rouage; notre imagination ôse pénétrer l'espace infini; elle le divise, & conçoit déjà l'espérance de mesurer les parties qui seront l'objet de nos recherches.

Si dans nos considérations nous nous bornons à connoître les rapports des astres, ceux de leurs mouvemens relatifs, d'où naissent leurs positions respectives, l'observation suffit pour nous servir de guide: notre vue, ou seule, ou aidée des instrumens inventés pour l'étendre, nous met en état de suivre leurs marches: le rayon visuel par lequel nous les appercevons fait avec l'horison un angle que nous pouvons toujours mesurer; ce même rayon visuel dirigé vers un astre & en même tems vers tout autre, nous fait connoître également entr'eux un angle observable dans toutes leurs positions respectives. En les considérant ainsi les uns avec les autres pendant des révolutions entières, nous pouvons donc connoître leur route.

Mais si de l'observation de tous ces phénomenes, des mouvemens propres de chaque planete, des mouvemens relatifs, des positions respectives; nous voulons nous élever à la connoissance de la cause premiere de ces mouvemens, alors l'observation ne suffit plus: c'est au génie à chercher cette cause; à la rapprocher des observations; après l'en avoir déduite, à la saisir au haut de la chaîne de toutes les actions dont elle est le premier moteur; à la comparer à tous les phénomenes, pour s'assurer de son énergie; à trouver enfin dans cette énergie des explications satisfaisantes de tous les phénomenes.

Le mouvement ne peut naître de lui-même, c'est-à-dire,

sans cause : rien ne peut se donner l'existence, rien ne peut se procurer la plus simple modification, tout a besoin pour être modifié d'un principe extérieur qui le modifie : mais un seul principe peut suffire à tout ; il ne doit, il ne peut même exister qu'un principe primitif dans un ordre général. Dieu est le principe de l'existence, il n'a donné qu'une loi primitive à toutes les modifications : ce n'étoit que par l'unité d'un principe que l'ordre des conséquences pouvoit s'établir & se conserver : s'il avoit existé deux principes, il auroit été nécessaire de régler leur rapport, d'établir la balance de leur action & de leur réaction l'un sur lautre, de déterminer l'ordre & la loi de leur combinaison ; il est évident que cette loi qui auroit réglé tous les rapports, l'ordre simultané & l'ordre successif de ces rapports, auroit été le véritable principe, le principe unique, la loi primitive & générale de l'univers.

C'est donc vers la recherche de ce principe, de cette loi unique que le génie a dirigé l'entendement de ces hommes privilégiés qui semblent avoir été produits pour être les interprètes de la Nature.

Le mouvement ne pouvant, ainsi que nous venons de le dire, naître de lui-même, il a bien fallu recourir à Dieu pour l'introduire dans l'œuvre de la création ; le premier corps mû n'a pû l'être que par la main de celui qui l'a créé : mais, (& nous croyons nécessaire d'ajouter encore à ce que nous avons déjà dit sur cette matiere, parce que la question est très-importante, parce qu'elle est la base de tout système sur le mouvement des corps célestes), comment Dieu a-t-il imprimé le mouvement à la Nature ? A-t-il frappé chacun

chacun des corps séparément ? A-t-il communiqué à tous un mouvement commun ? Un choc simple qui frappe un corps par un seul point de sa surface ne le porte que vers un point & ne peut lui faire décrire qu'une ligne droite. En supposant donc que Dieu n'eût donné qu'une seule impulsion à chaque corps en particulier, chacun de ces corps auroit décrit pendant un tems infini une ligne droite infinie, si l'espace dans lequel il se seroit mû avoit été vide. Si Dieu avoit imprimé à tous ces corps une impulsion commune dans l'espace vide, ils auroient tous décrit des lignes droites selon la direction de l'impulsion & dans l'infinité des tems & de l'espace.

Si l'espace eût été rempli d'un fluide qui eût résisté, chaque corps auroit perdu de son mouvement, à proportion de la résistance qu'il auroit éprouvée : mais nous ne voyons dans les grands mouvemens des corps célestes ni lignes droites, ni perte ni diminution de mouvement. La premiere observation qui doit donc nous frapper, c'est celle de la continuité & de l'égalité constante du mouvement de ces corps ; & la seconde, cette courbure générale de toutes leurs routes : nous les voyons tous tourner sous la voûte des Cieux.

Tout mouvement qui n'est pas en ligne droite exige nécessairement deux causes ou deux déterminations simultanées vers deux points différens ; de la combinaison desquelles naisse le mouvement observé.

Dieu a-t-il donc imprimé deux directions aux corps célestes par deux chocs différens ; ou, en ne leur donnant qu'une détermination par une impulsion unique, a-t-il placé dans la Nature une force quelconque qui contrarie leur mouvement en ligne droite & qui les force à plier cette ligne droite pour décrire un cercle, puisque le cercle, ou une figure qui s'en rapproche infiniment, est la ligne dans laquelle marchent tous les corps célestes? Cette action, qui a changé en circulaire la ligne droite que ces corps auroient décrite en obéissant à une simple impulsion, ne peut être exprimée que par une force différente de celle de la premiere impulsion; or un corps peut être détourné de son chemin, soit parce qu'il est poussé vers un autre point par une force différente de la premiere, soit parce qu'il est attiré vers ce point.

Si l'espace dans lequel un corps se meut étoit absolument vide, ce corps ne pourroit pas être poussé; donc pour concevoir qu'il est détourné de sa direction premiere par une impulsion, il faut admettre que l'espace qu'il parcourt est rempli d'un fluide plus ou moins subtil, & qui peut agir sur lui.

Plusieurs Physiciens ont pris ce parti, & on les appelle Ethéréens ou Impulsionnaires, parce qu'ils soutiennent que tout l'espace céleste est rempli d'un fluide rare, subtil & résistant, qu'ils appellent l'éther, & qu'ils pensent que c'est cet éther qui, mû lui-même circulairement, entraîne les corps célestes dans des orbites circulaires.

D'autres Physiciens ont pensé que, s'il existoit dans les espaces célestes un fluide résistant, ce fluide apporteroit, par sa résistance, quelque retardement à la marche des corps célestes; & n'ayant point apperçu de ces retardemens, ne pouvant d'ailleurs concilier l'existence de ce fluide avec la propagation de la lumiere, trouvant enfin ce fluide aussi inutile qu'embarrassant dans la théorie céleste, ils l'en ont tout-à-fait banni.

Il falloit alors mettre à sa place quelque puissance qui détournât les corps de la ligne droite ; ils ont supposé que Dieu avoit doué la matiere, & toute partie de matiere, de la propriété d'attirer toute autre partie de matiere ; de façon que deux corps, quels que fussent leur volume & leur masse, à quelque distance qu'ils fussent placés dans l'espace infini, se porteroient l'un vers l'autre. Ils ont appellé ce principe Attraction, & on leur a donné le nom d'Attractionnaires.

Il est certain que, d'après cette propriété supposée dans la matiere, le Soleil étant à une certaine distance des différentes planetes lorsqu'elles ont reçu leur impulsion, étant fixe sur son centre & infiniment plus gros qu'elles, il a dû les attirer vers lui à chaque point de leur route ; plier, par conséquent, à chacun de ces points la ligne droite qu'elles tendoient à décrire, & les forcer ainsi à tourner autour de lui dans un cercle : car un cercle est formé par une ligne droite détournée à chaque point de sa direction, avec une force égale, vers un point immobile qu'on appelle centre. Tout s'explique d'après cette supposition, & le succès avec lequel elle a été appliquée à tous les phénomenes célestes, l'a fait recevoir par le plus grand nombre des Physiciens.

Voilà donc où en est l'état de la question sur la cause premiere du mouvement dans la Nature, sur la premiere action déterminante de la marche des astres, & par conséquent sur celle de la Terre.

On ne s'est pas encore demandé comment avoient été

formées les étoiles fixes ; de quelle nature, de quelle matiere elles étoient : mais on a cherché de quelle nature étoit le Soleil ; & parce que la curiosité croît avec l'intérêt, on a voulu connoître comment s'étoit formée la Terre. Parmi les Philosophes qui se sont livrés à cette recherche, ou au moins parmi les plus distingués, qui sont ceux dont nous allons présenter les systêmes, deux ont pris la Terre où ils l'ont trouvée, sans la faire venir d'ailleurs, sans lui supposer d'état antérieur à celui de planete, sans lui faire décrire une autre orbite avant de la réduire à celui qu'elle parcourt aujourd'hui. Ces deux Auteurs sont Burnet & Woodward. Un autre, semblable à ces Historiens qui, ne pouvant expliquer l'origine des loix & des mœurs d'un peuple, ne trouvent d'autre ressource que de parcourir le globe de la Terre, de chercher parmi les nations les plus éloignées, & même dans les tems fabuleux, quelques analogies avec le caractere de ce peuple, & de l'en faire descendre à l'aide des suppositions les plus chimériques ; Wisthon a été chercher une comete dans les espaces célestes, il l'a détournée de sa route, il a changé son orbite, il en a formé une planete : il a fait arriver encore une seconde comete pour féconder la premiere en l'arrosant : enfin, à l'aide de ces deux cometes, il a fait la Terre.

M. le Comte de Buffon, doué de plus de génie, éclairé par beaucoup plus de connoissances, a pensé, ainsi que Wisthon, ne pouvoir expliquer l'état de la Terre, donner l'Histoire Naturelle de ce globe, sans lui supposer un état antérieur à celui de planete ; il a cru nécessaire de la former d'abord pour l'expliquer après. Quand nous disons qu'il a cru néceſſaire de la former pour l'expliquer, nous ne prétendons point en inférer qu'il ait été conduit à cette idée par un ſyſtême qui ait précédé les obſervations ; nous voulons dire ſeulement qu'il a cru que l'Hiſtoire Naturelle générale de la Terre ne pouvoit ſe déduire que d'une hypotheſe ſur ſa formation, & que cette Hiſtoire ne pouvoit s'accorder qu'avec l'hypotheſe qu'il a préſentée, s'entendre & s'éclaircir que par elle.

Des raiſons puiſſantes ont perſuadé à cet Hiſtorien de la Nature, que les planetes ne pouvoient être que des maſſes vitrifiées dans leur origine, & que cette vitrification n'avoit pu s'opérer que dans le Soleil. Il faut avouer que les motifs qui l'ont conduit à cette idée ſont de la plus grande force, qu'ils s'étoient déjà préſentés à de grands hommes, & particuliérement à Deſcartes & à Léibnitz. M. de Buffon, en les adoptant, a développé toute la puiſſance d'un génie rare ; il en a déduit l'ordre, l'enchaînement le plus impoſant, il a préſenté le plus intéreſſant & le plus majeſtueux ſyſtême ſur la Coſmogonie.

Nous oſons n'être pas de ſon avis ſur la néceſſité de cette ſuppoſition, ni ſur les conſéquences qu'il en tire. Nous reſpectons infiniment ſes lumieres & ſon génie ; mais nous nous permettrons d'analyſer ſon ſyſtême, après avoir mis ſous les yeux de nos Lecteurs les idées de ſes prédéceſſeurs. Nous ne parlerons cependant que de Burnet, de Woodward & de Wiſthon.

M. de Buffon a déjà porté le flambeau de la plus ſaine critique ſur ces ſyſtêmes qu'a vu naître le ſiècle dans lequel nous vivons. Le point de vue ſous lequel nous conſidérons les principes qui doivent guider dans cette route, nous fournira quelquefois des réflexions qu'il a dû négliger, parce qu'elles lui étoient étrangeres.

En nous permettant d'examiner le systême de ce Philosophe, nous ne prétendons pas le juger : nous n'avons pas sur lui les droits qu'il a exercés légitimement sur ceux qui l'ont devancé ; mais en analysant ses hypotheses, nous sentirons tout l'avantage d'écrire sous ses yeux, & en présentant, avec tous les égards qui lui sont dûs, les motifs qui nous forcent à nous écarter de ses idées, nous serons disposés à lui faire le sacrifice des nôtres, lorsque voulant bien nous éclairer, il ajoutera à sa théorie des preuves dont nous croyons qu'elle a encore besoin, ou lorsqu'il nous fera connoître les erreurs de la nôtre. Nous terminerons donc cet Essai sur la Cosmogonie & sur la Cosmographie, par l'exposition & l'analyse des quatre Systêmes dont nous avons parlé. Nous commençons par celui de Burnet.

EXPOSITION ET ANALYSE

Du Syſtême de BURNET (*d*).

DOUÉ d'un génie ardent & d'une imagination brillante ; mais peu inſtruit dans les Sciences exactes, plus Poëte que Phyſicien ; Burnet, le premier entre les modernes, oſa ſe propoſer de donner une Théorie complette de la formation de la Terre. Il remonte juſqu'au chaos & le définit ; c'étoit un mélange confus de ſubſtances hétérogenes, qui différoient entr'elles par leurs denſités reſpectives & par leurs figures.

A l'inſtant fixé par le Créateur, ces matieres hétérogenes ſe précipiterent vers le centre, ſelon l'ordre de leur denſités : elles formerent ainſi, autour d'un noyau ſolide, pluſieurs couches concentriques ; l'eau, plus légere que la terre, la couvrit de toutes parts ; mais l'huile, plus légere que l'eau, s'étendit ſur elle, & l'enveloppa : au-deſſus de cette couche s'éleverent les différens fluides plus légers dont les parties échappent à nos regards, l'air, le feu, &c. & ils entourerent notre globe. Telle fut, ſelon Burnet, la création ; tel fut le débrouillement du chaos.

La Terre étoit inhabitable, les êtres organiſés ne pou-

(*d*) Thomas Burnet. Théorie ſacrée contenant l'origine & les changemens généraux de notre globe, tant ceux qu'il a déjà ſoufferts, que ceux qu'il éprouvera encore. En Latin, Londres, 1681.

voient naître & se conserver sur cette surface huileuse; mais bientôt les matieres impures & terrestres qui s'étoient d'abord élévées dans l'air, se précipiterent sur cette huile, elles s'y arrêterent, elles formerent une croûte solide, & cette croûte devint le séjour des animaux & des végétaux.

Rien de plus agréable que la peinture que nous fait Burnet de cet état primitif de la Nature. Ce fut alors qu'exista le Paradis Terrestre (*e*). Nulles montagnes n'hérissoient la surface de la Terre; ni torrents, ni ruisseaux ne sillonnoient les campagnes; un verger toujours riant & toujours verd, toujours couvert de fleurs & de fruits, s'élevoit sur une prairie toujours émaillée de mille couleurs; nul rocher aride, pas un espace stérile ne disputoit à la fertilité ses droits, & ne lui enlevoit une partie de son empire. Une tempétature douce & constante entretenoit une succession continuelle de fleurs & de fruits que ne brûloient jamais les ardeurs trop vives du Soleil, que ne détruisoient jamais de cruels frimats. Le plan de l'équateur, parallele alors au plan de l'écliptique, assuroit à chaque climat de la Terre une température favorable que nulle vicissitude ne pouvoit troubler. Le Soleil n'éclairoit les hommes que pour offrir à leurs yeux, pendant des jours toujours égaux, le spectacle de la Nature toujours en vigueur, toujours revêtue de toute sa pompe & de toute sa beauté (*f*).

(*e*) Primam Telluris faciem fuisse Paradisiacam, p. 2. Ed. in-4°.

(*f*) Rebus enim ad hunc modum compositis, omnes innocuæ

Comment

Comment la Terre étoit-elle donc arrosée par des ruisseaux, lorsqu'il n'existoit point de montagnes? Cette difficulté n'arrête point Burnet. Les eaux étoient toutes répandues autour des pôles; elles s'étoient pratiqué de petites routes par des vallons, par des scissures insensibles, & descendoient ainsi vers l'équateur, jusqu'auquel cependant elles n'arrivoient jamais, parce que vers le milieu des terres, divisées en plusieurs rameaux, elles étoient, ou enlevées par l'évaporation, ou absorbées par la Terre. Les contrées voisines de l'équateur étoient donc inhabitables, l'eau manquoit à ces climats (*g*).

Nous ne demanderons point comment les eaux des pôles descendoient vers l'équateur, même dans la supposition reçue alors, que la Terre étoit un sphéroïde allongé vers les pôles, ni ce que devenoient ces eaux évaporées qui ne retomboient ni en pluie ni en rosée, &c. &c.

Mais ce séjour délicieux ne devoit être que celui de la vertu, ce n'étoit point au crime qu'il appartenoit de l'habi-

---

naturæ delicias in novo mundo experirentur; maturos fructus omni anni tempore, umbrosas arbores, florentes campos, Cœlum serenum, sine fulminibus & tempestatibus, riguos amnes, & molliter spirantes auras; denique vitam sanam, securam & longævam, p. 187.

(*g*) Aquæ circumpolares versus æquatorem vias aliquas depressiores, vel fissulas sibi inveniebant & declivitate properabant. Sed propè medias terras in plures ramos, ramulosve divisas, partim exhalatione, partim à bibulâ terrâ epotas erant. Zona Torrida non habitabilis; deerant rivi & rores; versus polos agebantur, p. 185.

ter : l'homme devint coupable ; &, pour ſon châtiment, l'ordre de la Nature fut changé, le Créateur offenſé bouleverſa ſon ouvrage. Ce fut après ſeize ſiècles que la croûte, deſſéchée par la chaleur du Soleil, s'entre-ouvrit de toutes parts. L'eau qui la ſoutenoit s'échauffa, ſe dilata ; elle briſa & fracaſſa cette croûte, qui, diviſée en des milliers de fragmens, s'enfonça & diſparut ſous les eaux qu'elle avoit couvertes.

Le globe perdit ſon équilibre, l'axe s'inclina, les cataractes des Cieux s'ouvrirent, les eaux ſupérieures ſe précipiterent, celles de l'intérieur de la Terre s'élancerent du fond de l'abîme ; tout ſe confondit ; le chaos ſembla renaître, le tumulte, le déſordre & l'horreur ſuccederent à cet aſpect délicieux qu'avoit préſenté le premier état de la Nature. Le Créateur ſembloit avoir détruit pour toujours ſon ouvrage : mais c'étoit un pere qui puniſſoit ſes enfans ; bientôt ſa colere fléchie permit aux débris de la Terre de reprendre une nouvelle forme, moins belle ſans doute ; le ſpectacle de la vengeance, les traces frappantes d'un pouvoir toujours armé contre le crime, dûrent ſubſiſter pour avertir & pour effrayer les coupables : mais au moins ſous cette forme nouvelle la Terre redevint encore un ſéjour propre à être habité par les hommes.

Les eaux ſupérieures s'éleverent, elles retournerent vers les lieux d'où elles s'étoient précipitées ; l'abîme reçut dans ſon ſein celles qu'il avoit vomies, les débris affaiſſés & ſubmergés reparurent. En ſe précipitant tumultueuſement les uns ſur les autres, ils avoient formé des inégalités, des angles plus ou moins élevés : leur émerſion ſuivit l'ordre de leur élévation respective, les eaux continuerent de se retirer, enfin l'abîme se remplit, les cataractes du Ciel reçurent tout ce qu'elles avoient versé, & se fermerent.

Au milieu des horribles débris de son ancienne & délicieuse demeure, l'homme reconnoît avec douleur celle qui lui est désormais reservée. La Terre ne présente plus cette surface riante & unie, où son souverain ne pouvoit faire un pas sans marcher sur un tapis de fleurs. Au lieu de ces gasons toujours verds, de ces vergers toujours couverts de fruits, des rochers dont l'œil ne peut mesurer la hauteur, des abîmes dont il ne cherche qu'avec effroi à pénetrer la vaste profondeur, d'autres que remplit un élement perfide prêt à engloutir tout ce qui se pose sur sa surface; voilà désormais le séjour de l'homme. Les mers & les lacs sont des usurpations de l'ancien domaine dévasté, & des limites impossibles à franchir, qui ne permettent plus à l'homme de parcourir les parties divisées de son empire.

Cependant l'évaporation s'établit, les eaux élevées dans l'atmosphere retombent sur la Terre, depuis que les cataractes du Ciel refusent de les recevoir. Les ruisseaux, les torrens descendent des montagnes, ils sillonnent la surface des plaines, ils se réunissent dans les grands vallons, ils y forment des fleuves qui arrêtent encore les pas de l'homme effrayé, & circonscrivent de plus en plus son domaine. L'axe de la Terre incliné au plan de l'écliptique permet cependant à ce globe bouleversé de se réchauffer aux rayons inégaux qu'il reçoit du Soleil dans la route oblique qu'il est réduit à décrire autour de cet astre.

Une famille peu nombreuse, huit personnes seulement,

errent parmi ces débris ; leurs travaux en diſſipent peu-à-peu l'horreur, en y rappellant la fertilité ; ce déſert devient enfin par leurs ſoins & par ceux de leur poſtérité, le ſéjour que nous habitons aujourd'hui, & qui n'a perdu à nos yeux tout ce qu'il a d'horrible, que parce que nous n'avons point d'idée de ce qu'il étoit dans ſon origine. Voilà la Coſmogonie de Burnet.

Que d'erreurs nous venons de préſenter ! à quels écarts n'eſt pas expoſée une imagination ardente dont la marche n'eſt pas reglée par des connoiſſances certaines, par un jugement éclairé, par des principes vrais & réfléchis !

Parcourons ſommairement & rapidement ces erreurs de l'ingénieux Burnet, ſans nous propoſer de les combattre toutes.

Nous ne demanderons point à notre Auteur ce que c'étoit que cette huile qui recouvrit l'orbe d'eau : étoit-ce une ſubſtance ſemblable à celle que nous connoiſſons ſous ce nom, & que nous tirons des végétaux & des animaux ? mais cette ſubſtance eſt un mixte très-compoſé ; c'eſt le principe inflammable uni à l'eau, à la terre, à des ſels : cette ſubſtance paroît n'être qu'un produit de l'organiſation végétale ou animale ; elle ne ſe trouve que dans ces deux regnes, ou dans des produits formés par leur décompoſition. D'où venoit donc cet océan d'huile épaiſſe qui enveloppoit tout le globe, & qui avoit aſſez de denſité pour ſoutenir & pour retenir les parties terreuſes dont elle va ſe charger ? comment l'huile ne s'eſt-elle pas décompoſée, lorſque tout s'eſt précipité, ſelon l'ordre des denſités ? Si Burnet avoit conçu l'idée d'une huile parfaitement eſſentielle, d'une huile principe : ſi, regardant ce principe comme un élément de la Nature, c'eût été de cet élément qu'il eût voulu parler ; il n'auroit vu qu'un alkohol éminemment rare, éminemment volatil ; il n'en auroit pas fait une couche épaisse qui revêtoit la surface de l'eau, avec laquelle cet alkohol est parfaitement miscible ; il ne lui auroit point fait arrêter les substances terreuses qui se sont précipitées, selon lui, sur sa surface, & former avec elles une croûte solide impermeable à l'eau : mais Burnet n'étoit pas chymiste.

Nous n'examinerons ni la définition qu'il nous donne du chaos, ni le tableau de son développement. Ce fut par l'ordre du Créateur qu'il s'agita, que les substances différentes se formerent, en raison des différentes densités de leurs élémens. Enfin à cette époque où la Nature naquit à la voix de son Auteur, les matieres impures & terrestres qui s'étoient d'abord élevées dans l'air, se précipiterent sur la couche d'huile. Burnet ne nous dit point ce que c'étoit que ces matieres impures & terrestres, comment elles s'étoient d'abord élevées dans l'air, tandis que l'huile & l'eau étoient restées fixes. C'étoit, sans doute, avant la formation des couches d'eau & d'huile ; car ces couches auroient arrêté leur passage : avant cette formation des couches, il y eut donc des évaporations, des sublimations, même des sublimations terreuses, pendant lesquelles l'huile & l'eau resterent fixes.

Enfin, ces matieres impures & terrestres élevées d'abord dans l'air, se précipiterent sur la couche d'huile, elles s'y arrêterent, formerent une croûte épaisse, & cette croûte devint le séjour des végétaux & des animaux.

Cette croûte s'échauffa pendant seize siècles, après lesquels elle se dessécha & s'entre-ouvrit : l'orbe d'eau qui la soutenoit, tendoit à se dilater en s'échauffant ; à la fin tout éclata, l'eau fit dans le globe l'effet de la poudre à canon qui s'enflamme dans une bombe.

Mais cet effort lent, progressif & continu par lequel l'eau tendoit à se dilater, pouvoit-il produire une explosion ? Par cette dilatation continue, & à mesure qu'elle augmentoit en force, la croûte devoit tendre à s'entre-ouvrir, parce qu'il est impossible de supposer que son épaisseur, la cohérence de ses parties, toutes les qualités enfin qui déterminoient sa résistance, fussent les mêmes dans tous ses points : il auroit donc dû s'y former d'abord de petites scissures. L'eau agissoit constamment, mais lentement, par sa force expansive : ces scissures ou fentes auroient présenté sans doute des lieux de moindre résistance ; l'eau auroit donc dû agir particulierement vers ces fentes, & tendre à séparer la couche dans leurs directions ; elle auroit donc dû s'ouvrir un premier passage par celle de ces fentes qui lui auroit opposé la moindre résistance : dès-lors plus d'explosion, le chemin étoit frayé ; l'eau devoit sortir plus ou moins rapidement par cette ouverture, se répandre sur la surface, l'arroser, la couvrir, & non la briser, la fracasser, l'engloutir par morceaux : cette diffraction générale étoit donc contraire aux loix de la Physique.

Cependant, non-seulement la couche supérieure fut fracassée, selon Burnet : mais le globe entier perdit son équilibre ; son axe s'inclina.

Comment le globe entier perdit-il donc son équilibre ? quel

fut cet équilibre qu'il perdit? fut-ce son équilibre avec les autres corps célestes, ou l'équilibre de ses parties entr'elles? fut-ce l'axe de sa révolution annuelle, ou celui de sa révolution diurne qui fut changé? Sa masse totale resta la même, sans doute; son équilibre avec les autres corps célestes ne put donc éprouver aucune variation. Fut-ce l'équilibre de ses parties entr'elles? mais sans examiner pourquoi ni comment il auroit perdu cet équilibre, il est certain qu'il auroit toujours eu un centre de gravité, qu'il auroit dû toujours tourner sur ce centre, & présenter un équateur au Soleil. Il ne pouvoit donc en résulter qu'un changement de lieu pour l'équateur de la Terre; mais ce déplacement de l'équateur ne changeoit rien à la somme de chaleur que recevoit le globe, ni à la régularité des jours; il n'introduisoit point l'ordre successif des différentes saisons; il en résultoit seulement une transposition des climats, un nouveau grand cercle de la Terre seroit devenu son équateur; mais tout se seroit passé des deux côtés de ce nouvel équateur, comme il s'étoit passé des deux côtés du premier. Il faut donc nécessairement que ce soit l'axe de l'orbite de la Terre autour du Soleil que Burnet suppose s'être incliné; or assurément on ne conçoit pas comment cet axe a pu changer par cette diffraction supposée.

Tous les principes de notre Auteur sont donc inadmissibles; on voit assez sur quels fondemens il avoit bâti son chimérique édifice. Passons à son successeur.

Systême de WOODWARD (h).

Burnet avoit ouvert la carriere, il y fut suivi de près par un de ses compatriotes. Woodward, grand naturaliste & assez bon observateur, entreprit de réfuter le systême de Burnet. Il traite ce systême de chimérique, de fabuleux, & d'imaginaire : il le met continuellement en opposition avec le récit de Moyse, & s'en fait, pour le proscrire, un droit dont il abuse cruellement contre son compatriote & son contemporain ; mais il ne fut pas à cet égard plus heureux que lui, il ne fut pas regardé comme plus orthodoxe ; parce que Moyse n'a pas fait un Traité de Physique, Dieu ne l'avoit pas choisi pour faire du Peuple Juif un Peuple de Savans, pour lui expliquer l'Histoire Naturelle du Monde. Son récit ne peut donc nous tenir lieu aujourd'hui de cette explication ; vouloir l'en déduire, c'est ou renoncer à présenter jamais une théorie véritablement physique, ou s'exposer au danger d'être forcé à interprêter l'Ecrivain sacré, à lui faire dire ce qu'il n'a pas voulu, ce qu'il n'a pas dû dire ; c'est manquer de respect pour son texte, qu'il faut conserver dans son intégrité : abus mille fois plus dangereux que le risque de se tromper dans une théorie physique ; & ce fut ce qui arriva à Woodward, comme nous allons le voir.

(h) Jean Woodward. Essai sur l'Histoire Naturelle de la Terre, en Anglois, 1685.

Frappé

Frappé de l'immenſe quantité de productions maritimes qu'il rencontroit ſur la ſurface de la Terre, même à de grandes profondeurs ; de la régularité des couches horiſontales poſées les unes ſur les autres, que l'on rencontre preſque par-tout dans l'intérieur de notre globe, Woodward s'arrêta ſur cette obſervation. Entouré de ces produits maritimes, les foulant aux pieds, quelque part qu'il portât ſes pas, il lui parut évident que la mer avoit couvert toute la ſurface de la Terre : il ne s'agiſſoit que de concevoir comment la Terre avoit pu être couverte d'eau, d'où étoit venue cette eau, combien elle avoit ſéjourné ſur la Terre pour y laiſſer des ſédimens auſſi épais, ce qu'elle étoit devenue enſuite. Le récit que Moyſe nous a laiſſé du déluge lui parut répondre ſuffiſamment à tout.

Le grand abîme contenoit aſſez d'eau pour inonder la ſurface de la Terre ; Dieu ordonna à cet abîme de s'ouvrir ; les eaux des mers furent les premieres rejettées ſur la Terre, elles entraînerent avec elles tout ce qu'elles contenoient. Ces matieres dûrent reſter peu de tems ſuſpendues, elles ſe précipiterent ; & voilà les ſédimens marins ; mais l'épaiſſeur de ces ſédimens eſt telle que l'Auteur ne pouvoit concevoir qu'ils ſe fuſſent dépoſés pendant un intervalle de tems auſſi court que celui du déluge.

Pour réſoudre cette difficulté, Woodward n'a point recours à des hypotheſes phyſiques ; un miracle peut tout expliquer, il n'y a qu'à l'étendre juſqu'à ce qu'il embraſſe tout ce qui peut arrêter. Woodward ſuppoſe donc que Dieu en ordonnant aux eaux du grand abîme de ſortir du vaſte ſein du globe, & de ſe répandre ſur la ſurface de la Terre, suspendit en même tems les forces d'adhésion & de cohésion des parties des corps entr'elles ; alors tout fut dissout, tout fut délayé dans l'eau du déluge ; tout fut confondu.

Mais Woodward rencontroit par-tout des empreintes, des débris de végétaux & d'animaux, des individus même tout entiers & bien conservés ; les tissus de ces deux regnes ne furent donc pas dissouts & détruits ; la suspension de la force de cohésion ne fut donc pas étendue jusques aux végétaux, & aux animaux ; & ce fut, dit cet Auteur, parce que ceux-ci sont composés de fibres entrelacées & embarrassées les unes dans les autres ; cette disposition conserva leur cohésion. Il eût été plus simple de mettre encore cette exception sur le compte du miracle, & de dire que Dieu avoit voulu que ces corps ne fussent pas dissouts par le dissolvant des pierres & des métaux ; car ici le miracle étoit encore nécessaire : enfin les individus végétaux & animaux conserverent leur volume & leur forme, & lorsque les sédimens se déposerent, & que le bourbier se dessécha peu-à-peu par la retraite des eaux, les couches se disposerent selon l'ordre des densités. Ecoutons l'Auteur lui-même.

« Dans le tems du déluge, lorsque ces coquillages furent transportés sur la Terre, & qu'ils y furent déposés » de la maniere que nous les trouvons à présent, la pierre » & les autres minéraux solides perdirent leur solidité ; leurs » particules furent séparées, de même que celles qui com» posent la Terre, la craie & les autres substances ; elles fu» rent enlevées & soutenues dans l'eau ; à la fin toutes ces par» ticules s'affaisserent, mêlées les unes avec les autres, & sans » aucun ordre que celui de la différente pesanteur spécifique

» des différens corps contenus dans cette masse confuse. Les » plus pesans descendirent les premiers, & se placerent dans » l'endroit le plus bas : après cela, ce furent les corps moins » pesans que les premiers, qui tomberent, & formerent, en » se plaçant, une couche sur les précédens ; ainsi en conti» nuant couche sur couche jusques aux plus légers de tous, » qui, s'affaissant les derniers, se placerent sur la surface, » & couvrirent tous les autres. Tous ces différens corps » mêlés furent uniquement déterminés à tomber dans cet » ordre, par leurs différentes gravités spécifiques. Tous » ceux qui avoient le même degré de gravité, s'affaisserent » à la fois, tomberent & composerent une même couche ; » en sorte que les coquillages & les autres corps dont la gra» vité spécifique étoit la même que celle du sable, tombe» rent avec lui, & se trouverent ainsi renfermés dans les » couches de pierres formées par ce sable. Ceux qui se » trouverent plus légers, & dont la gravité spécifique étoit » la même que celle de la craie, tomberent au fond dans » le même lieu que les particules de craie, & se trouverent » ainsi renfermés dans les couches de cette matiere ; & ainsi » de tous les autres. Selon cette hypothese, nous trouvons » à présent dans le sable pétrifié, en quelque pays que ce » soit, que la pesanteur spécifique des différentes especes » de ce sable, ne differe que très-peu, étant généralement » par rapport à l'eau, comme 2 $\frac{1}{2}$ ou 2 $\frac{9}{16}$ à 1, & que les co» quilles de pétoncles, qui sont presque de la même pesan» teur, savoir, comme 2 $\frac{1}{2}$ ou 2 $\frac{1}{8}$ à 1, s'y trouvent ordinai» rement renfermés en grand nombre ; tandis qu'on a de la » peine à y voir des écailles d'huîtres, dont la gravité n'est

» environ que comme 2 $\frac{1}{5}$ à 1; d'hérissons de mer, dont la » gravité n'est que comme 2 ou 2 $\frac{1}{8}$ à 1, ou d'autres espe- » ces de coquillages plus légers. Mais au contraire dans » la craie, (qui est plus légere que la pierre, n'étant envi- » ron que comme 2 $\frac{1}{10}$ à 1), on ne trouve que des coquilla- » ges d'hérisson de mer & d'autres especes de coquillages » plus légers; car il est tout-à-fait extraordinaire d'en trou- » ver un seul d'une espece plus pesante (*i*) ».

Woodward, s'écartant de toutes les loix & de toutes les notions de la saine Physique & de la raison (*k*), n'a paru occupé que du soin de mettre son systême à l'abri de toute attaque sous la sauve-garde du récit de Moyse: tout, selon lui, s'explique par le miracle du déluge, miracle qu'il étend, auquel il ajoûte tout ce qui est nécessaire à son systême. «

Le miracle est incontestable sans doute; & si cette suspension de la force de cohésion étoit consignée dans l'Ecriture, si elle avoit la sanction de la révélation, on n'auroit rien à dire à Woodward. Mais cette interversion de l'ordre général & essentiel est absolument précaire, sa supposition appartient à Woodward seul; c'est un miracle nouveau qu'il suppose.

Tout ce systême s'écroûle donc par ses fondemens, & il ne peut être admis en Physique où tout doit s'expliquer par

(*i*) Il promet souvent dans cet Ouvrage d'en donner un beaucoup plus étendu, où il donnera les preuves physiques de toutes les suppositions: mais cet Ouvrage étoit impossible à faire & n'a pas été fait.

(*k*) Traduction Françoise, Edition de 1735, in-4°. p. 17.

des causes, par des loix naturelles. En supposant ainsi des miracles, des actes particuliers de la volonté du Créateur pour rendre raison des phénomenes dont les causes sont encore incertaines, on s'interdiroit pour toujours les moyens de les connoître. C'est ainsi que les Anciens ne pouvant concevoir les mouvemens des corps célestes, leur donnoient à chacun un ange pour les conduire & les diriger dans leur route (*l*). Ne faisons point agir le Tout-Puissant à notre gré : nous ne pouvons lui prêter nos idées sans dégrader sa majesté. Renfermés dans l'observation des choses naturelles, n'admettons de surnaturel que ce qui est révélé. Quoi ! ç'eût donc été uniquement pour enfouir des coquilles que Dieu auroit enlevé à la matiere la propriété qui paroît lui appartenir le plus essentiellement !

De cette supposition précaire & même téméraire d'un miracle qui auroit suspendu la force d'adhésion & de cohésion des parties des corps, Woodward tire une conséquence qui se déduiroit à la vérité de cette supposition ; c'est que tout s'est ensuite déposé selon les loix des densités respectives ; & il présente cet ordre de dépôt comme une vérité de fait dans la Nature. Selon lui, les matieres les plus pesantes se

---

(*l*) Les Modernes n'ont fait que changer l'agent, & le leur est aussi précaire. Selon les Anciens, les astres étoient dirigés actuellement & continuellement par des Génies dans l'orbite qu'ils décrivent. Selon les Modernes, une faculté essentielle, un attrait, enfin quelque chose que l'on pourroit appeller l'instinct de la matiere, les détermine vers un centre, & de-là la courbe que décrivent tous ces corps.

sont précipitées les premieres, & chaque couche de ces sédimens n'est recouverte que par des couches de matieres plus légeres. Or ce fait général, qui seroit à la fois & la déduction la plus nécessaire du systême de Woodward, & la preuve la plus directe de ce systême, est démenti par toutes les observations : le principe, les conséquences & leurs applications sont donc également en défaut dans l'Ouvrage de cet Auteur. Nous croyons pouvoir nous dispenser d'accorder une plus longue discussion à son Essai sur l'Histoire Naturelle de la Terre.

Systême de WISTHON (*m*).

Plus Astronome que Burnet & Woodward, moins ingénieux que le premier, mais doué d'une imagination plus vive & plus hardie; moins Naturaliste que le second, & moins orthodoxe encore que l'un & l'autre, Wisthon commenta la Génèse. Ce que Moyse appelle la création ne fut, selon Wisthon, qu'un nouvel état de la Terre; l'atmosphere d'une comete a été son berceau, & cet atmosphere étoit le chaos. Il suppose donc qu'un de ces astres, dont l'orbite étoit d'une excentricité énorme, après avoir été exposé à des alternatives excessives de froid & de chaud, calciné pendant une partie de sa révolution, glacé pendant une autre, avoit enfin été arrêté près du Soleil par la volonté de Dieu : que perdant alors son excentricité, son orbite étoit devenue pres-

(*m*) Guillaume Wiston, Nouvelle Théorie de la Terre, en Anglois, Londres, 1708.

que circulaire. L'existence de la Terre comme comete, remonte donc à une époque infiniment antérieure à celle fixée par Moyse : mais ce fut à cette derniere que le chaos cessa, & que commença véritablement pour notre globe la disposition réguliere que, selon Wisthon, Moyse appelle la création.

Cette comete étoit un noyau solide & brûlant. Ce noyau avoit environ deux-mille lieues de diametre. Il étoit entouré d'une atmosphere ou plutôt d'une enveloppe épaisse formée de parties hétérogenes de toute espece, solides, fluides, denses, légeres, volatiles, fixes, terrestres, aqueuses, aëriennes, ignées, &c, &c ; mais toutes mêlées & confondues les unes avec les autres, & ne formant ensemble autour du noyau solide qu'une enveloppe fluide, vitrifiée par l'ardeur du feu qui la pénétroit & qu'elle venoit de recevoir en s'approchant du Soleil.

Ce fut dans cet état de fusion que sa marche fut changée par l'ordre du Tout-Puissant : alors chaque substance se sépara & se précipita selon sa pesanteur spécifique ; le noyau resta ce qu'il étoit, solide & brûlant. La chaleur qu'il avoit acquise étoit si forte, qu'elle doit durer encore six-mille ans.

En se précipitant, ces substances conserverent une quantité assez considérable d'eau ; il s'en forma un orbe autour des matieres plus denses qui s'étoient rassemblées de toutes parts sur le noyau, & ce fut sur cet orbe d'eau que la Terre reposa.

Plusieurs masses de terre s'étoient cependant précipitées

à travers l'orbe d'eau, & formoient comme autant de colonnes qui fupportoient l'enveloppe extérieure.

Ces colonnes s'écroûlerent, & la croûte terreufe qu'elles foutenoient fe brifa & s'enfonça : alors fe formerent les montagnes primitives.

Mais un nouvel événement changea bientôt encore l'ordre qui venoit de s'établir : une autre comete paffa près de la Terre, & l'enveloppa de fa queue. Une partie très-confidérable des vapeurs & des exhalaifons qui formoient cette queue, fe précipita fur la Terre pendant quarante jours, & fubmergea le globe. Les eaux fouterraines, comprimées & refoulées par la comete & par le nouveau poids des torrens qu'elle verfa, prirent une forme elliptique ; & par l'effort qu'elles firent pour prendre cette forme, elles entr'ouvrirent en plufieurs endroits la furface de la Terre : elles jaillirent par les ouvertures qu'elles avoient faites ; & fe mêlant aux eaux étrangeres, elles couvrirent à une hauteur confidérable toute la furface de la Terre.

Enfin cette comete s'éloigna, les eaux forties de l'abîme y rentrerent. La chaleur du noyau de la Terre & celle du Soleil exciterent, par leurs effets réunis, une évaporation très-confidérable ; l'océan général diminua par cette caufe que favorifa encore le fouffle des vents.

Les mers & les grands lacs retinrent cependant une plus grande quantité d'eau qu'ils n'en contenoient avant ; les plaines fortirent de deffous cette mer univerfelle, les montagnes primitives reparurent : mais il s'en étoit élevé de nouvelles par l'effort avec lequel les eaux intérieures avoient foulevé la

furface

ſurface de la Terre & l'avoient ouverte pour s'échapper.

Ces nouvelles montagnes formoient des chaînes plus régulieres, la Terre préſenta donc une nouvelle ſurface.

Dans ce grand bouleverſement par lequel les eaux & les vapeurs tombées de la comete, s'étoient mêlées aux eaux des mers qui s'étoient répandues ſur toute la ſurface de la Terre, tous les produits marins avoient été diſperſés ſur le globe; ils ſe trouverent donc confondus dans le ſédiment bourbeux qui ſe précipita & qui recouvrit la Terre après la retraite des eaux; & voilà préciſément pourquoi ces débris maritimes ſe trouvent partout. Tel eſt en abrégé la Théorie de Wiſthon.

Analyſons cette Théorie auſſi ſommairement, auſſi rapidement que nous avons analyſé celles de Burnet & de Woodward.

Wiſthon nous préſente notre globe dans cinq états différens, qu'il auroit pu appeller cinq époques de la Nature.

1°. Notre Terre fut d'abord une comete décrivant une ellipſe d'une excentricité prodigieuſe, & ſubiſſant dans ſa marche les alternatives les plus extrêmes du chaud & du froid. Glacée jusqu'à ſon noyau dans une partie de ſa route, vitrifiée pendant une autre partie, & devenue enfin par toutes ces viciſſitudes, un mélange confus de toutes les ſubſtances qui formoient ſa maſſe, un véritable chaos.

2°. Notre Terre fut fixée à la diſtance à laquelle elle eſt aujourd'hui du Soleil, elle décrivit une courbe circulaire autour de lui; alors s'opérerent les précipitations dont nous avons parlé: un orbe d'eau entoura le noyau, & la croûte terreuse fut supportée par des colonnes qui traversoient l'orbe d'eau & qui s'appuyoient sur le noyau.

3°. Les colonnes furent renversées, la surface qu'elles soutenoient se brisa, se fracassa ; elle devint donc hérissée de montagnes formées par les cavités & les élévations qui résulterent de cette catastrophe.

4°. Elle étoit dans cet état lorsqu'une autre comete la rencontra, l'inonda, produisit par son action sur les eaux intérieures, une nouvelle diruption de la masse totale. Ces eaux souterraines réunies aux eaux précipitées de la comete, couvrirent la surface du globe à une hauteur considérable.

5°. Enfin, la surface de la Terre sortit du sein des eaux avec une nouvelle forme ; cette surface conserve encore, dans toute son étendue, des monumens du séjour des eaux de la mer : les débris maritimes sont les restes & les preuves de cette invasion de l'océan.

Nous ne parcourrons point ces cinq différentes périodes ; nous examinerons seulement quelques-uns des principes sur lesquels repose tout le systême : & lorsque nous nous serons assurés qu'aucun de ces principes n'est admissible, nous nous croirons suffisamment autorisés à nous dispenser d'en suivre les applications. Précipitons notre marche à travers les erreurs, & ne ralentissons nos pas que lorsque nous serons sur la route de la vérité.

Le globe de la Terre étoit donc dans son origine une comete, selon Wisthon, & il a subsisté comme tel un tems indéterminé.

Pourquoi chercher l'origine du globe que nous habitons dans un état si différent de celui dans lequel il existe ? pourquoi ſuppoſer que le divin Architecte de l'univers n'a pas créé & placé chaque ſphere en ſon lieu ; que chaque roue de cette machine immenſe n'a pas reçu ſa deſtination & ſon engrenage à l'inſtant où la machine a été montée ; que chaque partie enfin de cette machine admirable n'a pas rempli, dès l'origine, les fonctions qu'elle doit éternellement remplir ?

L'imagination peut errer à ſon gré ; mais la ſaine raiſon proſcrira toujours ces ſyſtêmes téméraires, dont les principes abſolument arbitraires & de pure inſtitution, ne préſentent que des ſuppoſitions gratuites que n'étaye aucune analogie ; auxquelles nulle obſervation, nulle déduction néceſſaire d'un principe certain ne peut ſervir de bâſe. Pourquoi ſe plonger dans l'immenſité de l'eſpace, pourquoi s'emparer d'un de ces aſtres qui y parcourent des routes qui leur ſont preſcrites de tout tems, & qui doivent être déterminées par des loix néceſſaires & éternelles ? Pourquoi détourner à ſon gré la marche de ces globes, intervertir, de la ſimple autorité d'une imagination exaltée, l'action des forces qui les dirigent, & leur preſcrire de nouvelles fonctions dans l'harmonie générale ?

Tous les aſtres ſont-ils donc deſtinés à ces viciſſitudes ? Que les Auteurs de ces romans, qu'on ne peut appeller philoſophiques, nous diſent ſur quoi ils fondent cette opinion. Quelques-uns de ces globes ſeulement doivent-ils ſubir ces métamorphoſes ? Qu'on nous diſe leſquels, & pourquoi. Enfin la Terre ſeule y étoit-elle deſtinée ? Qu'on nous explique donc ce qui détermine à ſuppoſer pour elle ces loix particulieres.

Quoi ! pour expliquer l'état actuel de ce globe imperceptible dans l'espace, pour concevoir comment il existe tel qu'il est aujourd'hui, il faut parcourir les Cieux, troubler l'ordre qui y regne, chercher dans l'état supposé de quelqu'autre astre, dans une variation incompréhensible de cet état, dans de nouvelles modifications inexpliquables qu'on lui fait éprouver à volonté, les causes des phénomenes qu'on observe sur la Terre !

Loin de nous de pareils écarts ; c'est dans des loix certaines, connues, immuables ; dans des effets constants & nécessaires de ces loix ; c'est enfin dans la maniere dont la Terre existe dans le systême où elle est comprise, dans les impressions qu'elle y reçoit nécessairement, qu'il faut étudier son histoire. C'est de principes certains qu'il faut déduire toute sa théorie. Créer, instituer des causes pour expliquer des effets, c'est mettre une erreur à la place d'une obscurité ; abus d'autant plus dangereux, que l'esprit humain, qui tend toujours à dissiper une obscurité, & qui ne peut supporter un doute, se repose souvent avec complaisance sur une erreur.

Nous demandons qu'on nous pardonne cette digression sur le danger des suppositions pour expliquer la théorie de la Terre. Wisthon nous présente ici un exemple si frappant de cet abus, que nous avons cru pouvoir nous permettre d'en exposer les inconvéniens.

Revenons à notre Auteur, suivons sa marche, & nous reconnoîtrons combien d'erreurs suivent une supposition fausse, sur-tout lorsqu'elle est prise pour principe.

La Terre étoit donc dans l'origine une comete alternativement glacée ou vitrifiée dans sa course infiniment excentrique, elle étoit vitrifiée lorsqu'elle fut fixée au-tour du Soleil: mais cet état de vitrification a-t-il jamais pu exister dans une comete, & être produit par la plus grande approximation possible du Soleil ?

Quelle que soit la proximité de cet astre, à laquelle les cometes puissent arriver à leur perihélie, & quelqu'idée que l'on ait sur la maniere dont le Soleil produit la chaleur dans les corps, il paroît impossible de concevoir qu'une comete puisse être vitrifiée en passant près de cet astre; plus elle s'en approche, plus sa marche est rapide: la proximité du foyer, & la durée du séjour d'un corps à cette proximité, sont les mesures du degré de chaleur qu'il acquiert: il s'échauffe en raison directe du tems & en raison inverse du quarré de la distance.

Un corps peut passer à travers le foyer le plus ardent sans être affecté par sa chaleur, s'il le traverse avec une rapidité extrême. Certainement une balle de mousquet pourroit passer au foyer du miroir ardent qui est au jardin de l'Infante (n), sans y

(n) Cette loupe, placée dans le jardin de l'Infante, au vieux Louvre, est composée de deux glaces de cinquante pouces de diametre & de huit lignes d'épaisseur; elles ont été rendues concaves comme les crystaux des pendules, & de maniere à former l'une & l'autre des portions égales, ou des calottes égales d'une sphere de huit pieds de rayon.

Ces deux calottes sont jointes par leurs bords applatis en bizeau, & réunies assez exactement pour ne pas laisser échapper le fluide qu'elles contiennent. Elles forment, ainsi réunies, une lentille de huit pouces d'épaisseur à son milieu.

être affectée par la chaleur de ce foyer. La vitesse des cometes à leur perihélie est infinie en comparaison de celle de la balle; leur rapidité excede alors infiniment plus celle de cette balle, que l'espace que la comete parcourt au périhélie n'ex-

---

On a réservé, en réunissant ces calottes de glace par leurs bords, une petite ouverture qui s'ouvre & se ferme à volonté, & qui sert à y introduire la liqueur qui doit remplir l'intervalle vide que laissent entr'elles les portions de sphere.

Le choix du fluide le plus propre à remplir cet intervalle étoit très-important. L'eau avoit plus d'un inconvénient, entre autres celui de se geler. Dans le cours des expériences faites pour déterminer ce choix, on a reconnu que, si le pouvoir réfractif de l'eau augmente à proportion de la densité qu'on lui procure en lui faisant dissoudre différens sels, il en est tout autrement des liqueurs spiritueuses; le pouvoir réfractif de celles-ci s'accroît d'autant plus, qu'elles perdent plus de leur pesanteur spécifique par des rectifications. Cette loupe est remplie d'esprit de vin.

Le foyer de ce verre ardent est à dix pieds ou à-peu-près de distance; un écu de six livres s'y fond en quinze secondes, le fer y fond en moins d'une minute: le bois s'enflamme à trente pouces de distance de ce foyer dans l'axe du cône lumineux, soit au-dessous, soit au-dessus du véritable foyer, & lorsque ce foyer porte encore neuf pouces de diametre.

Ce verre ardent, le plus parfait que nous connoissions, est l'ouvrage de M. de Bernieres, Contrôleur des Ponts & Chaussées, & Membre de plusieurs Académies. Il suffiroit seul pour faire infiniment d'honneur à cet homme de mérite, quand il ne seroit pas connu très-avantageusement par beaucoup d'autres inventions aussi ingénieuses qu'utiles en optique & en méchanique.

Cette loupe avoit été faite pour feu M. Trudaine de Montigny, Intendant des Finances.

cede le diametre du foyer de la lentille. Et quel que soit l'excès d'intensité que l'on veuille donner à la chaleur du Soleil sur celle du foyer de la lentille, l'excès de vitesse de la comete sera beaucoup plus que suffisant pour compenser cet excès de chaleur, & pour rendre son effet absolument nul. La rapidité de la course des cometes détruit donc l'idée de vitrification.

M. de Buffon a très-bien prouvé contre Newton que la comete de 1680, loin d'avoir acquis une chaleur deux-mille fois plus grande que celle d'un fer rouge, n'avoit pu en acquérir qu'une très-médiocre ; & il conclut très-judicieusement que « Les cometes, lorsqu'elles approchent du » Soleil, ne reçoivent pas une chaleur immense, ni très-» long-tems durable, comme le dit Newton, & comme on » seroit porté à le croire à la premiere vue : leur séjour est » si court dans le voisinage de cet astre, que leur masse n'a » pas le tems de s'échauffer (*) ».

(*) Suppl. à l'Hist. Nat. T. I, p. 233.

Mais quel avantage tireroit Wisthon de cette excessive chaleur, quand on la lui accorderoit ? Il prétend déduire de l'état de fusion où il suppose sa comete, que chaque substance se sépara & se précipita selon l'ordre de sa pesanteur spécifique. Mais cet état de vitrification du noyau étoit au contraire le moins propre de tous à faciliter une précipitation des fluides vers le centre. Cette précipitation, si nécessaire au systême, & qui en fait la base, ne pouvoit donc évidemment s'opérer dans les circonstances arrangées par l'Auteur.

Que penser de cette immense quantité d'eau qui forme un orbe autour du noyau brûlant ? La chaleur du noyau devoit la vaporiser : la Terre, loin de rester suspendue sur cet orbe, devoit se précipiter à travers : comment les piliers se sont-ils formés & ensuite brisés ? &c. &c. Nous ne discuterons aucune de ces questions, nous aurions honte d'arrêter plus long-tems les regards de nos Lecteurs sur de pareilles chimeres.

Nous avons vu combien étoit ruineux par le principe même tout systême fondé sur des suppositions aussi précaires que celles qui détournent un astre de sa marche réguliere, pour en former un monde à son gré, & qui, pour expliquer quelques phénomenes qui s'observent sur un des plus petits globes de l'univers, vont porter le désordre dans tout cet univers, & en dérangent l'harmonie. Nous avons vu quel malheureux parti Wisthon a tiré de cette folle excursion. Nous le voyons encore parcourir de nouveau les espaces célestes, détourner encore une nouvelle comete de sa route pour achever son Monde. Cette seconde comete voituroit avec elle un immense reservoir d'eau dont l'Auteur avoit besoin pour arroser la surface de la Terre.

Que ces astres sont commodes aux faiseurs de systêmes ! ils se prêtent à tout. Les veut-on chauds, les veut-on froids ? faut-il qu'ils se fixent pour devenir une planete ? faut-il seulement qu'en continuant leur marche, ils modifient, comme on le desire, les globes qu'ils rencontrent ? (& ils peuvent les rencontrer tous par leurs orbites infiniment excentriques) : faut-il qu'ils enlevent un de ces globes, & qu'ils s'en fassent un satellite ? faut-il qu'ils deviennent le sien, ou qu'ils le fracassent en passant ? ils sont prêts & propres à tout.

Enfin

Enfin donc le 28 Novembre 2365, de la période Julienne, une comete passa auprès de notre globe, & l'enveloppa de sa queue; la Terre attira une partie considérable des vapeurs qui formoient cette queue, & tout fut inondé par des pluies énormes qui tomberent pendant quarante jours, & par les eaux de l'abîme refoulées & réunies à celles qui tomboient de la queue de la comete. Celle-ci continua sa route.

Ce fut pendant ce tems que les eaux de l'intérieur pressées par le poids des eaux supérieures, firent effort; elles prirent dans le sein du grand abîme une forme elliptique, & par cet effort fracasserent la croûte qui les enveloppoit.

Il est impossible d'accumuler plus de causes inadmissibles, plus d'effets inconciliables avec elles & entr'eux.

Wisthon semble n'avoir appellé cette seconde comete, que pour rendre raison du déluge universel: mais un Philosophe doit-il rendre raison d'un miracle? un miracle doit-il s'expliquer physiquement? La raison du déluge fut la volonté de Dieu, c'est dans la plénitude de sa puissance qu'il en choisit les moyens; c'étoit hors de l'ordre naturel qu'il les avoit placés: les miracles ne sont miracles que parce qu'ils s'écartent des loix ordinaires & générales de la Nature: le déluge universel est, ainsi que la création, un acte dont l'Eternel s'est réservé le secret.

Avoir présenté les idées de Wisthon, c'est avoir suffisamment renversé son systême: nous n'avons nulle raison pour en prolonger & pour en approfondir l'examen. Ce ne sont pas des erreurs détruites qu'il faut combattre: un autre athlete nous attend au bout de la carriere; sa statue que la gloire environne, que couronne le laurier, s'éleve au milieu des débris des édifices construits par ses prédécesseurs. Nous oserons mesurer nos forces avec lui, & vainqueurs ou vaincus, nous déposerons notre ouvrage au pied de sa statue, comme un hommage d'autant plus noble, qu'il n'aura été ni aveugle, ni servile.

EXPOSITION SOMMAIRE

Du Systême général de M. le Comte DE BUFFON.

NOUS avons vu où en étoit la théorie de la Terre, lorsque la France produisit un de ces génies puissans faits pour embrasser la Nature entiere, pour en concevoir le majestueux ensemble. M. de Buffon sentit combien les idées des Cosmologues étoient peu satisfaisantes; il foudroya toutes leurs opinions; il renversa pour jamais leurs chimériques systêmes; il éleva sur leurs ruines un nouvel édifice, dont le majestueux aspect fixa tous les regards, & fit l'impression la plus forte sur tous les esprits. Ce nouveau systême présenté avec l'éloquence la plus noble & la plus séduisante, obtint d'abord une admiration presque générale. Nous ne parlerons point de quelques critiques indécentes que ce philosophe éprouva presqu'à l'instant où son Ouvrage parut; elles étoient dignes par l'atrocité de leurs motifs, & par l'âcreté du style, de l'éternel oubli dans lequel elles sont tombées, & dont il ne faut pas les retirer.

La lecture de l'Ouvrage de M. de Buffon excita les idées des Savans, les dirigea vers cette Physique générale dont il présentoit les principes. Tous les Ecrits des Physiciens & des Naturalistes se trouverent avoir nécessairement des rapports avec *l'Histoire Naturelle, Générale & Particuliere.* Cette Histoire, la bâse de toutes les connoissances humaines, se divise en différens regnes, & se sous-divise en différens ordres, en différentes classes, qui, comme les provinces d'un même empire, quoique régies par les mêmes loix générales, en ont cependant de particulieres. Tous les Auteurs occupés de l'examen de ces loix particulieres & de leurs rapports avec les loix générales, durent donc nécessairement se rencontrer avec M. de Buffon. Les observations & les rapports ne se sont pas toujours trouvés d'accord avec le systême de ce Philosophe; les contradictions se sont multipliées comme les Ouvrages des Naturalistes, des Chymistes & des Physiciens; la théorie générale est devenue suspecte, elle a été attaquée plusieurs fois, rejettée même par beaucoup de Savans : mais on n'a point encore donné d'analyse raisonnée de ce systême imposant, il se soutient par sa masse & par la liaison de toutes ses parties. Semblable à ces grands monumens de l'Architecture, dont l'ébranlement, ou même le renversement de quelques colonnes, n'entraînent pas la chûte, le systême de M. de Buffon s'éleve encore sur ses fondemens : ce sont ces fondemens eux-mêmes dont nous osons nous permettre d'examiner la solidité. Entraînés par un charme irrésistible dans le dédale où ce Philosophe a porté ses pas, persuadés que nous y avons découvert des routes plus sûres, nous croyons, avant d'en présenter la

Carte, ne pouvoir nous diſpenſer d'y ſuivre les traces de ce Savant, & de faire connoître l'incertitude des voies dans leſquelles ſon Ouvrage eſt ſi propre à entraîner ſes Lecteurs.

Ami des Sciences & de la vérité, loin de s'offenſer de notre hardieſſe, il nous a lui-même autoriſés, dès notre entrée dans la carriere, avec cette candeur qui caractériſe l'homme vraiment ſupérieur (*o*).

Nous oſerons donc nous permettre d'analyſer ſon ſyſtême, comme nous avons analyſé ceux de ſes prédéceſſeurs, & de préſenter les raiſons qui nous forcent à nous en écarter; prêts à abandonner nos idées, ſi, répandant lui-même une lumiere plus vive ſur les parties de ſon plan qui ne nous ont pas paru ſuffiſamment éclairées, détruiſant les objections qui ſe ſont préſentées à notre eſprit, il fait diſparoître les difficultés qui nous ont arrêtés. Nous ne venons point lui diſputer la carriere; guidés par lui-même & marchant ſur ſes traces, nous venons y exercer nos forces ſous ſes yeux. C'eſt ſon ſyſtême que nous allons expoſer.

Depuis l'origine des tems, notre Soleil tournoit ſur lui-même dans le point de l'eſpace que lui avoit aſſigné celui qui embraſſe & l'eſpace & le tems, & qui a ſu les partager & leur donner des meſures. Cet aſtre brûloit & brilloit au centre de ſon empire; mais ſa lumiere & ſes feux ſe répandoient envain dans ce vide immenſe, nul globe n'exiſtoit encore pour en recevoir les influences & les effets. Quelques aſtres errans, dont on ignore & dont on ignorera peut-être

(*o*) Lettre de M. le Comte de Buffon à M. de Marivetz, datée de Montbard le 9 Août 1779.

toujours la nature, la marche & le nombre ; mais destinés à subir toutes les alternatives les plus extrêmes du froid & du chaud, de la lumiere & des ténebres, & qui paroissent ainsi ne pouvoir être le séjour d'aucune organisation réguliere, traversoient ce désert immense ; la Nature n'existoit pas encore : car qu'eût-elle été, lorsque la vie manquoit à l'univers, que nul être ne naissoit pour produire son semblable, que nul principe d'organisation n'animoit la matiere, & que les vicissitudes les plus extrêmes faisoient regner un désordre aussi continuel que général ?

Enfin l'époque ordonnée de toute éternité arriva. Un des ces astres qui sembloit condamné à ne jamais recevoir le principe de la vie, s'avançoit des régions des ténebres les plus profondes & des plus terribles frimats ; il s'approche du Soleil, il est attiré ; & la même force qui lui faisoit parcourir une ellipse infiniment allongée autour du Soleil, devenue beaucoup plus grande, le contraint à se précipiter sur cet astre.

Le Soleil n'étoit qu'un globe de feu, qu'une masse de matiere dans l'état de fusion la plus complette. La comete qui se précipita sur lui, étoit composée d'une matiere très-dense ; son poids, multiplié par sa vitesse, qui étoit énorme, produisit un choc violent sur la surface bouillonnante de cet astre ; ce choc fit jaillir hors du Soleil une partie de sa substance, de cette matiere vitrifiée & fluide dont il étoit composé. Cette portion de la matiere du Soleil qui fut poussée loin de cet astre, fut égale à la six-cent-cinquantieme partie de son volume.

La portion de matiere solaire que la comete lança dans l'espace, & avec laquelle elle se mêla & se confondit elle-même, se divisa bientôt en différentes parties. Le flot ne resta pas continu, il se partagea en six masses principales. Ces masses différerent par leurs volumes & par leurs densités: elles différerent par leurs densités, parce qu'à l'instant du choc & dans l'espace qu'il fit parcourir au torrent projetté, les matieres se séparerent & formerent des globes composés des parties dont les densités étoient semblables. Les volumes dûrent donc être différens en raison du plus ou moins grand nombre de parties de densités semblables qui se réunirent pour les former.

(p) Les globes furent poussés d'autant plus loin qu'ils avoient plus de surface, & que leur matiere étoit moins dense, parce que la force d'impulsion se communiquant par les surfaces, le même coup dut faire mouvoir les parties les plus grosses & les plus légeres de la matiere du Soleil avec plus de vitesse que les parties les plus petites & les plus massives.

Chacun de ces globes dut donc être poussé par le choc de la comete dans le lieu qu'il occupe, & voilà la cause physique de l'impulsion.

Cette cause de l'impulsion, dit M. de Buffon, paroîtra d'autant moins hazardée, qu'on observera plus attentivement toutes les analogies qui y ont rapport, & qu'on voudra se donner la peine d'en estimer les probabilités. La premiere est cette direction commune de leur mouvement d'impulsion qui fait que les six planetes vont toutes d'Occident en Orient: il y a déjà soixante-quatre à parier contre un,

(p) Tout ce qui suit est extrait & copié littéralement de l'Ouvrage de M. le Comte de Buffon. On indique les pages.

qu'elles n'auroient pas eu ce mouvement dans le même sens, si la même cause ne l'avoit pas produit ; ce qu'il est aisé de prouver par la doctrine des hazards (*q*).

Cette probabilité augmentera prodigieusement par la seconde analogie, qui est que l'inclinaison des orbites n'excede pas sept degrés & demi ; car en comparant les espaces, on trouve qu'il y a vingt-quatre contre un, pour que deux planetes se trouvent dans des plans plus éloignés ; & par conséquent 24^5 ou 7692624 à parier contre un, que ce n'est pas par hazard qu'elles se trouvent toutes les six ainsi placées & renfermées dans l'espace de sept degrés & demi ; ou ce qui revient au même, il y a cette probabilité qu'elles ont quelque chose de commun dans le mouvement qui leur a donné cette position : mais que peut-il y avoir de commun dans l'impression d'un mouvement d'impulsion, si ce n'est la force & la direction des corps qui le communiquent ? On peut donc conclure, avec une très-grande vraisemblance, que les planetes ont reçu leur mouvement d'impulsion par un seul coup. Cette probabilité, qui équivaut presqu'à une certitude, étant acquise, quel corps en mouvement a pu faire ce choc & produire cet effet ? Il n'y a évidemment que les cometes capables de communiquer un aussi grand mouvement à d'aussi vastes corps.

Pour peu qu'on examine le cours des cometes, on se persuadera aisément qu'il est presque nécessaire qu'il en tombe

(*q*) Hist. Naturelle générale & particuliere, Edit. de 1752, in-12, T. I, p. 195. — Toutes les fois qu'on citera les différens volumes de cet Ouvrage, ce sera toujours l'Edition in-12 à laquelle on renverra.

quelquefois dans le Soleil. Celle de 1680, en approcha de si près, qu'à son périhélie, elle n'en étoit pas éloignée de la sixieme partie du diametre solaire ; & si elle revient, comme il y a apparence, en l'année 2255, elle pourroit bien tomber cette fois dans le Soleil ; cela dépend des rencontres qu'elle fera sur sa route, & du retardement qu'elle a souffert en passant dans l'atmosphere du Soleil (*).

(*) Ibid. p. 197.

Les portions du flot de matiere solaire ainsi projettées chacune en leur lieu, & mues par deux forces, l'une celle de l'impulsion qu'elles venoient de recevoir, l'autre celle de l'attraction, dûrent donc tourner autour du Soleil, retenues dans leur orbite par l'attraction puissante de cet astre, tandis que cette même attraction mutuelle de toutes les parties de ces corps en forma des globes.

Ces globes dûrent aussi tourner sur eux-mêmes ; car le mouvement de rotation dépend uniquement de l'obliquité du coup ; & il est nécessaire qu'une impulsion, dès qu'elle est oblique à la surface d'un corps, donne à ce corps un mouvement de rotation.

Mais l'obliquité du coup a pu être telle, qu'il se sera séparé du corps de la planete principale de petites parties de matiere, qui auront conservé la même direction du mouvement que la planete même ; ces parties se sont encore réunies, selon leurs densités, à différentes distances de la planete par la force de leur attraction mutuelle ; & en même tems elles ont suivi nécessairement la planete dans son cours autour du Soleil, en tournant elles-mêmes autour de la planete à-peu-près dans le plan de son orbite. On voit bien que ces petites parties, que la grande obliquité du du coup aura séparées, sont les satellites : ainsi la formation, la position & la direction des mouvemens des satellites s'accordent parfaitement avec la théorie ; car ils ont tous la même direction de mouvement dans des cercles concentriques autour de leur planete principale ; leur mouvement est dans le même plan, & ce plan est celui de l'orbite de la planete : tous ces mouvemens d'impulsion ne peuvent venir que d'une cause commune, c'est-à-dire, d'une impulsion commune de mouvement qui leur a été communiquée par un seul & même coup donné sous une certaine obliquité (*). (*) Ibid. p. 110.

Le mouvement de rotation imprimé à ces globes, lorsqu'ils étoient dans un état de fluidité causée par le feu, a dû, selon toutes les loix de l'Hydrostatique, faire élever les parties de l'équateur en abbaissant les pôles ; car c'est à l'équateur de ces globes que la force centrifuge a été la plus grande, & aux pôles qu'elle a été la moindre. Cet effet, nécessaire suivant la théorie physique, est confirmé par l'observation ; & on ne doute pas plus aujourd'hui de sa réalité que de sa cause. Tous ces astres ont donc dû prendre la forme d'un sphéroïde applati vers les pôles (*). (*) Ibid. p. 118.

Tous les corps que nous connoissons sous le nom de planetes, ne sont donc que des portions de la matiere & de la substance du Soleil ; brillantes & brûlantes comme lui, lorsqu'elles ont été séparées de sa masse, elles étoient alors vraiment des Soleils ; mais leur lumiere & leur chaleur ne se sont pas conservées : vitrifiées & lumineuses dans leur origine, elles sont devenues froides & opaques. Comment ont-elles pu arriver à un état si différent ? Rien ne ressemble moins à un globe de feu qu'un globe de terre & d'eau ;

& à en juger par comparaison, la matiere de la Terre &
(*) Ibid. p. 215. des planetes est tout-à-fait différente de celle du Soleil (*).

A cela on peut répondre que dans la séparation qui s'est faite des particules plus ou moins denses, la matiere a changé de forme, & que la lumiere ou le feu se sont éteints par cette séparation causée par le mouvement d'impulsion: d'ailleurs, ne peut-on pas soupçonner que, si le Soleil ou une étoile brûlante & lumineuse par elle-même se mouvoit avec autant de vitesse que se meuvent les planetes, le
(*) Ibid. feu s'éteindroit peut-être (*).

On peut répondre encore que le feu ne peut pas subsister aussi long-tems dans les petites que dans les grandes masses; & qu'au sortir du Soleil les planetes ont dû brûler pendant quelque tems; mais qu'elles se sont éteintes faute de matieres combustibles, comme le Soleil s'éteindra probablement par la même raison, mais dans des âges futurs, & aussi éloignés des tems auxquels les planetes se sont éteintes, que sa grosseur l'est de celle des planetes. Quoi qu'il en soit, la séparation des parties plus ou moins denses qui s'est faite nécessairement dans le tems que la comete a poussé hors du Soleil la matiere des planetes, paroît suffisante pour
(*) Ibid. p. 217. rendre raison de cette extinction de leurs feux (*).

Ce torrent lancé hors du Soleil se divisa donc d'abord en six masses principales qui formerent les six planetes; ce flot de matiere brûlante en traversant l'atmosphere du Soleil, entraîna une grande quantité des matieres volatiles dont cet atmosphere est composée: ce sont ces mêmes parties volatiles, aqueuses, aériennes, qui ont ensuite formé les atmospheres des planetes, lesquelles étoient semblables à l'atmosphere du Soleil, tant que les planetes ont été, comme lui, dans un état de fusion ou de grande incandescence (*).

(*) T. IX du Supplément, p. 84.

Ce ne fut que lorsqu'elles furent parvenues à un certain degré de refroidissement que ces atmospheres purent se précipiter sur les surfaces de ces globes, décomposer le verre dont ils étoient formés, produire les élémens; & devenir ainsi propres à former les différens mixtes qui devoient exister (*).

(*) Ibid. p. 85.

Mais dans quelle proportion a dû décroître leur chaleur? Voilà ce qu'il étoit absolument nécessaire de déterminer pour connoître l'époque la plus intéressante de la Nature; celle où les êtres organisés, où la Nature vivante a commencé d'exister.

Pour arriver à cette détermination si importante, il étoit essentiel de connoître les loix du décroissement ou de la diminution de la chaleur dans les corps, en ayant égard à leurs densités, à leurs masses & aux autres propriétés qui peuvent influer sur la conservation de la chaleur.

Pour cet effet, l'Auteur du systême que nous exposons a fait une multitude énorme d'expériences (r).

Il en a déduit le systême général & la marche progressive du refroidissement de toutes les planetes: nous ne parlerons ici que de la Terre, afin d'éviter des détails aussi inutiles à notre objet, qu'ils étoient importans & bien placés dans l'exposition de M. de Buffon. Ce qu'il peut y

(r) Ces expériences sont rapportées dans le premier volume du Supplément, depuis la p. 204, jusqu'à la p. 422 & derniere.

avoir de différent entre son systême & le nôtre, dans la théorie des planetes, trouvera sa place ailleurs.

M. de Buffon a fait rougir au feu des globes de différentes matieres; ces globes avoient depuis un demi-pouce jusqu'à cinq pouces de diametre; il a observé les tems de leur refroidissement progressif.

En appliquant les observations sur le refroidissement des globes de fer, à la supposition que la Terre a été primitivement dans un état de liquéfaction, il en a déduit que, si elle eût été un globe de fer, elle ne se seroit refroidie au point de pouvoir la toucher sans se brûler, qu'en 100696 ans (*): mais la Terre doit être considérée comme étant d'une densité moyenne, formée de celle du verre, du grès, de la pierre calcaire dure, des marbres, des matieres ferrugineuses; il en résulte qu'elle auroit dû se refroidir, au point de pouvoir la toucher avec la main, en 33911 ans, & à la température actuelle, en 74047 ou environ (*): enfin, en ayant égard *à la compensation que la chaleur du Soleil a faite à la perte de la chaleur propre de la Terre* (*); & à celle qu'a pu produire la chaleur de la Lune, il en résulte qu'on peut réellement assigner 74831 $\frac{1}{2}$, ou 74832 ans, à très-peu près, pour le tems précis qui s'est écoulé depuis l'incandescence de la Terre jusqu'à son refroidissement à la température actuelle (*); il la suppose donc âgée de 7500 ans (**). Et voici les principales époques intéressantes que les différens degrés de refroidissement ont amenées, celles que M. de Buffon a cru devoir considérer dans l'Histoire de la Nature, & qui forment, selon lui, les grandes divisions de cette Histoire.

(*) Suppl. T. IV, p. 80.

(*) Ibid. p. 93.

(*) Ibid.

(*) Ibid. p. 104.

(**) Suppl. T. IX, p. 96.

Pendant les 2936 premieres années, la Terre étoit une

espece de Soleil, qui ne lui cédoit que par le volume, dont la lumiere & la chaleur se répandoient de même (*).

Ce n'est qu'en l'an 2936 de sa formation, qu'elle a été consolidée jusqu'au centre, & qu'elle a perdu son incandescence (*).

C'est en l'an 35000 qu'elle a été refroidie, au point de pouvoir la toucher avec la main (*).

Vers l'an 30000 ou 35000, la Terre s'est donc trouvée assez attiédie pour recevoir les eaux sans les rejetter en vapeurs (*). Ce fut alors qu'elles s'établirent sur la Terre, mais sur les pôles seulement.

Comme le globe terrestre n'est pas une sphere parfaite, qu'il est plus épais sous l'équateur que sous les pôles, & que l'action du Soleil est aussi bien plus grande dans les climats méridionaux, il en résulte que les contrées polaires ont été refroidies plutôt que celles de l'équateur : ces parties polaires de la Terre ont donc reçu les premieres les eaux & les matieres volatiles qui sont tombées de l'atmosphere ; le reste de ces eaux a dû tomber ensuite sur les climats que nous appellons tempérés, & ceux de l'équateur auront été les derniers abreuvés. Il s'est passé bien des siècles avant que les parties de l'équateur aient été assez attiédies pour admettre les eaux : l'équilibre & même l'occupation des mers a donc été long-tems à se former & à s'établir, & les premieres inondations ont dû venir des deux pôles (*).

L'an cinquante-cinq mille, ou soixante mille, les animaux terrestres naquirent : on sentira bien, dit M. de Buffon, qu'il faut compter quelques milliers d'années de plus pour le refroidissement du globe à l'équateur. En supposant donc

(*) T. IX du Supplément, p. 85.

(*) Ibid. p. 101.

(*) Ibid. p. 237.

(*) Ibid. p. 187.

(*) Ibid. p. 166.

35000 ans pour le tems nécessaire au refroidissement de la Terre sous les pôles, au point d'en pouvoir toucher la surface sans se brûler, & 20 ou 25000 ans de plus, tant pour la retraite des mers, que pour l'attiédissement nécessaire à l'existence des êtres aussi sensibles que le sont les animaux terrestres; ce sera vers l'an 55 ou 60000 qu'il faudra placer la naissance de ces animaux dans les contrées septentrionales (*).

(*) Ibid. p. 237.

Dans ce tems, qui n'est guere éloigné du nôtre que de 15000 ans, les éléphans, les rhinocéros, les hippopotames, & probablement toutes les especes qui ne peuvent se multiplier actuellement que sous la zône torride, vivoient donc & se multiplioient dans les terres du nord, dont la chaleur étoit au même degré, & par conséquent tout aussi convenable à leur nature: ils y étoient en grand nombre, ils y ont séjourné long-tems; la quantité d'ivoire & de leurs autres dépouilles que l'on a découvertes, & que l'on découvre tous les jours dans ces contrées septentrionales, nous démontre évidemment qu'elles ont été leur patrie, leur pays natal, & certainement la premiere terre qu'ils aient occupée: mais de plus, ils ont existé en même tems dans les contrées septentrionales de l'Europe, de l'Asie & de l'Amérique; ce qui nous fait connoître que ces deux continens étoient alors contigus, & qu'ils n'ont été séparés que dans des tems subséquens (*).

(*) T. IX, p. 242.

On ne peut douter qu'après avoir occupé les parties septentrionales de la Russie & de la Sibérie jusqu'au 60e degré, où l'on a trouvé leurs dépouilles en grande quantité, ils n'aient ensuite gagné les terres moins septentrionales, puisqu'on trouve encore de ces mêmes dépouilles en Moscovie, en Pologne, en Allemagne, en Angleterre, en France, en Italie; en forte qu'à mefure que les terres du Nord fe refroidiffoient, ces animaux cherchoient des terres plus chaudes: & il eft clair que tous les climats jufqu'à l'équateur, ont fucceffivement joui du degré de chaleur convenable à leur nature; ainfi, quoique de mémoire d'homme l'efpece de l'éléphant ne paroiffe avoir occupé que les climats actuellement les plus chauds dans notre continent, c'eft-à-dire, les terres qui s'étendent à-peu-près à 20 degrés des deux côtés de l'équateur, & qu'ils y paroiffent confinés depuis plufieurs fiècles, les monumens de leurs dépouilles trouvées dans toutes les parties tempérées de ce même continent, démontrent qu'ils ont auffi habité, pendant autant de fiècles, les différens climats de ce même continent; d'abord du 60e au 50e degrés, puis du 50e au 40e, enfuite du 40e au 30e, & du 30e au 20e, enfin du 20e à l'équateur, & au-delà à la même diftance. On pourroit même préfumer qu'en faifant des recherches en Laponie, dans les terres de l'Europe & de l'Afie, qui font au-delà du 68e degré, on pourroit y trouver même des défenfes & des offemens d'éléphans, ainfi que des autres animaux du midi; à moins qu'on ne veuille fuppofer (ce qui n'eft pas fans vraifemblance), que la furface de la Terre étant réellement encore plus élevée en Sibérie que dans toutes les provinces qui l'avoifinent du côté du nord, ces mêmes terres de la Sibérie ont été les premieres abandonnées par les eaux, & par conféquent les premieres où les animaux terreftres ayent pu s'établir (*).

(*) Ibid. p. 243 & fuivantes.

On peut fuppofer qu'il y a environ 5000 ans que les éléphans font confinés dans la zone torride, & qu'ils ont féjourné tout autant de tems dans les climats qui forment aujourd'hui les zones tempérées, & peut-être autant dans les climats du nord où ils ont pris naissance (*).

(*) Ibid. p. 250.

Mais cette marche réguliere qu'ont suivi les plus grands, les premiers animaux de notre continent, paroît avoir souffert des obstacles dans l'autre : il est très-certain qu'on a trouvé (& il est très-probable qu'on le trouvera encore) des défenses & des ossemens d'éléphans en Canada, dans le pays des Illinois, au Mexique, & dans quelques autres endroits de l'Amérique septentrionale : mais nous n'avons aucune observation, aucun monument qui nous indiquent le même fait pour les terres de l'Amérique méridionale. D'ailleurs l'espece même de l'éléphant qui s'est conservée dans l'ancien continent, ne subsiste plus dans l'autre : non-seulement cette espece, ni aucune autre de toutes celles des animaux terrestres qui occupent actuellement les terres méridionales de notre continent, ne se sont trouvées dans les terres méridionales du Nouveau-Monde ; mais même il paroît qu'ils n'ont existé que dans les contrées septentrionales de ce nouveau continent : & cela, dans le même tems qu'ils existoient dans celles de notre continent. Ce fait ne démontre-t-il pas que l'ancien & le nouveau continent n'étoient pas alors séparés vers le nord, & que leur séparation ne s'est faite que postérieurement au tems de l'existence des éléphans dans l'Amérique septentrionale, où leur espece fut probablement éteinte par le refroidissement, & à-peu-près dans le tems de cette séparation des continens, parce que ces animaux n'auront pu gagner les régions de l'équateur dans ce nouveau continent. On voit que les contrées voisines de de l'isthme de Panama sont occupées par de très-hautes montagnes : les éléphans n'ont pu franchir ces barrieres invincibles pour eux, à cause du très-grand froid qui se fait sentir sur ces hauteurs : ils n'auront donc pas été au-delà des terres de l'isthme, & n'auront subsisté dans l'Amérique septentrionale, qu'autant qu'aura duré dans cette terre le degré de chaleur nécessaire à leur multiplication. Il en est de même de tous les autres animaux des parties méridionales de notre continent (*). (*) P. 450 & suiv.

Or il est certain qu'aucun des animaux propres & particuliers aux terres méridionales de notre continent, ne se sont trouvés dans les terres méridionales de l'autre ; & que même dans les animaux communs à notre continent & à celui de l'Amérique septentrionale, dont les especes se sont conservées dans toutes deux, à peine en peut-on citer un qui soit arrivé à l'Amérique méridionale. Cette partie du monde n'a donc pas été peuplée comme toutes les autres, ni dans le même tems ; elle est demeurée, pour ainsi dire, isolée & séparée du reste de la terre par les mers & par les hautes montagnes (*). Les terres du nord ont donc été peuplées les premieres, & les plus grands animaux de ces terres septentrionales ont parcouru tout notre continent & se sont répandus dans l'Amérique septentrionale : mais il paroît qu'il n'y a eu aucune communication entre les continens & l'Amérique méridionale ; les continens de l'Amérique septentrionale & de l'Asie n'étoient donc pas alors séparés vers le nord : mais l'Amérique septentrionale étoit totalement isolée du reste du monde. (*) P. 253.

C'est à la date d'environ 10,000 ans, à compter de ce

jour en arrière que l'on peut placer la séparation de l'Europe & de l'Amérique, & c'est à-peu-près dans le même tems que l'Angleterre a été séparée de la France, l'Irlande de l'Angleterre, la Sicile de l'Italie, la Sardaigne de la Corse, & toutes deux du continent de l'Afrique, &c. (*).

(*) Suppl. T. IX, p. 255.

Enfin, l'homme, dont le premier séjour fut, ainsi que celui des animaux terrestres, dans les hautes montagnes, vint prendre le sceptre de la terre, quand elle se trouva digne de son empire (*). Ses efforts secondant ceux de la Nature, armé de la hache & du feu, il assainit, il purifia les terreins qu'il vouloit habiter, il changea la surface de la terre, il en prit possession par la culture, il apprivoisa, & subjugua les animaux, il étendit sa puissance sur la nature même des végétaux qu'il eut l'art de changer & d'améliorer; il produisit de nouvelles espèces dans les végétaux, ainsi que dans les animaux. Mais il n'a connu que tard l'étendue de sa puissance, il ne la connoît même pas encore assez; elle dépend en entier de l'exercice de son intelligence : ainsi plus il observera, plus il cultivera la Nature, plus il aura de moyens pour se la soumettre, & de facilités pour tirer de son sein des richesses nouvelles, sans diminuer les trésors de son inépuisable fécondité (*).

(*) Ibid. p. 272.

(*) V. 7e. Epoque, pag. 322 & suiv.

Nous avons cru devoir présenter d'abord ce sommaire très-court, mais très-exact de l'Histoire chronologique de M. de Buffon (*f*), afin que la suite des époques que renferme cette chronologie fût plus aisée à saisir & à retenir, qu'elle

(*f*) C'est M. de Buffon que nous avons fait parler dans cette exposition; nous l'avons toujours copié, & copié très-fidelement.

pût rester présente à nos Lecteurs. Nous considérerons ensuite chacune de ces époques; nous rapporterons leurs dates, leur caractere aux principes de l'Auteur, & nous examinerons la vérité de ces principes, la justesse de leur application, & si les causes qu'il suppose ont dû véritablement produire les effets qu'il en a déduits.

La Terre étoit donc dans l'origine un globe vitrifié; l'état vitreux a été le premier état de la substance de la Terre, & cet état primitif, reconnoissable encore dans la majeure partie des minéraux qui sont à la surface de toute la Terre, ou que l'on en tire à toutes les profondeurs auxquelles nous pouvons parvenir, est le véritable état du noyau de la Terre: sa surface a perdu lentement sa chaleur; elle s'est décomposée. C'est des élémens aqueux, volatils, aëriens, dont la matiere du Soleil, chassée hors de cet astre pour former les planetes, se chargea en traversant l'atmosphere du Soleil, que sont venus les principes de décomposition de la matiere vitreuse.

De ces élémens déjà distincts, & de leur combat, lorsqu'ils se précipiterent sur le globe encore trop chaud pour les recevoir, des cohobations qu'ils éprouverent il se forma encore d'autres élémens: enfin les pôles s'étant assez refroidis, il s'y précipita par torrens une très-grande partie de l'eau qui s'étoit formée & élevée dans l'atmosphere que la Terre s'étoit procurée pendant son incalescence; cette eau se répandit sur toute la surface du globe. La terre, l'eau, l'air, les autres élémens étant produits & combinés, la Nature vivante a dû naître, dès que le degré de chaleur s'est trouvé réduit au point convenable à la sensibilité des êtres vivans. Les molécules organiques vivantes ont existé dès que les élémens d'une chaleur douce ont pu s'incorporer avec les substances qui composent les corps organisés (*). Tout ce qui existe aujourd'hui dans la Nature vivante a pu exister de même dès que la température de la Terre s'est trouvée la même (*); ce sont des différens états de chaleur par lesquels notre globe a passé successivement depuis son existence, & de ceux par lesquels il doit passer encore, qu'il faut déduire toute l'histoire de la Nature. C'est dans l'ordre de ces degrés & entre les extrêmes qu'est véritablement comprise toute la Nature; c'est à la chaleur que conserve le noyau de la Terre, que tient la durée de la Nature vivante & organisée: enfin ce sont les décroîssemens & les effets propres de cette chaleur dans ses différens états, qui forment les époques de M. de Buffon.

(*) Suppl. T. IX, p. 164.

(*) Ibid. p. 236.

Examen du Systême de M. DE BUFFON.

La premiere supposition sur laquelle s'éleve le systême de M. de Buffon, c'est que les planetes n'ont pas existé en même tems que le Soleil; qu'il y avoit des cometes, lorsqu'il n'y avoit point encore de planetes.

Nous ne demanderions assurément point pourquoi les cometes ont existé avant les planetes, de quelle matiere elles ont été formées, pourquoi Dieu qui s'étoit refusé à créer des planetes dans l'état de planetes, avoit créé des cometes dans l'état de cometes, pour former ensuite des planetes. Mais M. de Buffon s'est fait à lui-même toutes ces questions: il les résout toutes, en supposant que ces cometes ne sont elles-mêmes que les éclats d'un Soleil qui a crévé comme une bombe, & dont les morceaux ont été, par la force de l'explosion, jettés jusques dans l'empire des Soleils les plus voisins, & qu'alors il en échut quelques centaines en partage au nôtre.

En présentant cette hypothese, M. de Buffon avoue qu'elle ne satisfait, à la vérité, que très-imparfaitement à la curiosité de l'esprit; il ne la donne que pour le résultat de rapports fugitifs & de légers indices : il la regarde seulement comme l'idée la plus probable sur la cause du mouvement d'impulsion des cometes (*); & ce mouvement d'impulsion des cometes est un des plus grands problêmes de la Nature.

(*) T. IX, p. 65.

Pour concevoir donc l'hypothese dans toute son étendue, il faut remonter jusqu'au temps où le Soleil existoit seul dans la partie de l'espace qui devoit, en se peuplant un jour, devenir son empire; d'autres Soleils existoient alors, & vraisemblablement ils existoient également seuls; l'analogie doit nous porter à croire qu'un sort égal leur avoit été accordé à tous : l'unité de principe & d'action est le caractere de l'ouvrage de l'Eternel, le sceau de sa puissance. M. de Buffon paroît très-persuadé de cette grande vérité, lorsque, remontant à l'origine des choses, il forme toutes les planetes par une seule & même action, les tire toutes d'une même matiere; lorsqu'après avoir trouvé la cause de cette action, il s'éleve encore jusqu'à l'origine de cette cause même.

Il nous semble qu'il ne restoit plus qu'un pas à faire pour simplifier infiniment tout le systême. Ne pouvoit-on pas imaginer que Dieu, dans l'origine, n'avoit créé qu'un

Soleil ; qu'il l'avoit placé dans l'espace ; que ce Soleil avoit fait explosion ; que les morceaux les plus considérables avoient été jettés à des distances énormes ; que ces distances étoient telles que ces masses n'y étoient plus soumises à une force d'attraction assez puissante dans aucune pour les faire tourner autour d'un centre commun, ou que peut-être elles y tournent comme un Auteur moderne (*t*) l'a prétendu ; que cependant ces masses, ces éclats ont conservé le mouvement de rotation, dont on expliqueroit alors l'origine & la formation ; qu'à raison de leurs masses, ces éclats du Soleil primitif, qui forment les Soleils actuels, ou les étoiles fixes, sont restés longtems brûlans & brillans comme l'étoient nos planetes dans l'origine, & lorsque, selon M. de Buffon, elles ont été formées des différens fragmens de notre Soleil ; que les cometes produites par cette explosion n'étoient que les fragmens moins considérables, moins massifs, moins volumineux qui sont déjà éteints ; tandis que les plus volumineux brûlent encore, & sont ces Soleils qui s'éteindront un jour : que même quelques-uns se sont déjà éteints, & que le nôtre perdra enfin sa lumiere & sa chaleur, comme l'Auteur l'annonce. Ce systême le plus simple de tous assurément, pourroit s'accorder avec toute la théorie de M. de Buffon.

Mais nous ne croyons ni aux chûtes, ni aux explosions des astres ; nous fuyons ces suppositions hardies & purement arbitraires : nous ne cherchons dans la Nature que ce qui

(*t*) Voyez les Lettres Cosmologiques de M. Lambert, Journal Encyclopédique, année 1765 ; & son Systême du Monde, imprimé à Bouillon en 1770.

émane clairement des loix qui s'y manifeſtent. Suivons la marche de notre Auteur.

De quelque part que vinſſent les cometes, de quelque maniere qu'elles euſſent été formées, elles exiſtoient ſeules avec le Soleil dans l'enceinte de notre monde; une d'entr'elles tomba ſur cet aſtre; elle tomba ſous une angle très-oblique, puiſqu'elle reſſortit du Soleil, elle chaſſa cependant par ſon choc une maſſe égale à la 650e partie du volume de cet aſtre; & cette maſſe, en ſe diviſant, forma les planetes, les maſſes de celles-ci, en ſe diviſant encore, formerent les ſatellites.

Nous avouons qu'il ſe préſente ici à notre eſprit plus d'une équivoque, ou au moins plus d'une obſcurité.

Il faudroit d'abord examiner ſi cette opinion eſt conforme aux loix les plus inconteſtables de la méchanique. M. Dionis du Sejour (*) ne penſe pas qu'une comete ait pu détacher du Soleil ces maſſes qui ont formé la Terre & les planetes qui tournent autour de cet aſtre dans des orbites preſque circulaires: nous penſons comme lui; mais nous renvoyons à ſa ſavante diſſertation, & nous n'inſiſterons point ſur cette objection, qui exigeroit les plus profondes diſcuſſions; on les trouvera dans l'Ouvrage indiqué.

(*) Eſſai ſur les Cometes.

Enfin, ſelon M. de Buffon, & après la correction faite à ſon ſyſtême (*), « le volume entier des planetes n'eſt guere » que la 800e partie de celui du Soleil », & non la 650e, comme il l'avoit dit T. I, p. 200 : mais alors il diſoit que c'étoit la 650e partie de la maſſe du Soleil que la comete avoit lancée hors de cet aſtre: la correction devroit donc contenir le mot *maſſe*, puiſqu'il n'y a que la quantité de changée, & non le mot *volume*; car *volume* & *maſſe* ne

(*) Suppl. T. IX, p. 336.

sont point synonymes. Rétablissons donc le mot *masse*, qui évidemment présente seul l'idée qu'il nous importe de considérer: cependant, en le rétablissant, l'embarras croît au-lieu de diminuer, parce qu'ici l'obscurité ne naît pas du choix des termes. Cette partie du systême de M. de Buffon paroît une de celles auxquelles il lui a été le plus difficile de donner cette clarté qui caractérise son style, & dont il a si bien su décorer quelquefois les propositions qui en sembloient le moins susceptibles.

« Selon lui, une comete peut avoir assez de masse & de » vitesse pour déplacer le Soleil & donner un mouvement » de projectile à une quantité de matiere aussi considérable » que l'est la 650e partie de la masse de cet astre (*) ».

(*) T. I, p. 100.

Il est bien évident ici que c'est de la masse, & non du volume, qu'il s'agit; que c'est une 650e partie de cette masse qui a dû être projettée par le choc de la comete, & par l'effet de sa masse & de sa vitesse.

Pour rendre la possibilité de cette projection facile à concevoir, « il suppose une comete grosse comme la Terre, & « 112000 fois plus dense que le Soleil; cette comete, ajoute- » t-il, contiendroit donc sous ce volume une quantité de » matiere égale, à-peu-près, à la neuvieme partie de la » masse du Soleil (*) ».

(*) Ibid.

Une telle comete ne pouvoit cependant convenir à M. de Buffon; elle auroit produit un beaucoup trop grand effet; sa masse auroit seule excédé infiniment celle de toutes les planetes qui doivent être formées principalement de la matiere du Soleil à laquelle celle de la comete s'est mêlée.

« En ne donnant donc, ajoûte-t-il, à la comete que la

100e

» 100e partie de la grosseur de la Terre, sa masse seroit » égale à la 900e partie de la masse du Soleil; d'où il est » aisé de conclure qu'une telle masse, qui ne seroit qu'une » très-petite comete, pourroit séparer & pousser hors du » Soleil, une 900e, ou une 650e, ou enfin, selon la correc- » tion du T. IX du Supplément, une 800e partie de sa » masse; surtout si l'on fait attention à l'immense vitesse ac- » quise avec laquelle les cometes se meuvent lorsqu'elles » passent dans le voisinage de cet astre (*) ».

(*) Ibid. p. 200.

Il paroît évidemment, par ce que nous venons de transcrire, que l'Auteur veut nous faire entendre que la comete a réellement poussé hors du Soleil une 800e partie de la masse de cet astre; & que c'est de cette 800e partie de sa substance que les planetes sont formées.

« Mais la matiere de cette comete s'est mêlée à celle des » planetes pour sortir du Soleil (*) ».

(*) T. IX, p. 74.

Cette comete ne fût-elle donc grosse que comme la 100e partie de la Terre, & sa densité, comme le dit l'Auteur, 112000 fois plus grande que celle du Soleil, sa masse seroit encore égale à la 900e partie de la masse du Soleil.

Supposons à présent que la masse du Soleil soit = 900,000, que celle de toutes les planetes réunies, soit égale à une 800e partie de cette masse, elle sera = 1125. Mais la masse de la comete égaloit seule la 900e partie de la masse du Soleil; elle égaloit donc 1000; donc sur les 1125 parties qui composent la masse des planetes, le Soleil n'en auroit fourni que 125, ou le huitieme. Comment pourroit-on donc dire que la matiere dont sont composées les planetes en général, est à-peu-près la même que celle du Soleil, & que

(*) T. I, p. 202. par conſéquent cette matiere peut en avoir été ſéparée (*)? « Que ſur 650 parties qui compoſent la maſſe des planetes, » il y en a 640 d'une denſité égale à celle du Soleil »?

Il paroît évident que les planetes ſeroient au contraire formées principalement de la matiere de la comete, & d'une matiere 112000 fois plus denſe que celle du Soleil; ce qui renverſeroit toute la théorie, & ſurtout cette aſſertion de M. de Buffon, que la Terre n'eſt que quatre fois plus denſe que le Soleil, quoiqu'elle ſoit plus denſe que Mars, Jupiter & Saturne; puiſque la denſité de la Terre eſt mitoyenne entre le fer & l'étain; celle de Mars un peu plus grande que celle du grès; celle de Jupiter mitoyenne entre la craye & la pierre-ponce, & celle de Saturne un peu plus denſe que la pierre-ponce.

Mais une nouvelle difficulté ſe préſente, & paroît détruire totalement l'hypotheſe. Comment la matiere de la comete s'eſt-elle mêlée à cette très-petite portion de la matiere ſolaire? Sans doute il faut que la comete ait été fondue: une matiere en fuſion ne peut ſe mêler avec une autre matiere en fuſion, que par une fuſion commune: mais comment la matiere de la comete a-t-elle pu être fondue & vitrifiée en traverſant, avec une rapidité extrême, une matiere en fuſion à la vérité, mais 112000 fois moins denſe qu'elle? Cela eſt infiniment moins compréhenſible qu'il ne le ſeroit qu'une balle de plomb ſe fondît en traverſant, avec toute la rapidité qu'elle peut avoir en ſortant d'un mouſquet, un volume quelconque d'eau bouillante; car toutes les diſproportions de maſſe & de viteſſe ſont dans l'hypotheſe à l'avantage de la comete. La denſité du plomb n'eſt qu'environ onze fois plus grande que celle de l'eau, & la densité de la comete étoit 112000 fois plus grande que celle du Soleil : quant à la rapidité, les proportions different infiniment plus encore ; celle de la balle n'est pas la dix-millionieme partie de celle de la comete à son périhélie : on ne pourroit donc chercher de cause de fusion pour la comete, que dans l'excès de chaleur du Soleil. Mais cette réflexion seroit décisive en notre faveur ; car la chaleur nécessaire pour fondre un corps qui auroit 112000 degrés de densité, ne pourroit exister dans un corps qui n'auroit qu'un degré de densité. Si on supposoit que de la cire en fusion pût acquérir le degré de chaleur nécessaire pour fondre un globule d'or qui la traverseroit, cette supposition seroit inadmissible : cependant l'or n'est pas vingt fois plus dense que la cire ; comment la comete qui auroit eu 112000 fois plus de densité que le Soleil, auroit-elle donc pu être vitrifiée par lui ? C'est comme si l'on supposoit que l'eau bouillante pourroit acquérir une chaleur capable de fondre une substance 112000 fois plus dense qu'elle ; c'est-à-dire, 6000 fois plus dense que l'or.

Nous n'insisterons ni sur cette difficulté, ni sur aucune des objections auxquelles elle donneroit lieu : nous l'oublîrons même, pour pouvoir continuer l'analyse du systême ; nous prendrons le flot solaire tel que l'Auteur nous le présente, & nous le suivrons dans toutes les modifications qu'il lui fait éprouver.

Selon M. de Buffon, les différentes matieres de ce torrent vitreux se séparerent les unes des autres, & se réunirent ensemble par identité de densités.

Il nous paroît certain que cette opération suppose, ou

plutôt exige un dépôt très-lent dans un milieu très-calme. Si plusieurs corps solides, de densités différentes, sont mêlés ensemble dans un grand volume d'eau; on conçoit qu'en lançant cette eau avec une grande force, chacun des corps ira d'autant plus loin, qu'il aura plus de masse; parce qu'il prendra d'autant plus de mouvement; & qu'ainsi ils pourront se séparer: mais cette séparation n'aura lieu que parce qu'en raison du plus de mouvement qu'ils prennent proportionnellement à leur masse, ils ont plus de force à employer contre la résistance du milieu, à travers lequel nous les jettons; c'est-à-dire, à travers l'air de notre atmosphere.

Il auroit donc pu en arriver autant à travers l'atmosphere solaire, que M. de Buffon conçoit formée comme la nôtre, de parties aëriennes, aqueuses, volatiles, &c, si les corps de densités différentes, qui formoient le flot, eussent été solides, isolés, déjà réunis en masses distinctes & séparées, & plongées dans un fluide très-perméable pour ces corps: mais si différens sels étoient dissous parfaitement dans cette eau, que nous avons supposé contenir des corps solides de densités différentes & lancée avec eux, croira-t-on que, quelle que fût la force avec laquelle elle seroit lancée, les sels se séparassent les uns des autres, se précipitassent de la masse d'eau, se réunissent ensemble en raison de leurs densités respectives & se crystallisassent en route?

Or il ne s'agit pas ici de corps simplement plongés dans un fluide sans y être dissous, & qui y sont sous des formes & des masses distinctes & séparées; il ne s'agit pas même de corps dissous dans un fluide, divisés & tenus en suspension dans un milieu très-perméable pour toutes leurs particules;

ce sont des parties mêlées & confondues dans une vitrification commune ; union la plus intime que les corps puissent contracter entr'eux. Certainement il est impossible de concevoir comment ces corps se démêleroient d'une vitrification actuelle & complette. Si ce triage étoit supposé, dès-lors l'état vitreux cesseroit, tout seroit divisé ; toutes les parties intégrantes de la masse fluide seroient séparées ; toutes reprendroient leur nature primitive ; il ne resteroit que des particules insensibles & élémentaires, toutes isolées les unes des autres à l'instant de la séparation ; & si elles pouvoient ensuite se réunir par la force de l'attraction pour former des masses, ces masses ne conserveroient plus rien de commun avec l'état vitreux ; elles ne tiendroient plus du tout à la nature du verre ; elles auroient même perdu toute leur chaleur par cette excessive division qui les auroit réduites en molécules infiniment petites ; ou plutôt (car il nous paroît inutile de presser davantage cette supposition) il est impossible que dans un torrent vitreux, & tandis qu'il conserve sa nature de verre, les parties composantes de ce torrent se soient divisées & séparées à raison de leurs différentes densités, pour reformer tout de suite de nouvelles masses de tous ces différens ordres de densités.

Mais ces particules se fussent-elles séparées, quelles sont celles qui auroient été lancées le plus loin ? Selon l'Auteur, c'eût été les plus grosses & les plus légeres : la raison qu'il nous en donne, c'est que la force se communique par les surfaces. Nous avouons que nous ne concevons pas la maniere dont l'Auteur entend ici la communication du mouvement.

Dans un corps choqué, le mouvement se communique par le plan sur lequel se fait le choc. Si un corps rond frappe à la fois plusieurs corps qui soient également ronds, mais de différens diametres & de différentes densités, les plans des chocs sur chaque corps frappé seront bien dans une même raison avec leurs diametres ; mais la force se partagera entr'eux en raison, non de ces diametres & des volumes qui en résultent, mais en raison des masses ou des solidités : & il nous paroît certain, ainsi qu'à tous les Physiciens, que si plusieurs corps sont poussés à la fois par une même force, ceux qui à volume égal auront le plus de masse, seront poussés plus loin : si l'on met dans un fusil deux balles de diametres égaux, l'une de plomb, l'autre de liége, la balle de plomb ira sûrement plus loin.

Mais lorsque toutes les parties constituantes du flot ont obéi à une force particuliere qui les a réunies selon l'ordre des densités, qu'est devenue la force de projection ? n'a-t-elle pas au moins été infiniment altérée ? comment dans ce mouvement intérieur, confus & en tous sens, par lequel chaque molécule tendoit vers toutes celles qui lui étoient analogues en densité, & s'y réunissoit ; le double effet de l'impulsion s'est-il soutenu, & surtout celui qui fait encore tourner les planetes sur leur centre ? Elles ne tournent ainsi, selon M. de Buffon, que parce que le flot fut frappé obliquement ; & chacune d'elles tourne avec d'autant plus de rapidité, qu'elle a été frappée plus obliquement (*). Mais lorsqu'une impulsion unique a fait jaillir le torrent qui ne s'est divisé en six parties qu'après cette impulsion, comment concevoir que par le choc commun à toute la masse indivisée,

(*) Suppl. T. IX, p. 60.

chacun des six corps, qui n'étoit pas encore formé, qui n'étoit pas séparé de la masse, ait pu recevoir une impulsion particuliere plus ou moins oblique? enfin, puisque chaque molécule de ce flot s'est séparée, a pris de nouvelles directions, a contracté de nouvelles unions pour former ces six corps, est entrée dans la composition de ces masses énormes, il ne peut plus être question de ce mouvement giratoire; il a été anéanti dans chaque particule qui constitue aujourd'hui ces grandes masses: ces masses ne pourroient donc plus obéir à une force qu'elles n'ont pas reçue dans l'état de masse, que chacune de leurs parties constituantes n'avoit reçue que lorsqu'elles appartenoient à une masse différente, & qu'elles ont perdue par la décomposition complette de cette masse.

Enfin, comment les six planetes formées par ce flot ainsi divisé, ont-elles pu décrire, autour du Soleil, les cercles qu'elles parcourent?

Selon toutes les loix du mouvement & de la gravitation, elles auroient dû, à chaque révolution, passer par le même point d'où elles seroient parties en suivant une ligne à-peu-près tangente à la surface du Soleil.

Pour répondre à cette objection, M. de Buffon suppose que « le mouvement des parties antérieures a dû être accéléré » par celui des parties postérieures, & que l'attraction des » parties antérieures a dû accélerer le mouvement des par» ties postérieures (*) ».

(*) T. I, p. 203.

Il suppose encore que le Soleil a été déplacé par la comete, ou qu'enfin dans l'instant du choc une force élastique aura élevé le torrent au-dessus de la surface du Soleil.

Aucune de ces suppositions ne nous paroît suffisante pour

que les planetes eussent pu passer à des distances aussi énormes du point d'où elles seroient parties. Le torrent, avant de s'être divisé, a été poussé par une force unique & commune à toute sa masse; il s'est avancé comme une fleche, ou comme la pierre lancée par une fronde, & desquelles on ne peut pas dire que le mouvement des parties antérieures est accéléré par celui des postérieures, ni que le mouvement des postérieures est accéléré par la force attractive des antérieures.

M. de Buffon s'est fait lui-même cette objection; il compare la masse solaire projettée à une balle de mousquet, qui, poussée par une force suffisante pour être portée au-delà du demi-diametre de la Terre, reviendroit à chaque révolution au point d'où elle auroit été tirée : cette comparaison est très-juste & très-applicable à l'effet dont il s'agit. Mais celle de la fusée volante, que M. de Buffon oppose à la premiere, pour étayer son hypothese; « parce que cette » fusée, ou plutôt la cartouche qui la contient, ne reviendroit pas au même point comme la balle de mousquet; » mais décriroit un orbe dont le périgée seroit d'autant » plus éloigné de la Terre, que la force d'accélération au- » roit été plus grande (*) » : cette comparaison n'est pas admissible, parce que la fusée acquiert à chaque instant une nouvelle impulsion, continuée & renouvellée par l'inflammation successive de la poudre. Or il est évident que cette accélération n'a pu avoir lieu dans la projection du flot solaire. Voilà quant au torrent, tant qu'il a été continu.

(*) Ibid. p. 104.

Lorsqu'il a été divisé, chaque portion n'a plus agi sur les autres que par l'attraction; mais les postérieures retardoient autant

autant les antérieures, que celles-ci accéléroient le mouvement des postérieures; & il n'est certainement pas possible de chercher ici la raison de la distance à laquelle les planetes passent du point d'où elles seroient parties.

Nous ne croyons pas que la supposition du déplacement du Soleil par le choc de la comete puisse être d'un plus grand secours. Le choc a été très-oblique, puisque la comete est ressortie; un coup aussi oblique ne pouvoit que faire tourner le Soleil, & non le repousser à 313 millions de lieues, distance du Soleil à Saturne.

L'élasticité supposée paroît encore une ressource d'autant plus foible, qu'il faudroit qu'elle eût été infiniment peu considérable, puisque la comete n'a pas été repoussée & qu'elle a suivi une ligne assez longue à travers la masse du fluide solaire; ce qui ne pourroit s'accorder avec une très-grande élasticité du choc, & suffisante pour avoir fait rejaillir la matiere du flot très-haut. La réaction est égale à l'action, c'est un principe certain; le flot n'a pas dû s'élever plus que ne se seroit élevée la comete (*u*); il n'auroit même pu s'élever autant qu'elle, par les raisons que nous avons déjà présentées, & qui se déduisent des loix de la répartition du mouvement entre les corps de densités différentes: la comete, 112000 fois plus dense que le Soleil, n'a pas été re-

(*u*) Il suffit d'avoir fait, ou d'avoir vu faire des ricochets sur la surface de l'eau, pour être assuré que la pierre, plus dense que le liquide qu'elle fait jaillir, s'éleve plus haut, & va plus loin que lui lorsqu'elle ne s'y enfonce pas.

poussée, puisqu'elle a suivi sa route ; le flot devroit donc fuir par la tangente, ou à très-peu-près.

Nous ne concevons donc pas comment une comete a pu tomber sur le Soleil ; comment elle a pu faire jaillir hors de cet astre une 800ᵉ partie de sa masse ; comment de cette 800ᵉ partie, mêlée à la masse de la comete, qui étoit elle-même égale à une 900ᵉ partie de la masse du Soleil, il ne résulte qu'une masse égale à la 800ᵉ partie de celle de cet astre : car un 900ᵉ, plus un 800ᵉ font ensemble un 423ᵉ ou à très-peu-près ; nous ne concevons pas comment cette comete a pu pousser les fragmens de cette masse jusqu'aux distances où sont placées les planetes ; comment, les parties de ce torrent vitreux se sont, dans la route, démêlées, selon l'ordre de leurs densités, pour se réunir en masses particulieres selon les rapports de ces densités ; comment ces fragmens devenus des planetes peuvent dans leurs révolutions passer si loin du point d'où ils ont été lancés ; comment les planetes ont pu conserver, en se divisant dans le torrent, ce mouvement giratoire, effet de l'obliquité du choc de la comete sur le flot solaire ; & comment elles tournent encore sur elles-mêmes par l'effet de l'obliquité de ce choc.

Ce sont cependant là les premieres positions du systême de M. de Buffon, les bâses de tout cet édifice dont nous examinerons les différentes parties sur le plan qu'il nous en a donné dans les époques de la Nature, Ouvrage où ces principes sont employés pour expliquer l'Histoire de la Terre.

Mais revenons un instant sur nos pas. Après avoir reconnu combien il étoit difficile de concevoir que la rencontre d'une comete & du Soleil eût pu produire tous les effets, ni même aucun de ceux qu'on attribue à ce choc; considérons quelles sont les idées de cet Auteur sur le Soleil & sur la cause de l'état d'incandescence & de vitrification dans lequel il le suppose.

Selon lui, le Soleil est un fluide dont la densité est le quart de celle de la Terre. Telle est aussi l'opinion de plusieurs Physiciens. Il établit la densité de la Terre, comme étant un peu moins grande que celle du fer, & un peu plus que celle de l'étain. Les densités sont comme les pesanteurs spécifiques; & on sait que la pesanteur spécifique de l'eau distillée, étant prise pour l'unité, celle du fer est = 7. 643, & celle de l'étain 7. 5401 ce qui établit celle de la Terre, en la composant des deux, à 7. 561: celle du Soleil n'est donc que le quart de cette derniere; c'est-à-dire 1. 894: cette densité approche assez de celle du soufre fondu qui est égale à 2; c'est-à-dire, que la densité de la substance propre du Soleil est à celle du soufre fondu, comme 1894 est à 2000.

On peut donc considérer, d'après ces rapports, le Soleil comme un fluide dont la densité est à très-peu-près égale à celle du soufre fondu. Comment cette analogie n'a-t-elle pas été saisie par quelque Physicien, & sur-tout par quelque Chymiste? Ce rapport du Soleil avec la substance sulfureuse, qui contient éminemment la matiere premiere du phlogistique & de l'inflammation, auroit pu jouer un grand rôle dans quelque systême.

Voilà donc le Soleil une ſphere de fluide dont la denſité eſt égale à celle du ſoufre.

Cette maſſe eſt, dit-on, en fuſion par la chaleur qu'elle éprouve; mais cette chaleur eſt une hypotheſe : rien ne prouve directement la chaleur propre du Soleil : ce qui eſt ſeulement prouvé, c'eſt que le Soleil eſt cauſe de chaleur. Les notions ſur la chaleur, ſur ſa nature, ſur ſes effets propres, ſur les cauſes qui la déterminent, ſont encore ſi obſcures, qu'on ne peut s'entendre en parlant de tous ces phénomenes. Le mot *chaleur* eſt, ainſi que celui de *feu*, un des mots les moins définis en Phyſique. En attendant que nous examinions cette très-importante matiere, il nous ſuffira de dire ici que de la connoiſſance que le Soleil eſt cauſe déterminante & active de chaleur, il n'en réſulte pas évidemment qu'il eſt chaud par lui-même. Un verre ardent eſt sûrement cauſe active déterminante de chaleur, & ce n'eſt pas parce qu'il eſt chaud par lui-même : deux morceaux de bois que l'on frotte rapidement l'un contre l'autre ſont cauſes actives déterminantes de chaleur, & ce n'eſt pas parce qu'ils ſont chauds par eux-mêmes : de l'acide vitriolique que l'on verſe très-froid ſur de l'eau très-froide, eſt cauſe active déterminante de chaleur, &c. &c.

Enfin, dans l'hypotheſe de l'Auteur, conforme en cela aux idées des Phyſiciens, aux nôtres même avec quelques modifications, le Soleil eſt chaud; il eſt brûlant; il eſt dans un état de vitrification fluide. Il faut bien aſſigner la cauſe de cette chaleur. M. de Buffon la trouve dans la rotation des ſpheres céleſtes autour du Soleil, & on ne peut nier qu'il y ait infiniment de génie dans cette idée : méditons-la avec toute l'attention qu'elle mérite.

Si la cause de la chaleur du Soleil est dans la rotation des spheres célestes autour de lui, le Soleil n'est donc pas chaud par lui-même ; ce n'est que par des causes étrangeres à sa propre nature qu'il a pu s'échauffer & parvenir à l'état de chaleur qu'il a acquis : mais s'il n'est pas chaud par lui-même, nous devons en dire autant des autres Soleils.

Si les cometes de notre systême ont précédé, dans l'ordre des tems, les planetes de ce même systême ; si ces dernieres ont été produites par la chûte d'une comete sur notre Soleil, nous devons en dire autant des planetes des autres systêmes.

Si les cometes de notre systême ont été produites par l'explosion d'un Soleil, les cometes de tous les systêmes ont du avoir la même origine.

Avant la premiere explosion il n'y avoit donc point de cometes : mais lorsqu'il n'y avoit point de cometes, nul corps ne faisoit donc des révolutions autour des Soleils.

Si les révolutions de ces corps sont la cause primitive de la chaleur des Soleils, ils étoient donc froids, lorsqu'il n'y avoit aucun de ces corps ; car on ne prétendra pas qu'ils s'échauffassent l'un par l'autre, puisqu'ils tournent chacun sur leurs centres à des distances énormes.

Le premier Soleil qui fit explosion n'étoit donc pas chaud ; il étoit au contraire dans l'état de privation de chaleur le plus absolu : quelle fut donc la cause de son explosion ? . . . . Faudroit-il l'attribuer à l'excès du froid ?

Mais en abandonnant l'idée de la formation des cometes par l'explosion d'un Soleil, admettons qu'elles sont aussi anciennes que les Soleils, & qu'elles étoient destinées à les échauffer, à les vitrifier, à tomber sur eux, lorsqu'ils seroient suffisamment fluides pour former des planetes avec leurs éclaboussures.

Les cometes ont donc existé en même tems que les Soleils & avant tous les autres corps célestes : elles tournoient autour de ces astres: elles avoient reçu, dès l'origine, ce mouvement d'impulsion dont nous avons parlé, & elles étoient retenues dans leurs orbites par l'attraction universelle.

Nous ne parlerons point ici de la difficulté de faire décrire aux cometes ces orbites excessivement excentriques qu'elles parcourent en vertu des deux forces d'attraction & d'impulsion, & d'après les loix que suivent ces deux forces: cette question trouvera sa place, lorsque nous parlerons des cometes. Enfin, les nôtres tournoient autour de notre Soleil, & dans les mêmes orbites qu'elles décrivent aujourd'hui.

Ce n'étoit point en conséquence de l'impulsion qui les faisoit tendre à s'éloigner toujours du Soleil, qu'elles pouvoit l'échauffer : mais cette autre force qui les retenoit, cette attraction universelle par laquelle toute particule de matiere tend à se rapprocher de toute autre particule de matiere, est, selon M. de Buffon, une action continuelle de toutes ces particules, & par conséquent une action continuelle dans toute matiere. M. de Buffon compare cette action à un frottement entre toutes les parties de la matiere; frottement d'autant plus puissant, dit-il, qu'il ne s'exerce pas seulement entre les surfaces, mais dans toute la solidité des masses, où tout frottement produit ce que nous appellons chaleur. Cette derniere vérité est incontestable. Donc le Soleil a dû être échauffé par ce frottement général produit par l'attraction qu'il exerçoit sur les cometes & par celle qu'elles exerçoient sur lui.

Mais cette attraction peut-elle effectivement être comparée à un frottement?

Dans chaque volume isolé de matieres, toutes les parties s'attirent, comme elles attirent celles qui sont hors de ce volume; elles s'attirent même infiniment plus puissamment qu'elles n'attirent les parties du corps étranger; il y auroit donc dans chaque corps un principe inhérent, actif & déterminant de frottement, & par conséquent de chaleur: tous les corps auroient donc, en vertu de ce seul principe de l'attraction, une certaine quantité de chaleur propre. L'attraction totale, ou la somme de toutes les attractions des particules d'une masse, exprimeroit donc l'intensité de la chaleur propre & naturelle de chaque masse. Or, cette attraction totale est d'autant plus puissante entre les parties d'une masse, que cette masse est plus dense; donc les corps les plus denses devroient avoir primitivement, essentiellement & en propre une quantité de chaleur plus grande que les moins denses.

L'énergie de la force totale de l'attraction se réunit vers le centre; le centre de chaque corps devroit donc être plus chaud que la superficie: seroit-ce là la cause de la chaleur centrale de la terre? On auroit au moins pu l'en déduire.

Cette conséquence résulteroit naturellement de la supposition que la force de l'attraction agit à la maniere d'un frottement: alors tous les corps auroient une chaleur qui leur seroit propre & particuliere ; dans chacun d'eux, cette chaleur séroit en raison de la densité ; & dans des corps de densités égales, elle seroit en raison des volumes. Cependant ce n'est assurément pas-là le systême de M. de Buffon ; car alors les cometes qu'il suppose infiniment solides auroient un grand degré de chaleur : & il les regarde au contraire comme infiniment froides lorsqu'elles sont très éloignées du Soleil. Ce systême n'est assurément pas celui de la Nature ; & toutes les conséquences que l'on en déduiroit sur les chaleurs propres & particulieres des corps en raison des masses & des volumes, loin d'être autorisées par aucun phénomene, sont au contraire proscrites par toutes les observations physiques. Ces admissions de chaleurs propres des corps, en raison des masses & des volumes, seroient cependant des conséquences, des suites nécessaires de l'hypothese que l'attraction agit à la maniere d'un frottement.

Si cette hypothese étoit reçue, elle établiroit donc dans la Physique un nouveau principe général, & commun à toute la matiere qui seroit contredit par toutes les observations ; elle nous présenteroit une cause primitive de la chaleur, & nul des effets connus de cette cause ne seroit analogue à la maniere dont elle devroit agir. Détruisons donc cette hypothese qui ne pourroit qu'introduire de nouveaux embarras, de nouvelles confusions dans la Physique, qui n'est déjà que trop obscurcie par des suppositions précaires : autorisons-nous suffisamment à la proscrire, avant que, séduits

séduits par l'idée simple, vaste & infiniment ingénieuse qu'elle présente, nous soyons entraînés par le desir de la considérer comme une puissance réelle de la Nature.

Un abus trop commun a introduit & accrédité bien des erreurs. Lorsqu'on a fait avec succès l'application heureuse d'une supposition à quelques phénomenes, on la sacrifie avec d'autant plus de regret, qu'elle paroît se prêter à l'explication de plus d'effets ; & quoique proscrite ensuite, ou démentie par de nouveaux phénomenes, on cherche à l'étayer, on la modifie, on lui associe d'autres suppositions, & on multiplie ainsi les erreurs, pour n'avoir pas eu, ou la prudence d'examiner en elle-même une premiere hypothese, ou le courage de la rejetter. Ces exemples nous passeront souvent sous les yeux.

Considérons donc l'hypothese en elle-même, & si elle ne nous paroît pas suffisamment fondée, alors nous serons dispensés des travaux pénibles & infructueux que nous pourrions être tentés d'entreprendre pour la concilier avec les phénomenes dont elle devroit nous donner l'explication.

Supposons donc cette attraction telle que ses partisans la présentent, & supposons encore qu'il n'y eût que deux corps dans la Nature ; ils s'attireroient ; c'est-à-dire, qu'ils marcheroient l'un vers l'autre : mais comment se feroit ce transport ? toute la masse de chacun se porteroit vers la masse de l'autre ; chaque particule de l'un seroit attirée par toutes les parties de l'autre, par une multitude infinie de rayons tirés de l'un à l'autre à travers les masses, à travers même chaque particule des masses ; car l'attraction est, dit-on, une force qui pénetre la ſubſtance propre de la matiere : chaque particule de chaque maſſe tireroit donc celles de la maſſe éloignée, par une infinité de rayons ; il en réſulteroit néceſſairement un mouvement commun & ſimultané de toutes les parties de chacun des deux corps vers l'autre : mais il ne paroît pas que dans des corps ſolides, dont toutes les parties ſont unies par des liens communs, & entraînées par une force commune, il y eût aucune luxation, aucun déplacement d'aucune partie, & par conſéquent aucun frottement entr'elles ; chaque particule s'oppoſeroit à l'écartement & à la déſunion de celles qui lui ſeroient contiguës, avec une force ſupérieure à toutes celles qui tendroient à les ſéparer : car c'eſt au point de contact que la force de l'attraction jouit de toute ſon énergie ; aucune partie ne pourroit donc gliſſer ſur une autre, & la frotter en obéiſſant à une tendance vers un point éloigné ; cette tendance de chaque particule vers le corps éloigné ſeroit infiniment petite, en comparaiſon de la puiſſance avec laquelle toutes les particules adhéreroient les unes aux autres : mais de toutes ces tendances de chaque particule d'une maſſe vers l'autre, quelque foible que fût chacune en particulier, & quelqu'incapables que fuſſent ces tendances de ſéparer ces particules les unes des autres, il en naîtroit une tendance générale & commune d'une maſſe vers l'autre ; il y auroit déplacement des maſſes ; mais nul frottement entre les particules compoſantes de ces maſſes. Lorſqu'un aimant très-fort attire un barreau de fer, peut-on dire qu'il y a frottement entre les parties intérieures du barreau ? Nous croyons donc pouvoir aſſurer que l'attraction, quelle qu'on veuille la suppofer, ne produit point de frottement, & qu'elle ne peut être cause active déterminante de chaleur.

Mais en supposant que cette attraction exerçât l'équivalent d'un frottement réel, la théorie de M. de Buffon sur l'état de la chaleur dans les corps célestes, & sur les décroîssemens calculés de cette chaleur, en seroit-elle mieux fondée? c'est ce que nous avons peine à croire. Rétablissons les choses dans le premier état, & admettons les principes.

Les cometes, en tel nombre qu'on voudra, tournoient autour du Soleil dans les orbites qu'elles décrivent encore aujourd'hui; c'est-à-dire que pendant le tems infiniment long de leurs révolutions, elles passoient quelques instans près du Soleil, & s'en éloignoient ensuite par des espaces énormes, & pendant des tems très-longs: la chaleur étant l'effet du frottement produit par l'attraction, devoit toujours être dans les différentes distances, en raison inverse du quarré de ces distances. La chaleur que la comete auroit communiquée au Soleil à son périhélie, auroit donc pu être très-considérable; mais son moment auroit été très-court, & le tems du décroîssement d'action auroit été fort long. Or, dans ce long intervalle, qu'auroit-il dû se passer? La chaleur acquise lors du passage au périhélie se seroit-elle conservée, & se seroit-elle augmentée des chaleurs infiniment petites qu'auroient pu produire les grandes distances; ou ce plus grand degré de chaleur acquise se seroit-il affoibli?

Si un corps est mis à un pied de distance d'un foyer, il reçoit une quantité de chaleur; si ensuite on l'en éloigne successivement, en le portant jusqu'à 100 pieds, sa chaleur acquise, lorsqu'il étoit à un pied, se conservera-t-elle;

s'augmentera-t-elle des degrés de chaleur que le corps recevra à 2, 3, 4 pieds, enfin à 100 pieds ? Non assurément : la chaleur de nos foyers agit cependant comme l'attraction, en raison réciproque du quarré des distances. Il est certain qu'un corps placé à un pied d'un foyer, reçoit 10000 fois plus de chaleur que celui qui est placé à 100 pieds. Nous disons donc que le corps transporté perdroit sa chaleur ; cette perte & ses loix sont calculées dans l'Ouvrage de M. de Buffon, T. IV, du Supplément.

La chaleur acquise par le Soleil lors du passage d'une comete au périhélie, se perdra donc infiniment longtems avant que cette comete y repasse ; & à une seconde révolution, elle ne pourra que l'échauffer au point où il avoit été échauffé à la premiere (x) : il n'y aura donc point pour le Soleil d'augmentation durable de chaleur.

Supposons que les cometes fussent fixes, le Soleil les attireroit de même ; s'échaufferoit-il alors ? Cela ne peut se supposer. M. de Buffon a prononcé lui-même très-affirmative-

(x) Supposons une comete qui passe aussi près du Soleil que celle de 1680, & qui séjourne 55 jours $\frac{1}{2}$ dans son périhélie, comme M. de Buffon le dit de celle de 1680, T. I, du Suppl. p. 233 ; elle communiqueroit au Soleil le degré de chaleur que l'on voudra. Mais M. de Buffon a démontré qu'un corps se refroidit, quelle qu'ait été sa chaleur, dans un tems égal à quinze fois & demie la durée de celui pendant lequel il a été échauffé, ibid. p. 225 ; donc en quinze fois & demie 55 jours $\frac{1}{2}$, ou en deux ans & quatre mois, le Soleil perdroit toute la chaleur qu'il auroit reçue de cette comete : or il y a déjà cent ans qu'il n'a passé de comete aussi près de lui que celle de 1680 ; donc, &c, &c, &c.

ment sur cette question : « deux corps en repos ne s'échauf- » feroient jamais ; mais un corps autour duquel circulent » avec grande rapidité d'autres corps, doit s'échauffer d'au- » tant plus, que ces corps circulans sont plus nombreux, plus » rapides & plus massifs (*) ». M. de Buffon ne déduit donc lui-même ce frottement que du mouvement de rotation ; & nous venons de voir que ce mouvement de rotation, dans les grandes distances, ne peut produire aucun effet sensible ; que, lorsqu'on lui supposeroit le plus d'énergie, il ne pourroit produire aucun effet durable.

(*) V. Journal de M. l'Abbé Rozier, Janvier 1777, p. 14.

Nous croyons en avoir dit assez pour détruire toute idée d'incalescence du Soleil produite par le frottement des cometes ; nous croyons inutile de prolonger la réfutation de cette hypothese, que nous reconnoissons cependant pour très-ingénieuse.

Nous pensons donc que l'attraction, telle qu'elle est admise par les Physiciens & par M. de Buffon, n'agit point dans les corps à la maniere d'un frottement ; qu'elle ne peut être regardée comme une cause active déterminante de la chaleur, & qu'ainsi la cause primitive déterminante de la chaleur est encore inconnue ; & c'est cette cause premiere de la chaleur & de toute chaleur tant générale que particuliere, que nous espérons faire connoître & démontrer. Nous dirons quelle est sa nature, quel est le principe de son action ; nous appliquerons ce principe & cette action à tous les phénomenes qui tiennent à la chaleur ; & nous nous flattons que ces applications confirmeront la vérité des principes que nous aurons présentés.

Il n'en est pas ainsi de l'hypothese de M. de Buffon.

Quand, en la considérant en elle-même & à *priori*, elle pourroit se soutenir contre les objections que nous avons faites, & contre cent autres que nous avons cru devoir négliger, elle ne résisteroit point à son application aux phénomenes; application qui est la véritable pierre de touche des hypotheses. Il suffira de lire ce que M. le Baron de Marivetz écrivoit en 1777, à M. le Comte de Buffon, pour s'assurer combien le principe de la production de la chaleur par l'attraction seroit peu propre à étayer le systême de son Auteur.

(*) Voy. ci-dessus, page cxxiij.

L'Auteur a cru devoir avouer ici, comme il l'a déjà fait dans sa Lettre à M. Sennebier (*), ces écrits adressés à M. de Buffon; mais il ne les invoque pas. Les mêmes principes seront employés dans le cours de cet Ouvrage sous une forme que proscrivoit alors le masque qu'il avoit emprunté.

Il nous paroît donc que les principes de M. de Buffon, tant sur la cause productrice des cometes, que sur la formation des planetes, sur la cause premiere de la chaleur dans les globes, & sur la répartition, la durée & la perte de cette chaleur, sont absolument inadmissibles en Physique.

Nous aurions pu ne pas pousser plus loin l'analyse de son systême: mais l'application très-ingénieuse qu'il a faite de ces mêmes principes, l'éloignement dans lequel ils sont souvent des applications, l'art infini avec lequel il a su lier & les faits & leurs explications, l'attrait qui naît & s'augmente à mesure qu'on le lit, excite & entraîne la confiance; & si cette confiance ne conduit qu'à l'erreur, il est nécessaire de la détruire, ou du moins de l'affoiblir. Nous savons combien il est difficile de ne pas croire M. de Buffon;

nous l'avons éprouvé autant qu'aucun de ses Lecteurs : mais il s'agit de la connoissance des principes de la Nature, de la recherche des loix qui lui ont été prescrites ; plus une illusion est agréable, plus elle peut devenir générale, & plus dès-lors elle est dangereuse, plus il faut s'efforcer de la dissiper.

Nous allons donc suivre les applications que M. de Buffon a faites de ses principes ; & c'est dans les Epoques de la Nature que nous en trouverons l'enchaînement.

Nous présenterons d'abord un extrait très-fidele de chacune de ces Epoques, d'après l'Ouvrage de M. de Buffon ; nous le copierons presque toujours, & nous invitons nos Lecteurs à suivre notre extrait sur l'Ouvrage même.

Nous présenterons ensuite nos observations sur chacune de ces Epoques.

PREMIERE ÉPOQUE,

Lorsque la Terre & les Planetes ont pris leur forme ; T. IX, p. 58.

Extrait de l'Exposition de M. DE BUFFON.

LORSQUE la comete eut frappé la masse vitrifiée & fluide du Soleil, le torrent qu'elle fit jaillir se sépara, & forma les planetes.

Brûlantes, brillantes, étincelantes, vitrifiées & fluides comme cet astre dont elles tiroient leur origine & leur substance, elles perdirent peu-à-peu leur éclat & leur chaleur. Ce fut l'an 2936 de sa formation, que la Terre fut consolidée jusqu'à son centre; que de matiere fluide & incandescente, elle devint une masse solide & opaque (y).

Pendant ces 2936 ans elle avoit tourné non-seulement autour du Soleil, mais encore sur elle-même : cette rotation sur son centre, effet de l'obliquité du coup qu'avoit reçu le torrent, produisit une action qui résulte essentiellement des loix de l'hydrostatique : un corps mou qui tourne rapidement sur lui-même, tend à s'élever à son équateur, & à s'abbaisser vers ses pôles; parce que la force centrifuge est bien plus grande à l'équateur, & qu'elle va en diminuant vers les pôles : les parties de l'équateur qui subissent le plus grand mouvement dans la rotation doivent donc s'élever; celles qui sont voisines des pôles, où ce mouvement est moindre ou nul, doivent donc s'abaisser, puisque des pôles à l'équateur la matiere tend vers les régions équatoriales.

C'est donc pendant ces 2936 ans, que la Terre a pris la forme sphéroïde qu'elle a actuellement : cette forme, sur laquelle tous les Savans sont d'accord aujourd'hui, prouve donc que la Terre a été dans l'état de fluidité, & réciproquement cet état de fluidité peut seul expliquer pourquoi la Terre a cette figure. La Terre ne pouvoit être dans cet état de fluidité que parce qu'elle étoit vitrifiée;

(y) Nous ne parlerons point ici des autres planetes, ni de leurs satellites; nous ne nous proposons que de présenter celle de ces six spheres, que nous habitons.

le

le plus grand nombre des matieres solides qui composent le globe terrestre ne sont pas dissolubles dans l'eau; & la quantité d'eau est si petite en comparaison de celle de la matiere seche, qu'il n'est pas possible que l'une ait jamais été délayée dans l'autre.

Ainsi l'état de fluidité qui a existé dans la masse entiere de la Terre n'ayant pu s'opérer, ni par la dissolution, ni par le délayement dans l'eau, il est nécessaire que cette fluidité ait été une liquéfaction causée par le feu (*)

(*) Suppl. T. IX, p. 9 & suiv.

Si l'on se refusoit à croire que la Terre n'étoit dans cet état de liquéfaction que parce qu'elle est issue & sortie du Soleil, parce qu'elle étoit une portion de sa substance; il faudroit au moins admettre qu'elle avoit été exposée de très-près aux ardeurs de cet astre de feu, puisqu'on ne conçoit, dans la Nature, aucune cause de chaleur, aucun feu que celui du Soleil qui ait pu fondre & tenir en liquéfaction la matiere de la Terre & des planetes: mais il est aisé de démontrer que cette supposition n'est pas admissible; il faut du tems & un tems considérable pour que le feu, quelque violent qu'il soit, pénetre les matieres solides qui lui sont exposées, & un très-long tems pour les liquéfier; il faudroit donc que la Terre eût été, pendant plusieurs milliers d'années, stationnaire auprès du Soleil, pour recevoir le degré de chaleur nécessaire à sa liquéfaction. Or, il est démontré qu'aucun astre ne peut demeurer stationnaire auprès du Soleil, même pour un instant: plus les astres s'en approchent, & plus leur mouvement est rapide; ce qui est particulierement remarquable dans les cometes: le tems de leur périhélie est extrêmement cours, & le feu de cet astre, en brûlant la surface, n'a pas le tems de pénétrer la masse de celles qui s'en approchent le plus.

La liquéfaction des planetes n'a donc pu s'opérer que dans le sein même de cet astre, ou plutôt elles sont donc nécessairement des portions de sa substance. La Terre a donc fait partie de la masse du Soleil, ainsi que toutes les planetes; car ce que nous disons ici de la Terre doit s'entendre des six planetes (*).

(*) Ibid. p. 62. & suiv.

Celle dont nous parlons fut consolidée jusqu'à son centre en 2936 ans. Ce fut pendant la durée de ces siecles qu'elle prit sa forme; mais ce ne fut pas la seule modification qu'elle éprouva pendant cette durée; les parties se rapprocherent par la force de l'attraction mutuelle: les fixes formerent les masses solides, les volatiles se séparerent dans les premiers momens du refroidissement; l'air & l'eau qui se raréfient & se volatilisent par le feu, ne purent faire corps avec les autres parties de matiere qui avoient assez de fixité pour soutenir la violence du feu.

Tous les élémens pouvant se transmuer & se convertir, l'instant de la consolidation des matieres fixes, fut aussi celui de la plus grande conversion des élémens & de la production des matieres volatiles: elles furent réduites en vapeurs, & dispersées au loin, formant autour des planetes une atmosphere semblable à celle du Soleil.

Ce fut en traversant cette atmosphere solaire, & dans le moment de la projection des planetes que le torrent des matieres fixes sorties du corps de cet astre, entraîna une grande quantité de matieres volatiles dont son atmosphere est composée, & que sa violente chaleur tient suspendues & éloignées à des distances immenses. Ce furent ces mêmes matieres volatiles, aqueuses, aëriennes qui formerent ensuite les atmospheres des planetes; lesquelles étoient semblables à l'atmosphere du Soleil, tant que les planetes ont été, comme lui, dans un état de fusion & de grande incandescence (*).

(*) Ibid. p. 81 & suiv.

La Terre n'étoit donc qu'une masse de verre liquide, environnée d'une sphere de vapeurs.

Dans ce premier tems, où les planetes brilloient de leurs propres feux, elles devoient lancer des rayons, jetter des étincelles, faire des explosions, & ensuite souffrir, en se refroidissant, différentes ébullitions, à mesure que l'eau, l'air & les autres matieres qui ne peuvent supporter le feu, retomboient à leur surface.

La production des élémens, & ensuite leur combat, n'ont pu manquer de produire des inégalités, des aspérités, des profondeurs, des hauteurs, des cavernes à la surface & dans les premieres couches de l'intérieur de ces grandes masses; & c'est à cette époque que l'on doit rapporter la formation des plus hautes montagnes de la Terre (*).

(*) Ibid. p. 85 & suiv.

Voilà, suivant M. de Buffon, ce que notre globe éprouva pendant la premiere époque.

OBSERVATIONS

SUR LA PREMIERE EPOQUE,

Lorsque la Terre & les Planetes ont pris leur forme.

NOUS en avons dit assez sur les différentes suppositions dont la réunion forme le systême de M. de Buffon. Nous croyons inutile de répéter nos observations sur tous les faits qui, selon cet Auteur célebre, ont précédé, accompagné & suivi immédiatement cet instant où nos planetes ont été formées par un flot de la matiere vitrifiée du Soleil.

Nous avons prouvé que cette vitrification de la matiere même du Soleil n'étoit qu'une supposition tout-à-fait précaire; que la cause à laquelle l'Auteur l'attribue, n'auroit jamais pû la produire; que cette cause est elle-même inadmissible en saine Physique; que si elle existoit, telle que M. de Buffon la suppose, ses effets seroient absolument différens de tous ceux qu'il en déduit.

On a vu qu'en supposant même le flot vitreux lancé dans l'espace, la division, la décomposition de toutes ses parties pour former des masses distinctes par leurs densités & par leur nature, étoit absolument contraire à l'état de vitrification.

Enfin, nous croyons avoir démontré qu'aucun des principes de ce systême sur la formation de la Terre, n'étoit conciliable avec aucun des autres principes sur lesquels il est appuyé. Nous ne parlerons plus de l'hypothese de la formation de la Terre; quel que soit le sort de cette hypothese, c'est la Terre toute formée que nous allons considérer.

Lorsque le génie guidoit M. de Buffon dans ses recherches sur l'origine des planetes, la rapidité de l'imagination la plus vive & la plus brillante l'entraînoit comme un torrent impétueux dont rien ne peut arrêter la course; nous ne l'avons suivi qu'avec pèine dans les régions qu'il nous a fait parcourir: il nous ramene enfin sur la Terre; c'est de l'observation de l'état de ce globe, qu'il s'étoit élevé à la recherche des causes qui avoient produit cet état: c'est parce qu'il étoit convaincu que la Terre présente les preuves les plus frappantes d'une vitrification antérieure, qu'il a cru devoir la tirer du Soleil. Si cette vitrification antérieure est démontrée, M. de Buffon se fût-il trompé sur sa cause, nous auroit au moins présenté une vérité importante; il seroit remonté, sinon à l'origine de la Terre, du moins à un état simple, général & commun de toute sa masse, à un état qui auroit précédé toutes ses modifications actuelles; & ce seroit encore un bien magnifique spectacle à nous présenter, que celui de toutes ces modifications successives déduites de leurs véritables causes & d'un état primitif commun à toute la matiere.

Perdons de vue tout ce qui a précédé cet instant où la Terre a été vitrifiée, puisqu'il nous est impossible de concevoir comment elle l'auroit été. Ne seroit-il pas possible en effet qu'elle eût été créée un globe brûlant, vitrifié, une espece de soleil? Enfin, arrêtons-nous à cette supposition d'un état antérieur de vitrification; assurons-nous si cette vitrification est suffisamment prouvée, ou au moins si sa supposition est nécessaire à l'Histoire de la Terre. Suivons la marche de notre guide, & considérons avec lui les grands traits & les grands caracteres que présente la Terre,

Que ce globe soit élevé sous l'équateur & applati vers les pôles, c'est une vérité de fait, & une vérité certaine ; qu'il doive cette figure à l'effet nécessaire de la force centrifuge plus grande à l'équateur, c'est une vérité mathématique, dont la certitude n'est pas moins assurée, & qu'on peut regarder comme portée jusqu'à l'évidence.

On ne peut douter encore que cette forme, cette modification n'exige nécessairement que la masse de la Terre, lorsque sa révolution sur elle-même a commencé, ne fût pas parfaitement solide, parfaitement inflexible ; que toutes ses parties n'eussent pas entr'elles une cohérence invincible : car alors aucune partie n'auroit cédé, il n'auroit pû s'opérer aucun changement dans sa forme.

La Terre ne s'est donc élevée sous l'équateur, & applatie sous les pôles, que parce qu'elle n'étoit pas une masse parfaitement solide & parfaitement inflexible.

M. de Buffon appelle cet état *fluidité* ; mais l'idée que nous sommes forcés de prendre de la Terre, d'après la seule certitude que sa forme s'est changée, n'exige pas la supposition d'un état antérieur de fluidité ; il y a infiniment de degrés entre la fluidité & l'inflexibilité absolue : ce que nous sommes seulement forcés de supposer, c'est que la masse de la Terre n'étoit pas d'une substance inflexible à l'effort très-considérable de la force centrifuge.

Nous croyons donc, pour conserver aux idées toute la justesse qui nous est nécessaire dans de pareilles recherches, devoir admettre seulement que la masse de la Terre étoit flexible : cette idée convient d'autant mieux qu'elle suffit exactement au phénomene, & qu'elle s'accorde avec la nature de tous les corps que nous connoissons parmi lesquels il n'y en a pas un inflexible : assurément ni l'or, ni le fer, ni le verre, ne sont inflexibles ; la roche & le grès ne le sont pas ; & si l'on pouvoit étendre & proportionner suffisamment les dimensions de leurs volumes, on remarqueroit sans doute dans de grandes portées des inflexions sensibles. On connoît des tours qui semblent des masses de pierres continues, & qui cependant ont pris des courbures très-arquées, sans que l'on puisse imputer ces courbures à la désunion des assises des pierres. Mais voulût-on supposer cette désunion, ces assises ne se rencontrent-elles pas en grand nombre dans la masse de la Terre ? Il suffisoit donc que ce globe fût flexible, soit dans chacune des masses qui le composent, soit à raison de la maniere dont ces masses sont unies ou disposées entr'elles, pour qu'il prît la forme sphéroïde ; & il est certain que ce globe étoit flexible alors puisqu'il l'est encore aujourd'hui. Nous pensons qu'il ne faut en Physique supposer & imaginer que le moins qu'il est possible ; nous ne nous écarterons jamais de ce principe.

Considérer la masse de la Terre comme flexible, ce n'est point une supposition. La nature de sa composition démontre évidemment qu'elle jouit de cette propriété, les effets s'en manifestent dans des inclinaisons fréquentes de rochers, de montagnes même, dont les bâses plient & s'inclinent.

Dans des masses homogenes on peut conclure des petites aux grandes, en proportionnant l'énergie des actions ; enfin, il est impossible de considérer le globe de la Terre comme une masse continue & inflexible, dont toutes les parties ont entr'elles une adhérence insurmontable.

On nous demandera, sans doute, si d'après cette flexibilité actuelle, nous pensons que la Terre s'applatisse encore vers les pôles en s'élevant vers l'équateur ? Avant de répondre, nous demanderons si dans le cas où la force centrifuge augmenteroit, on croit qu'elle ne produiroit plus aucun effet ?

Pour résoudre ces deux questions, il faudroit, sans doute, considérer dans quelle proportion la force centrifuge agit aujourd'hui sur les forces de pesanteur, de cohésion, d'adhérence. Il en résulteroit que, lorsque la balance s'est une fois établie entr'elles, & en supposant même que cette balance soit actuellement établie, si la force centrifuge augmentoit, l'équilibre seroit rompu, la force de cohésion vaincue ; & que les effets de la force centrifuge augmenteroient. Or, il n'est pas prouvé que la Terre soit actuellement à la plus grande proximité à laquelle elle puisse être du Soleil ; si elle s'en approche davantage, sa vitesse de rotation augmentera : mais celle-ci ne peut augmenter que la force centrifuge ne croisse.

M. de Buffon pense qu'il faudroit que le mouvement de rotation prît une rapidité presqu'infinie pour que l'effet de la force centrifuge devînt plus grand que celui de la force de cohérence ; parce qu'il regarde la Terre comme étant aujourd'hui une masse parfaitement solide & inflexible (*). On voit assez pourquoi nous ne pouvons pas être de son avis ; ces recherches deviendront importantes dans la suite de notre Ouvrage, & c'est alors que nous nous y livrerons.

(*) T. IX du Supplément, p. 83.

Enfin cette flexibilité qu'il est absolument nécessaire d'admettre, que M. de Buffon appelle *fluidité*, il prétend que la la Terre n'a pu la devoir qu'à l'action du feu, à une véritable vitrification. On s'apperçoit déjà de l'effet que produit un mot mis à la place d'un autre. Si M. de Buffon, qui connoît si parfaitement l'usage & la vraie valeur des mots, se fût servi de celui de *flexibilité*, auroit-il pû regarder la vitrification comme une opération nécessaire pour produire cette flexibilité?

Mais pourquoi cet état de fluidité qu'il suppose, & qu'il exige même, lorsqu'une simple flexibilité pouvoit suffire, n'auroit-il pû être que l'ouvrage du feu, & même que son effet porté jusqu'à la vitrification? C'est, dit-il, parce que nous ne connoissons dans la Nature que deux moyens d'opérer la fluidité: le premier, c'est la dissolution, ou même le délayement des matières terrestres dans l'eau; & le second, leur liquéfaction par le feu. Et pour prouver que la mollesse de la Terre n'a point été l'effet du premier moyen, il emploie deux raisonnemens qui ne nous paroissent pas convaincans. On sait, dit-il, que le plus grand nombre des matieres solides qui composent le globe, sont indissolubles dans l'eau (*).

(*) T. IX, p. 11.

Nous ne pouvons être de l'avis de M. de Buffon; nous pensons, au contraire, qu'elles y sont toutes solubles, au moins, quant aux principes qui les composent: or, il ne faut pas comparer les masses, les mixtes actuels aux ingrédiens dont ils sont formés, ni leurs dispositions à être plus ou moins solubles, à celles qu'avoient ces mêmes ingrédiens avant leur combinaison. Les propriétés des composés sont différentes de celles des composans.

Une pierre calcaire est généralement regardée comme

indiſſoluble dans l'eau, après ſon entiere formation; cependant cette formation n'a été qu'un deſſéchement d'une certaine quantité de terre diſſoluble, & qui a été réellement diſſoute par l'eau. Selon l'Auteur même, toutes les pierrres calcaires, indiſſolubles aujourd'hui dans l'eau, ont été formées dans ce fluide; leurs parties conſtituantes y étoient donc alors diſſoutes & délayées.

Diſſolution, dans le ſens où nous l'entendons ici, n'eſt qu'atténuation de parties réduites à un tel volume, qu'elles puiſſent être diviſées, ſoutenues par l'eau, diſſeminées entre toutes les parties de ce liquide; c'eſt ce que M. de Buffon exprime par délayement: or il n'y a même aujourd'hui aucun corps qui ne puiſſe être réduit à cet état; les porphyriſations le prouvent aſſez: mais avant que les mixtes, que nous voudrions regarder comme indiſſolubles dans l'eau, fuſſent formés, avant qu'ils fuſſent réunis ſous formes, maſſes & natures diſtinctes, leurs élémens étoient dans un état d'atténuation qui excédoit sûrement celui où les réduiſent nos porphyriſations les plus parfaites; ils pouvoient donc alors être mêlés avec l'eau, faire pâte avec elle: il n'étoit point néceſſaire qu'elle pût les diſſoudre; ils étoient plus que diſſous; ils étoient réduits à leurs élémens: or, les élémens de l'or ne ſeront pas ſuppoſés indiſſolubles par l'eau; donc, de ce qu'il exiſteroit de l'or indiſſoluble à ce fluide, il ne faudroit pas en conclure qu'avant qu'il y eût de l'or, ſes élémens étoient indiſſolubles par l'eau.

Enfin, l'or & les autres métaux ſont, ſelon M. de Buffon même, des productions poſtérieures formées par ſublimation, & qui par conſéquent ont été dans un état fluide

& soluble dans l'eau (*). Mais pour répondre à l'objection qu'il nous présente ici de l'indissolubilité du plus grand nombre des matieres par l'intermede de l'eau, il nous suffira d'emprunter sa seule autorité & de l'opposer à lui-même.

(*) Ibid. p. 106.

« La premiere opération de l'eau a été de transformer » les scories & les poudres de verre en argile...... Tout le » monde pourra s'assurer par des procédés aisés à répéter, » que le verre & le grès en poudre se convertissent en » peu de tems en argile, seulement en séjournant dans » l'eau (*) ».

(*) Ibid. p. 146.—L'eau a converti les scories & les poudres du verre primitif en argille. Ibid. p. 138.

Or certainement, si les scories primitives ; si le verre & le grès actuel sont si facilement convertibles en argille par leur séjour dans l'eau, s'ils sont solubles dans ce fluide : quelles seront les matieres indissolubles ? Ce n'est donc pas de cette indissolubilité prétendue qu'il faut déduire que la Terre n'a pu être molle que par l'effet du feu, & uniquement par une vitrification antérieure.

Mais, ajoûte M. de Buffon, il n'y a pas assez d'eau pour délayer toute la matiere seche.

Cela peut être vrai dans le systême qui fait de la Terre une masse vitrifiée, dont une très-mince couche est décomposée & abbreuvée d'eau. Il est certain que si toute la masse de la Terre, depuis son centre jusqu'à la surface, sur laquelle reposent les eaux des mers, est supposée parfaitement seche, l'eau de la couche supérieure ne sera pas suffisante pour la délayer : mais cette objection, tirée de l'hypothese de M. de Buffon, suit le sort de cette hypothese, & ne peut être opposée à une hypothese différente.

Selon nous, le globe terreſtre étoit dans un état fléxible lors de ſa formation, parce qu'il étoit dès-lors compoſé de terre & d'eau : nous qui penſons que la Terre a toujours été ce qu'elle eſt, quant à la nature des matieres qui forment ſa maſſe, nous croyons qu'elle a toujours été compoſée principalement de terre & d'eau ; les produits qui en ont réſulté ſont l'effet de cauſes phyſiques générales & conſtantes : nous croyons inutile de ſuppoſer rien autre choſe que ce qui exiſte. Nous diſons donc que notre globe a toujours été compoſé de terre & d'eau ; que par des cauſes phyſiques que nous aſſignerons, & que tout le monde concevra, ſans être obligé de ſe prêter à aucune hypotheſe, une partie de la ſurface de ce globe s'eſt deſſéchée ; nous trouverons les cauſes de ce deſſéchement, ſoit dans les répartitions des eaux dans différens lieux, dans différentes cavités qui ſe ſont formées, & qui ont dû ſe former, ſoit dans différens emplois, différentes diſtributions d'une partie de la maſſe de ces eaux : nous expoſerons comment tous ces effets ont dû ſe produire.

Mais ſi leurs cauſes n'ont agi qu'à la ſurface de la Terre, ſi elles n'ont pû exercer leur action que ſur une épaiſſeur peu conſidérable, le deſſéchement n'a pas dû s'opérer dans les couches profondes, & le noyau de la Terre doit donc être encore mou & fangeux, la Terre y eſt encore délayée dans l'eau ; il ne nous en faut donc que pour délayer la ſurface qui s'eſt deſſéchée : mais croit-on que ſi on mêloit toute la terre ſeche qui excede le niveau des mers, même celle qui les ſépare, & qui deſcend de leurs ſurfaces juſqu'à leurs profondeurs, avec toute l'eau que ces mers

& les rivieres contiennent, cette terre n'y feroit pas délayée. La surface seule de l'océan, sans avoir égard à celles de toutes les mers méditerranées, des lacs & de toutes les rivieres, forme plus des deux tiers de la surface du globe (z). On peut donc croire qu'en ajoutant à la surface de l'océan, celles des mers méditerranées, des lacs, des rivieres, la surface seche ne feroit tout au plus que le quart de la surface du globe; en mêlant donc toutes les terres qui séparent les mers & les rivieres, même les montagnes qui s'élevent sur ces terres avec la masse totale des eaux, il y auroit certainement assez d'eau pour que toute la Terre, seche aujourd'hui, fût délayée, ou au moins réduite en pâte fléxible.

Cependant toute l'eau qui a été répandue autrefois sur la Terre, n'y est plus aujourd'hui, & la masse seche qui surmonte leur niveau étoit moins considérable. C'est ce que nous prouverons en exposant nos principes. Enfin, & ce qui réunit à la force du raisonnement la certitude du fait, c'est que presque par-tout où l'on creuse à des profondeurs un peu considérables, on rencontre & des terreins fangeux, & des eaux qui coulent pour aller en abbreuver d'autres.

Il nous paroît donc que M. de Buffon n'étoit pas suffisamment autorisé à déduire de la mollesse primitive de la Terre, la nécessité d'un état antérieur de vitrification, à déduire la nécessité de cette vitrification de l'indissolubilité des matieres terrestres, ou du défaut d'eau pour les délayer. On

(z) Voyez le Calcul de M. Robert de Vaugondy, rapporté par M. de Buffon; T. IX du Supplément, p. 378.

nous accordera au moins qu'une autre hypothese bien plus ſimple, bien plus naturelle, celle de la compoſition du globe, formé, de tout tems, de terre & d'eau, & du deſſéchement d'une partie de ſa ſurface, par des cauſes phyſiques qui n'ont pas agi dans les profondeurs, pourroit juſqu'à préſent être miſe avec avantage à la place de l'hypotheſe de la vitrification.

« La Terre, outre ſon applatiſſement vers les pôles, » éprouva encore une autre modification; les parties ſe rapprocherent par la force de l'attraction mutuelle; les fixes formèrent les maſſes ſolides, les volatiles ſe ſéparerent dès les premiers momens du refroidiſſement; l'air & l'eau qui ſe raréfierent & ſe volatiliſerent par le feu, ne purent faire corps » avec les autres parties de matiere qui avoient aſſez de fixité pour ſoutenir la violence du feu (*) ».

(*) Ibid. p. 61.

Il nous paroît qu'aucune de ces opérations n'a pu ſe faire dans une maſſe vitrifiée.

Lorqu'une maſſe de verre ſe refroidit, rien aſſurément ne ſe démêle & ne ſe ſépare dans la maſſe vitreuſe; le verre ne ſe décompoſe point en perdant ſa chaleur : ſi l'on ſuppoſe que ce verre ait la forme d'un globe, & qu'il ſe refroidiſſe dans un milieu dont la température ſoit dans un état de très-grande chaleur, il eſt certain que le globe ne perdra la ſienne que très-lentement; or, tel auroit évidemment été le milieu dans lequel la Terre ſe ſeroit refroidie dans l'hypotheſe, puiſque ce milieu n'auroit été compoſé que de vapeurs brûlantes dont la Terre auroit elle-même formé ſon atmoſphere : ſi on la compare donc à un globe de verre, on peut dire qu'il ſe ſeroit formé de tout ce globe, & par un refroidiſſement très-lent, une maſſe ſolide, & non des maſſes ſolides dans ce globe. Aucune des matieres qui auroient été compriſes dans la vitrification n'auroit repris ſa premiere nature, pendant l'incaleſcence, pour ſe reproduire, ou pour former avec d'autres matieres, également revivifiées, de nouveaux mixtes. Enfin, on ne croit pas qu'il pût exiſter des parties volatiles dans un pareil globe; elles auroient été chaſſées bien longtems avant la vitrification; & l'on conçoit encore moins comment elles auroient attendu le refroidiſſement, pour ſe volatiliſer après avoir réſiſté à une chaleur extrême: c'eût été cette chaleur, au contraire, qui auroit dû les volatiliſer, & le refroidiſſement n'eût pû que ralentir, & enfin arrêter cette volatiliſation.

L'air & l'eau ne ſe trouvent point dans l'intérieur d'une maſſe conſidérable de verre; ces élémens ne peuvent, comme le dit l'Auteur, faire corps avec les autres parties ſolides qui ont aſſez de fixité pour ſoutenir la violence du feu, & pour ſe vitrifier: il eſt donc impoſſible qu'ils reſtent interpoſés entre les parties ſolides, lorſqu'elles éprouvent ce violent degré de feu; ces élémens n'ont donc jamais pu ſe ſéparer ſous la forme volatile du milieu d'une maſſe vitrifiée; l'eau ſe ſeroit miſe en expanſion, auroit été réduite en vapeurs; elle ſe ſeroit, ſous cette forme, échappée de la maſſe bien avant la vitrification; l'air eût ſubi le même ſort: mais on n'a jamais vu d'eau renfermée dans l'intérieur d'une maſſe ſolide de verre, s'en échapper enſuite lorſque cette maſſe s'eſt refroidie, ni d'air en ſortir lors de ce refroidiſſement.

Le globe vitrifié de la Terre ; ce globe formé de la ſubſtance parfaitement & dès long-tems vitrifiée du Soleil, n'a donc pu produire une ſphere de vapeurs qui l'ait environné.

Mais, ſelon l'Auteur, le flot ſolaire s'étoit chargé de ces matieres volatiles dans le moment de la projection, & en traverſant l'atmoſphere ſolaire qui eſt compoſée de ces matieres que ſa chaleur tient éloignées de lui.

La matiere du torrent étoit donc une matiere fixe, elle ne contenoit donc point de parties volatiles ; le Soleil n'en contient donc point, ce qui s'accorde avec ce que nous venons de dire : mais cette matiere fixe s'eſt chargée de parties volatiles en traverſant l'atmoſphere du Soleil, qui en eſt compoſée, & que cet aſtre tient éloignées de lui par ſa violente chaleur.

Seroit-il permis de demander d'où viennent ces matieres volatiles qui forment l'atmoſphere du Soleil ? Sans doute c'eſt en s'échauffant qu'il les a pouſſées hors de lui-même ; & depuis qu'il eſt arrivé à un certain degré de chaleur, il les tient éloignées de lui : mais comment le flot ſolaire, qui étoit au même degré de chaleur, a-t-il pû s'en charger, s'en pénétrer ? Il ne nous paroît pas vraiſemblable, il ne nous paroît pas même poſſible de ſuppoſer que dans la rapidité extrême du moment de la projection, ce torrent ait pû ſe refroidir aſſez pour ſe pénétrer de ces vapeurs, au-lieu de les repouſſer. Il avoit alors, il a même conſervé longtems le même degré de chaleur que le Soleil ; il devoit donc les repouſſer comme lui.

« Tous les élémens pouvant ſe tranſmuer & ſe convertir, » l'inſtant

» l'instant de la consolidation des matieres fixes fut aussi
» celui de la plus grande conversion des élémens, & de
» la production des matieres volatiles ».

Nous ne considérons point ici cette prétendue conversion des élémens, l'Auteur ne fait que la supposer, cet article trouvera sa place ailleurs. Nous avouons seulement que nous ne croyons point qu'aucune substance se transmue en un autre, qu'aucune des matieres élémentaires, s'il y en a plusieurs, soit convertible en une autre, en prenant ce mot dans sa juste valeur. Mais M. de Buffon ne présente ici, ni transmutation, ni conversion ; il ne se forma, ni ne se dénatura alors aucun élément, selon lui-même. Les parties volatiles dont le flot solaire s'étoit chargé en traversant l'atmosphere solaire, furent poussées dehors: ce furent ces mêmes matieres volatiles, aqueuses & aëriennes qui formerent les atmospheres des planetes, lesquelles étoient semblables à l'atmosphere du Soleil, tant que les planetes ont été comme lui dans un état de fusion & de grande incandescence : rien n'étoit donc converti, rien n'étoit transmué ; les mêmes élémens, dont le flot incandescent s'étoit imbibé, s'en étoient seulement échappés pendant son réfroidissement : & voilà ce qu'il nous est impossible de concevoir.

Il résulte encore de ceci, que l'atmosphere de la Terre ne différe aujourd'hui de l'atmosphere du Soleil, que parce qu'elle s'est refroidie. Or, qu'elle différence a pu produire ce refroidissement ; son unique effet a été la précipitation de ces matieres dont elle s'étoit chargée, en traversant l'atmosphere solaire, & qu'elle avoit ensuite repoussées loin de sa surface, sur laquelle elles sont enfin retombées.

L'atmosphere terrestre ne differe donc aujourd'hui de l'atmosphere solaire que parce que cette premiere est infiniment moins chargée d'air, d'eau, de parties volatiles, que nous allons voir se précipiter sur la Terre. L'atmosphere de la Terre est donc aujourdhui moins dense, moins chargée d'eau, d'air & d'autres substances volatiles que celle du Soleil; cette supposition paroît absolument inadmissible: mais nous ne nous en occuperons pas ici : la physique des atmospheres trouvera sa place ailleurs.

« Dans ce premier tems où les planetes brilloient de » leurs propres feux, elles devoient lancer des rayons, jet» ter des étincelles, faire des explosions; ensuite souffrir, » en se refroidissant, différentes ébullitions à mesure que » l'eau, l'air & les autres matieres qui ne peuvent supporter » le feu, retomboient à leur surface ».

Un globe de verre tiré d'une masse vitrifiée, où la vitrification est parfaite, qui ne contient plus de parties volatiles, tel qu'étoit le flot solaire, brille bien de son propre feu, lance si l'on veut ses rayons, quoique nous regardions le mot *lance* comme très-impropre ici; mais ce globe ne jette point d'étincelles, & sur-tout il ne fait point d'explosion : il est même impossible qu'il en fasse, s'il est dans un milieu qui ne soit formé que de ses propres vapeurs, parce qu'il n'y a point de cause de refroidissement subit: une masse vitreuse se fend dans une atmosphere qui la saisit; mais elle n'y fait point d'explosion; le Soleil ne jette point d'étincelles, ne fait point d'explosion; & nos planetes, selon l'Auteur, étoient alors en tout semblables au Soleil.

La Terre ne dut point souffrir, en se refroidissant, différentes ébullitions, à mesure que l'eau, l'air & les autres matieres qui ne peuvent supporter le feu, quoiqu'elles eussent pénétré le flot solaire dans le tems de sa plus grande incandescence, retomboient sur sa surface.

Ces matieres ne dûrent point tomber sur la surface de la Terre, tant que cette surface fut trop chaude pour que ces vapeurs lentement condensées, s'y déposassent paisiblement: toute l'atmosphere de la Terre étoit formée d'exhalaisons fournies par ce globe; cette atmosphere avoit une chaleur décroîssante d'orbe en orbe en s'éloignant de la Terre, mais égale dans chacun des orbes: l'orbe de vapeurs qui touchoit, ou qui étoit le plus voisin de la surface du corps chaud, étoit assurément le plus pénétré de chaleur; il ne pouvoit se précipiter sur la Terre, puisque la chaleur de celle-ci étoit suffisante pour raréfier excessivement les vapeurs que cet orbe contenoit, & que c'étoit cette chaleur qui l'entretenoit chargé de ces vapeurs qu'elle y avoit élevées; mais l'orbe supérieur ne pouvoit traverser celui-ci pour se précipiter sur la planete, parce qu'il auroit éprouvé à la même distance une chaleur, & par conséquent une raréfaction égale. Rien ne pouvoit donc tomber précipitamment sur la planete, en admettant qu'elle se refroidissoit progressivement: que devoit-il donc arriver?

Si elle se refroidissoit progressivement, elle devoit aussi se refroidir également dans tous les points de sa surface; les vapeurs devoient donc successivement se rapprocher d'orbe en orbe; chaque orbe inférieur devoit s'en charger de plus en plus graduellement & à proportion que la chaleur de la planete, devenue moins grande, rarefioit moins ces vapeurs, & cette gradation devoit passer par des degrés insensibles, jusqu'à ce que la surface de la planete fût assez refroidie pour que ces vapeurs pussent arriver à elle, & s'y déposer lentement.

On voit assez combien il est évident qu'elles n'ont jamais pu y tomber avec abondance & sous forme d'eau en masse : alors plus d'ébullition, plus de combats, plus de causes d'inégalités, d'aspérités, de profondeurs, de hauteurs, de cavernes. Il faut chercher une autre raison de la formation des hautes montagnes.

Quelques-uns des grands mouvemens que suppose l'Auteur, & qui deviennent pour lui les causes de si grands effets, auroient peut-être lieu sur un corps chaud, sur lequel on jetteroit de l'eau subitement & abondamment : mais ils ne s'observeront jamais, si on le laisse se refroidir paisiblement dans un lieu tranquille de notre atmosphere, quelqu'abondance de vapeurs qu'on veuille y supposer, & quoique ce corps brûlant & incadescent y soit plongé, lorsque cette atmosphere est très-froide relativement à lui; à plus forte raison aucun de ces effets n'auroit-il pu avoir lieu dans une atmosphere composée des seules exhalaisons de ce corps.

Les modifications que M. de Buffon suppose que le globe vitrifié de la Terre a souffertes pendant la premiere Epoque, n'ont donc pu résulter des causes dont il les déduit.

Passons aux Epoques suivantes.

SECONDE ÉPOQUE,

Lorsque la Matiere, s'étant consolidée, a formé la roche intérieure du Globe, ainsi que les grandes masses vitrescibles qui sont à sa surface; T. IX du Supplément, p. 101.

Extrait de l'Exposition de M. DE BUFFON.

L'AN 2936 de la formation des planetes, la Terre étoit donc consolidée jusqu'à son centre, ainsi que nous venons de le voir.

Lorsqu'une masse de métal ou de verre fondu commence à se réfroidir, il se forme à sa surface des trous, des ondes, des aspérités, & au-dessous de cette surface, il se fait des vides, des cavités, des boursoufflures lesquelles nous représentent les premieres inégalités qui se sont trouvées sur la surface de la Terre, & les cavités de son intérieur. Nous avons donc dès-lors une idée du grand nombre de montagnes, de vallées, de cavernes, & d'anfractuosités qui se sont trouvées dans ces premiers tems dans les couches extérieures de la Terre. La comparaison est d'autant plus exacte, que les montagnes les plus élevées qui peuvent être de 3000, ou 3500 toises de hauteur, ne sont par rapport au diametre de la Terre que ce qu'un huitieme de ligne est par rapport au diametre d'un globe de deux pieds. Ainsi ces chaînes de montagnes qui nous paroissent si prodigieuses, ne sont que de legeres inégalités proportionnées à la grosseur du globe, & qui ne pouvoient manquer de se former, lorsqu'il prenoit sa consistance.

C'est alors que se sont formés les élémens par le refroidissement & pendant ses progrès : car, à cette époque & long-tems après, tant que sa chaleur excessive a duré, il s'est fait une séparation & même une projection de toutes les parties volatiles, telles que l'eau, l'air, & les autres substances que la grande chaleur chassa au dehors. Toutes ces matieres formerent l'atmosphere de la Terre, tandis que les matieres fixes, fondues & vitrifiées s'étant consolidées, formerent la roche intérieure du globe, & le noyau des grandes montagnes dont les sommets, les masses intérieures & les bâses sont en effet composés de roches vitrescibles (*).

(*) Ibid. p. 101. & suiv.

En même tems que ces causes ont produit des éminences, & des profondeurs à la surface de la Terre, elles ont aussi formé des boursoufflures & des cavités, à l'intérieur sur-tout, dans les couches les plus extérieures. Ainsi le globe, dès le tems de cette seconde Epoque, lorsqu'il eut pris sa consistance, & avant que les eaux s'y fussent établies, présentoit une surface hérissée de montagnes & sillonnée de vallées ; mais toutes les causes subséquentes & postérieures à cette Epoque, ont concouru à combler toutes les profondeurs extérieures & même les cavités intérieures ; ces causes subséquentes ont aussi altéré presque par-tout la forme de ces inégalités primitives ; celles qui ne s'élevoient qu'à une hauteur médiocre, ont été, pour la plupart, recouvertes dans la suite par les sédimens des eaux (*a*), & toutes ont été environnées à leurs bâses jusqu'à de grandes hauteurs de ces mêmes sédimens ; c'est par cette raison que nous n'avons d'autres témoins apparens de la premiere forme de la surface de la Terre, que les montagnes composées de matieres vitrescibles : cependant, ces témoins sont sûrs & suffisans ; car, comme les plus hauts sommets des premieres montagnes n'ont peut-être jamais été surmontés par les eaux, ou du moins qu'ils ne l'ont été que pendant un petit tems, attendu qu'on n'y trouve aucuns débris de productions marines, & qu'ils ne sont composés que de matieres vitrescibles ; on ne peut pas douter qu'ils ne doivent leur origine au feu, & que ces éminences, ainsi que la roche intérieure du globe, ne fassent ensemble un corps continu de même nature, c'est-à-dire, de matieres vitrescibles dont la formation a précédé celle de toutes autres matieres (*). (*) Ibid. p. 125.

Les plus grandes éminences, profondeurs extérieures, & cavités intérieures, se sont trouvées dès-lors, & se trou-

(*a*) M. de Buffon place ici l'époque de la formation des métaux pendant la durée des premiers 37000 ans ; il présente une explication physique de la production des mines primitives & secondaires. Nous ne parlerons point de cette théorie ; elle est inutile au point de vue sous lequel nous considérons dans ce moment le systême de M. de Buffon : on en sera assuré, lorsqu'on aura lu nos observations. D'ailleurs cet article important sera traité, dans la suite de notre Ouvrage, avec toute l'étendue qu'il mérite, & qu'il seroit impossible de lui donner ici. V. Epo. de la Nat. p. 106 & suiv.

vent encore aujourd'hui ſous l'équateur entre les deux tropiques, parce que cette zone de la ſurface du globe eſt la derniere qui s'eſt conſolidée, & que c'eſt dans cette zone où le mouvement de rotation étant le plus rapide, il aura produit les plus grands effets. La matiere en fuſion s'y étant élevée plus que par-tout ailleurs, & s'étant refroidie la derniere, il a dû s'y former plus d'inégalités que dans toutes les autres parties du globe où le mouvement de rotation étoit plus lent, & le refroidiſſement plus prompt: auſſi trouve-t-on ſous cette zone les plus hautes montagnes, les mers les plus entrecoupées, ſemées d'un nombre infini d'iſles, à la vue deſquelles on ne peut douter que, dès ſon origine, cette partie de la Terre ne fût pas la plus irréguliere & la moins ſolide de toutes (*).

(*) Ibid. p. 128.

Et quoique la matiere en fuſion ait dû arriver également des deux pôles pour enfler l'équateur, il paroît, en comparant les deux hémiſpheres, que notre pôle en a un peu moins fourni que l'autre; puiſqu'il y a beaucoup plus de terres & moins de mers, depuis le tropique du cancer au pôle boréal; & qu'au contraire il y a beaucoup plus de mers & moins de terres depuis celui du capricorne à l'autre pôle. Les plus profondes vallées ſe ſont donc formées dans les zones froides & tempérées de l'hémiſphere auſtral, & les terres les plus ſolides & les plus élevées ſe ſont trouvées dans celles de l'hémiſphere ſeptentrional (*).

(*) Ibid. p. 129.

Le globe étoit alors, comme il eſt encore aujourd'hui, renflé ſous l'équateur d'une épaiſſeur de près de ſix lieues un quart. Mais les couches ſuperficielles de cette épaiſſeur y étoient à l'intérieur ſemées de cavités, & coupées à l'extérieur l'extérieur d'éminences & de profondeurs plus grandes que par-tout ailleurs; le reste du globe étoit sillonné & traversé en différens sens par des aspérités, toujours moins élevées, à mesure qu'elles approchoient des pôles. Toutes n'étoient composées que de la même matiere fondue, dont est aussi composée la masse intérieure du globe; toutes doivent leur origine à l'action du feu primitif & à la vitrification générale. Ainsi la surface de la Terre, avant l'arrivée des eaux, ne présentoit que ces premieres aspérités qui forment encore aujourd'hui les noyaux de nos plus hautes montagnes: celles qui étoient moins élevées ayant été dans la suite recouvertes par les sédimens des eaux, & par les débris des productions de la mer, elles ne nous sont pas aussi évidemment connues que les premieres. On trouve souvent des bancs calcaires au-dessus des rochers de granite, de roc vif & des autres masses de matieres vitrescibles; mais l'on ne voit pas des masses de roc vif au-dessus des bancs calcaires. Nous pouvons donc assurer, sans craindre de nous tromper, que la roche du globe est continue avec toutes les éminences hautes & basses qui se trouvent être de la même nature; c'est-à-dire, de matiere vitrescible: ces éminences font masse avec le solide du globe, elles n'en sont que de très-petits prolongemens, dont les moins élevés ont ensuite été recouverts par les scories du verre, les sables, les argilles, & tous les débris de productions de la mer amenés & déposés par les eaux dans les tems subséquens qui font l'objet de notre troisieme Epoque (*).

(*) Ibid. p. 130.

OBSERVATIONS

SUR LA SECONDE EPOQUE;

Lorsque la Matiere, s'étant consolidée, a formé la roche intérieure du Globe, ainsi que les grandes masses vitrescibles qui sont à sa surface.

Ce n'est donc plus à la chûte précipitée des eaux, aux explosions que faisoit la Terre, aux différentes ébullitions qui devoient s'opérer, aux combats des élémens, qu'on doit rapporter les aspérités, les profondeurs, les hauteurs, les cavernes de la surface, & des premieres couches de l'intérieur de la Terre; ce ne sont plus tous ces grands mouvemens qui ont produit les plus hautes montagnes de notre globe. L'Auteur nous avoit présenté ces grandes causes dans la premiere Epoque (*); mais il ne voit plus ici qu'une masse de métal ou de verre fondu qui commence à se refroidir. Alors, dit-il, il se forme à sa surface des trous, des ondes, des aspérités; & au-dessous de cette surface, il se fait des vides, des cavités, des boursoufflures, lesquelles nous représentent les premieres inégalités qui se sont trouvées sur la surface de la Terre (*).

Nous n'avons donc plus à considérer que le refroidissement d'un globe de métal ou de verre; mais c'est toujours d'une vitrification très-complette que M. de Buffon déduit la théorie de la Terre. Ce globe doit donc avoir été de verre, pour se prêter au système de l'Auteur. Pourquoi nous présente-t-il ici une masse de métal fondu?

(*) Ibid. p. 85.

(*) Ibid. p. 102.

Si tout ce qui peut se dire de cette masse, peut aussi se dire d'une masse vitreuse, il étoit inutile d'en parler; si tout ce qui convient au refroidissement du métal en fusion ne convient pas au verre fondu, son admission dans la comparaison ne peut qu'y produire de l'obscurité, y introduire des équivoques; & c'est ce qui nous paroît en résulter. Une masse de verre qui se refroidit ne contracte point d'aspérités; il ne s'y creuse point de profondeurs; il ne s'éleve point de hauteurs sur sa surface; il ne se fait point de cavernes dans les premieres couches de son épaisseur: c'est une maxime de l'art de la verrerie qu'il n'y a point de plus beau poli que celui de l'air; c'est-à-dire, que celui d'un corps vitreux qui se refroidit lentement à l'air libre, mais suffisamment échauffé.

Quant à une masse de métal fondu; si la fusion est parfaite; si le métal est homogene, il ne se produit de même aucunes aspérités sur sa surface, il ne s'y fait ni cavernes, ni élévations, ni boursoufflures, &c, &c. Mais si ce métal n'est pas à l'état de fusion complette, s'il n'est pas homogene, s'il y a des parties qui n'aient pas pu contracter d'union intime entr'elles, qui ne se soient pas trouvées susceptibles d'une fusion parfaite; qui, par exemple, aient été calcinées pendant que les autres ont été fondues: alors (*b*), la surface de ce métal pourra présenter tout

(*b*) On n'exigera pas sans doute que tout ce que nous dirons ici soit rigoureusement conforme à la théorie de la fusion, & de tous les phénomenes qu'elle présente. Ce n'est assurément pas le lieu d'en parler, non plus que des crystallisations qui se font remarquer

ce que M. de Buffon vient de ſuppoſer. Nous croyons donc que, ſi tout ce qu'il nous a dit des grands mouvemens de la ſurface du globe vitreux de la Terre dans ſa premiere époque, & qu'il déduiſoit alors de la chûte des eaux eſt inadmiſſible ; tout ce qu'il déduit ici du refroidiſſement libre d'une maſſe de verre ou de métal fondu, ne pourroit convenir qu'à une maſſe de ſcories, de laitiers de forge : il faudroit donc alors regarder la Terre comme formée des ſcories, des laitiers du Soleil.

Nous obſervons même qu'il auroit été d'autant plus aiſé & d'autant plus naturel de regarder les planetes comme formées des ſcories du Soleil, que la comete doit avoir ſuivi une longue trajectoire à ſa ſurface, ſans s'enfoncer beaucoup dans le bain. Si l'on ſuppoſoit donc que le Soleil n'eſt pas encore à l'état de fuſion parfaite ; qu'il n'eſt pas encore décapé, comme diſent les Chymiſtes & les Fondeurs, on ſeroit en droit d'en conclure que les planetes n'ont été formées que de ſes ſcories : mais ce n'eſt pas-là l'hypotheſe de M. de Buffon.

Enfin, c'eſt alors, c'eſt à cette ſeconde Epoque que les matieres fixes, fondues & vitrifiées, s'étant conſolidées, formerent la roche intérieure du globe, & le noyau des grandes montagnes, dont les ſommets, les maſſes intérieures & les bâſes ſont, ſelon l'Auteur, compoſées de roches vitreſcibles.

Cette vitreſcibilité des noyaux des grandes montagnes & de la majeure partie des ſubſtances terreſtres, paroît être

---

dans les fuſions qui s'operent dans les creuſets : ce n'eſt pas à ces phénomenes que l'on peut rapporter la formation des montagnes.

le motif le plus puiſſant de tous ceux qui ont déterminé M. de Buffon à ſuppoſer que la Terre a été vitrifiée.

Nous tirons de cette obſervation une conſéquence bien différente : elle proſcrit néceſſairement & irrévocablement, ſelon nous, toute idée d'une vitrification antérieure. On ne peut faire d'équivoque ſur la valeur des mots *vitreſcible* & *vitrifié*. La ſubſtance vitreſcible ou vitrifiable (car c'eſt la même choſe) eſt celle qui peut être vitrifiée ; la vitreſcibilité eſt l'état antécédent & néceſſaire à la vitrification. Une ſubſtance vitreſcible peut être vitrifiée ; alors elle n'eſt plus vitreſcible, elle prend le nom de verre ou de matiere vitreuſe, de matiere vitrifiée : on ne vitrifie point le verre, on le fond ; parce que le verre eſt fuſible, que la fuſibilité, qui eſt un de ſes caracteres, eſt un état qu'un corps peut éprouver pluſieurs fois. L'état de fuſion n'eſt point un changement de nature dans un corps fuſible ; un corps peut acquérir & perdre pluſieurs fois cet état de fuſion, ſans être changé ; & c'eſt préciſément parce que la fuſion n'altere point ſenſiblement ſa nature, qu'il peut l'éprouver pluſieurs fois. Il n'en eſt pas ainſi de la vitrification ; par cette opération la combinaiſon des parties du corps eſt changée ; il n'eſt donc plus ſuſceptible de la modification qui a produit ce changement. Il en eſt de même de la calcination : un corps calciné n'eſt plus calcinable ; il a éprouvé tout ce qui pouvoit le réduire à l'état de chaux. La propriété vitreſcible que M. de Buffon attribue aux noyaux des grandes montagnes, & à celui même de la Terre, exclut donc toute idée de vitrification antérieure : perſonne ne connoît mieux que cet Auteur la véritable valeur des mots : cette équivoque lui a été nécessaire, puisqu'il l'a faite. Il nous paroît donc qu'il résulte nécessairement de l'observation même que les noyaux des grandes montagnes sont vitrifiables, qu'ils n'ont pas été vitrifiés : une bouteille est vitrifiée, on ne peut pas dire qu'elle est vitrifiable, ou vitrescible.

Mais nous venons de dire (& c'est une vérité constante) que toute matiere qui a été vitrifiée, est fusible, fusible par elle-même. Si la matiere des noyaux des grandes montagnes a été vitrifiée, elle doit donc être fusible par elle-même. Or, l'expérience nous apprend le contraire : nous sommes donc autorisés à conclure qu'elles n'ont pas été vitrifiées, tant parce qu'elles sont encore vitrifiables, que parce qu'elles sont infusibles.

Nous avons donc raison d'être étonnés que M. de Buffon se soit expliqué ainsi : « Toutes les matieres terrestres ont » le verre pour bâse, & peuvent être réduites en verre par le » moyen du feu (*) ». Il nous semble que de la supposition que toutes les matieres terrestres peuvent se réduire en verre, la seule proposition générale qu'on en pourroit déduire, c'est qu'elles sont toutes une matiere vitrescible.

(*) T. I, p. 17.

Mais, qu'entend-on par cette propriété d'être toutes réduites en verre ? Le verre n'est point une substance simple ; le verre n'est l'état naturel d'aucune substance ; le verre n'est point une substance indestructible. Pour être susceptible de vitrification, il faut qu'une substance soit fixe, qu'elle soit déjà composée : parmi les substances que les Physiciens & les Chymistes regardent comme simples & élémentaires, la terre est la seule qui soit fixe. Il y a de très-grandes variétés d'opinion sur la terre primitive & élémentaire ; nous n'entrerons point ici dans cette discussion, & nous ne prendrons encore aucun parti sur cette question : mais quelles que soient les opinions, elles se réunissent toutes à un point, qui seul nous intéresse dans ce moment ; c'est que l'élément terreux, éminemment simple & pur, est inaltérable au feu ; & que pour qu'il puisse se convertir en verre, il faut qu'il soit uni à des principes salins ou phlogistiques : la vitrification ne peut donc avoir lieu que dans un mixte. Or, il n'est pas étonnant, dès-lors, que toutes les matieres terrestres puissent se réduire en verre, puisqu'il est évident qu'elles ont toutes pour bâse une terre quelconque unie déjà à des matieres salines & phlogistiques, & qu'on peut augmenter les proportions du mélange : la perfection de la vitrification n'aura lieu que dans le mélange le plus parfait, les autres matieres parviendront à des degrés de vitrification plus ou moins complettes, & deviendront ainsi des matieres plus ou moins vitrifiées, suivant les proportions qui auront formé leurs combinaisons.

Il résulte de-là que toutes les matieres vitreuses ont la terre pour bâse, & que de toutes les unions de la terre avec des matieres salines ou phlogistiques, il se forme des produits, des mixtes vitrifiables ; ce qui est exactement le contraire des mixtes vitrifiés. Il ne nous paroît donc pas que cette assertion, « Toutes les matieres terrestres ont le verre pour » bâse », soit juste. Ce qu'on peut seulement affirmer, c'est que tous les mélanges terrestres & salins sont vitrifiables ; & nous ne concevons pas que de cette observation on puisse rien conclure en faveur de la supposition que la Terre a déjà été vitrifiée : il faudroit donc, de ce que les matieres calcaires peuvent être réduites en chaux, conclure qu'elles ont la chaux pour bâse, &c, &c. Si de ce que toutes les matieres pourroient ultérieurement être réduites en verre, on se croyoit en droit d'en induire que toutes ces matieres ont le verre pour bâse; on seroit bien plus autorisé à conclure que c'est l'argille, que toutes les substances ont véritablement pour bâse; car le verre se réduit en argille. Nous verrons ailleurs ce qu'il faut penser de cette conclusion.

La propriété vitrescible ne décele donc pas, dans les matieres où elle réside, un état de vitrification antécédente: mais voyons quels sont les caracteres qui peuvent faire supposer qu'un corps a passé par cet état.

Nous avouons que nous ne connoissons aucun caractere vraiment démonstratif de l'état de vitrification (c): mais une propriété qui convient essentiellement à toute vitrification, encore qu'elle ne convienne pas à la vitrification seule, c'est la fusibilité. Nous ne connoissons aucune matiere qui, après avoir éprouvé une vitrification dont on soit assuré, ne

---

(c) Le verre est une matiere transparente, dure, solide, cassante; il résiste à l'action de l'air, de l'eau, des acides, & de tous les dissolvans, quand il est de bonne qualité; enfin il ne se fond qu'à un degré de chaleur très-fort, *Macquer*, Dict. de Chymie, article *Verre*.

Or certainement aucun de ces caracteres ne convient uniquement & exclusivement au verre: il y a plus, la réunion de tous ces caracteres ne le désigne pas exclusivement. Le crystal de roche, une très-grande partie des pierres transparentes possedent toutes ces propriétés; le verre ne les a lui-même que quand il est d'une bonne qualité.

se fonde au feu, sans lui ajouter aucune autre matiere. Le retour à l'état de fusion peut être produit dans toute masse vitrifiée.

Or les matieres vitrescibles, que M. de Buffon confond avec des produits vitreux, & qu'il nous donne pour des restes & pour des preuves de cette vitrification, sont infusibles; elles seroient donc exactement des preuves du contraire.

M. de Buffon avoue que jusqu'à ce jour on n'a pas encore eu des miroirs assez puissans pour réduire en verre certaines matieres du genre vitrescible; telles que le crystal de roche, le silex ou la pierre à fusil (*).

(*) T. X du Supplément, p. 220.

M. de Buffon met donc ici le crystal de roche au nombre des matieres vitrescibles qui ont déjà été fondues, qui sont un produit du feu, & qui, déjà vitrifiées par lui, peuvent être par lui fusibles encore. Mais quel Naturaliste, quel Chymiste peut être ici de son avis? Ni les lieux dans lesquels se trouve le crystal de roche, ni les matieres qui le contiennent, qui le supportent & l'entourent, ni sa propre nature, ni les corps qu'il enveloppe & renferme souvent, & notamment l'eau qui s'y rencontre fréquemment, ne rendent cette idée admissible; aussi est-elle absolument contraire à tout ce que pensent & à tout ce qu'ont écrit les Chymistes & les Naturalistes les plus distingués.

Le silex est donc aussi du nombre des pierres déjà vitrifiées & vitrifiables encore; mais cette substance ne porte aucun caractere de vitrification. On trouve souvent, & même le plus communément, les silex dans des bancs calcaires, où ils paroissent s'être formés très-postérieurement à la formation de ces bancs mêmes ; toutes les matieres environnantes étant donc dès-lors, & avant l'existence de ces silex, à l'état calcaire, & s'y trouvant encore aujourd'hui, il est évident que ce n'est pas au feu, à une vitrification proprement dite, que les silex qui s'y rencontrent en abondance doivent leur état. Il y a plus, par la vitrification, ces silex, en passant à l'état de verre, sont décomposés ; ce n'est point des particules de silex qui se reproduisent & se manifestent, c'est de l'argille. Si les silex avoient été vitrifiés, ils seroient donc du verre ; ils ressembleroient à la pierre obsidienne (*), aux produits vitreux de l'Isle de l'Ascension (**), au verre capillaire de l'Isle de Bourbon ; ou si ce verre avoit été détruit, décomposé, il seroit redevenu de l'argille (*d*).

(*) Pumex vitreus Linei.

(**) Pumex scorianus Linei.

Nous le répétons donc avec confiance, & nous insistons particulierement sur cette considération, parce que c'est elle qui paroît avoir déterminé tout le systême de M. de Buffon ; que c'est d'elle qu'il tire sa très-majeure partie de ses preuves : il est indispensable d'adopter deux vérités cer-

(*d*) M. Macquer s'exprime ainsi dans son Dictionnaire de Chymie, article *Vitrification :* presque toutes les pierres vitrifiables que nous connoissons, tels que les diamans, le crystal de roche, & autres pierres dures & transparentes, paroissent avoir été d'abord distribuées & portées en molécules infiniment petites dans les eaux, qui ayant laissé déposer ensuite ces particules de terre vitrifiables les unes sur les autres, leur ont permis de former des masses solides très-dures & très-transparentes ; la crystallisation réguliere de ces pierres précieuses est une preuve sensible de cette vérité.

taines ; l'une, que le vitrescible ou le vitrifiable est absolument différent du vitreux, ou du vitrifié ; l'autre, que nulle des matieres citées par M. de Buffon comme des produits de vitrification antérieure, ne paroît avoir passé par cet état.

Mais nous avons du verre naturel, du verre produit par le feu des volcans, & qui se trouve dans un état parfait de vitrification. Cette substance n'est sûrement pas inconnue à M. de Buffon. Il y en a de très-beaux morceaux dans le Cabinet du Roi ; pourquoi ne les cite-t-il pas ? Il a vu sans doute que ce verre, véritablement verre, ne pouvoit être assimilé aux matieres vitrescibles qu'il nous présente comme étant déjà vitrifiées : le verre de l'Isle de l'Ascension, le verre capillaire de l'Isse de Bourbon, les pierres obsidiennes sont fusibles, comme le seront toujours tous produits vitreux ; mais il est impossible de dire qu'ils sont vitrifiables.

Enfin M. de Buffon avoue lui-même que ces prétendues matieres vitreuses sont solubles dans l'eau ; que par leur solution elles se réduisent en une pâte molle qu'il reconnoît pour de l'argille : il paroît donc que l'induction la plus naturelle à en tirer eût été, comme nous l'avons déjà dit, que celles de ces matieres vitrescibles qui ne sont pas à l'état vitreux, comme y sont les trois dont nous venons de parler, ne sont que de l'argille durcie, que de l'argille desséchée, & dont la différente nature dépend de différentes combinaisons, de différentes compositions, de différentes décompositions, de différentes surcompositions, desquelles il résulte que l'état argilleux primitif est plus ou moins changé. L'addition de l'eau avec laquelle elles sont miscibles, leur rend

S 2

ce qu'elles avoient perdu par le desséchement; par leur mélange avec cette eau surabondante, elles redeviennent ce qu'elles étoient avant qu'elles eussent perdu cette eau; en la reperdant, elles redeviendroient dans l'état où elles étoient avant qu'on la leur eût rendue, en éprouvant cependant quelque altération plus ou moins sensible à chaque changement d'état. Toutes ces matieres vitrescibles, mais non vitrifiées, ne seroient donc que des terres du genre des argilles, d'abord dissoutes, ensuite précipitées dans l'eau, enfin desséchées, & encore solubles dans leur premier dissolvant; & cette opinion seroit plus vraisemblable : mais ce n'est point ici qu'il convient de l'établir ou de la discuter.

On ne peut donc pas conclure, comme le fait M. de Buffon (*), que, quoique nous n'ayons de témoins apparens de la premiere forme de la Terre, que les montagnes composées de rochers vitrescibles, cependant ces témoins sont sûrs & suffisans, & qu'on ne peut pas douter que ces montagnes ne doivent leur origine au feu (e). Nous avons prouvé qu'elles ne pouvoient être des boursoufflures du globe lors de son refroidissement, & nous venons de démontrer qu'elles n'ont jamais été vitrifiées.

(*) Suppl. T. IX, p. 126.

Suivons notre Auteur dans l'exposition des grands événemens de cette Epoque : selon lui, « les plus grandes » éminences, profondeurs extérieures & cavités intérieu» res, se sont trouvées dès-lors, & se trouvent encore au» jourd'hui sous l'équateur, entre les deux tropiques; parce

(e) M. de Buffon avoit d'abord pensé que ces montagnes étoient formées par les eaux. Voyez T. I, pag. 129 & suiv.

» que cette zone de la surface du globe est la derniere qui » s'est consolidée ; & que c'est dans cette zone où le mouve- » ment de rotation étant le plus rapide, il aura produit les » plus grands effets, la matiere en fusion s'y étant éle- » vée plus que partout ailleurs & s'étant refroidie la der- » niere (*) ».

(*) Ibid. p. 128.

Nous ne pensons pas qu'il soit bien certain que les points les plus élevés de la Terre soient sous l'équateur ; les hauteurs du grand plateau de l'Asie, les chaînes Altaïques & Ouraliques, parcourues par M. Pallas, sont peut-être plus élevées au-dessus de la mer (*f*) : mais sans renoncer à expliquer la formation de ces montagnes, & à déduire les véritables causes de leur excessive élévation du même principe que M. de Buffon présente ici, & que nous adoptons ; enfin sans nous expliquer encore sur cette théorie infiniment intéressante, nous reconnoissons que ces élévations sont l'effet de la force centrifuge, & qu'en même tems qu'elles s'expliquent par cette force, elles en démontreroient l'existence, si elle avoit encore besoin de démonstration.

Mais ce que nous ne pouvons concevoir, c'est que ces parties, très-élevées sous l'équateur, aient dû être refroidies longtems après des élévations beaucoup moindres, placées

(*f*) M. de Buffon est revenu lui-même à cette opinion, Tome X du Supplément, p. 266; & cette noble franchise, qui lui a fait abandonner quelquefois ses premieres idées, lorsque de nouvelles observations lui en ont présenté de plus vraisemblables, fait à la fois & l'éloge de son jugement, & celui de son amour pour la vérité.

hors des tropiques ; cette supposition est encore une des colonnes principales du systême : il paroît cependant qu'elle ne peut être fondée sur la théorie même de l'Auteur, & que cette théorie se refuse absolument à lui servir de bâse. C'est par la surface que s'est fait le refroidissement, c'est vers le centre que s'est conservé la plus grande chaleur ; c'est donc aux points les plus éloignés de ce centre que le refroidissement a dû être plus prompt : les parties les plus élevées ont dû même se refroidir plus rapidement, par deux raisons ; la premiere, parce qu'elles sont les plus éloignées de l'intensité du feu du centre, qui doit être regardé comme le foyer commun ; la seconde, parce qu'à raison de leur élévation elles ont plus de surface sous une masse égale. Les parties les plus éloignées du centre de la Terre, qui sont évidemment les parties les plus élevées du globe, ont donc dû se refroidir les premieres : les principes les plus sûrs, les plus simples & les plus connus de la Physique le démontrent.

M. de Buffon, d'accord en cela avec les vrais principes & avec la théorie générale, présente dans trente endroits de son Ouvrage, l'éloignement du centre comme une cause de refroidissement : il ne nous paroît donc pas très-conséquent dans l'assertion qu'il avance ici ; *les montagnes de l'équateur ont été refroidies les dernieres.* Cependant ces montagnes sont les plus hautes ; les zones polaires se rapprochoient du centre, tandis que les zones équatoriales s'en éloignoient. Les dernieres auroient donc dû être plutôt refroidies que les premieres ; la région de l'équateur auroit donc dû être plutôt & constamment plus froide que la région des poles; &c, à plus forte raison, les montagnes de cette zone auroient dû être refroidies avant celles des régions polaires: cette conclusion nous paroît évidente.

On pourroit même trouver encore une troisieme cause puissante de ce refroidissement antérieur des montagnes de l'équateur. Suivant M. de Buffon, elles sont élevées sur un terrein rempli de grandes cavités intérieures; cet espace vide, ou rempli d'air & de vapeurs, si l'on veut, ne peut certainement acquérir, comporter & communiquer autant de chaleur qu'une masse solide égale aux dimensions de ce même espace. Ces zones remplies de grandes cavités intérieures n'ont donc pu entretenir & communiquer aux montagnes qui s'élevent au-dessus d'elles autant de chaleur que les zones polaires dont l'intérieur étoit infiniment plus solide.

M. de Buffon présente, à la vérité, une raison de l'antériorité du refroidissement des poles; il observe que l'action du Soleil étant plus grande sous l'équateur que vers les poles, il en résulte que les contrées polaires ont dû, par cette raison, être refroidies plutôt que les climats de l'équateur (*).

(*) T. IX, p. 166.

Voyons quel auroit dû être l'effet de cette action du Soleil, & de sa différente intensité sur l'équateur & sur les poles.

M. de Buffon a prouvé (*) que la compensation de la chaleur totale du Soleil sur le globe n'avoit pu retarder son refroidissement que de 770 ans, sur 74047: en supposant donc que les terres polaires n'eussent reçu pendant ces 74047 ans, aucun degré de chaleur du Soleil, elles

(*) T. IV du Supplément, p. 98.

auroient été, à cette époque, à l'état de froid où l'équateur ne devoit arriver que 770 ans plus tard, ou en 74817 : la chaleur des terres équatoriales eût donc été, il y a 770 ans (*g*) à celle des terres polaires, comme 74817, durée de la chaleur de l'équateur prolongée par l'addition de la chaleur solaire, est à 74047, durée de la chaleur des poles supposés privés de l'addition de cette chaleur solaire ; & si l'on exprime par 100 la chaleur quelconque que ces terres équatoriales auroient eue alors, celle des poles se trouveroit égale à environ 99, parce que 74817 : 74047 :: 100 : 98 + $\frac{72634}{74817}$; c'est-à-dire que soixante-quatorze mille huit-cent dix-sept est à soixante-quatorze mille quarante-sept, comme cent est à quatre-vingt-dix-huit plus une fraction qui égale presque un entier, ou soixante-douze soixante-quatorziemes.

La chaleur des terres équatoriales n'auroit donc jamais excédé celle des terres polaires que dans la proportion de cent à quatre-vingt-dix-neuf.

Mais cette différence même n'eut pu avoir lieu que dans le cas où ces terres auroient été à égale distance du foyer intérieur ; car la distance des foyers est, de l'aveu de l'Auteur, la plus grande cause de l'accélération du refroidissement : or les terres polaires sont assurément plus près du centre du foyer que les terres équatoriales ; donc elles ont dû se refroidir moins vîte.

(*g*) Nous nous supposons ici en l'an 74817 de la formation de la Terre. Selon l'Auteur, nous sommes en l'an 75000 ; mais une différence de 183 ans peut être négligée, & regardée comme nulle.

Considérons

Considérons quel seroit l'effet des différentes distances du centre aux poles & à l'équateur. Il est généralement connu que le grand diametre de la Terre, qui passe par l'équateur, est de 2874 lieues, & que le petit diametre, ou l'axe qui passe par ses poles est de 2858 ; les rayons à l'équateur sont donc de 1437, ceux aux poles de 1429.

Or la chaleur qui émane d'un point agit sur les corps, surtout dans une masse solide où rien ne trouble sa marche & ne nuit aux loix de sa répartition, en raison réciproque des quarrés des distances.

Donc la chaleur des poles doit être plus grande que celle de l'équateur. Le quarré de la distance d'un point de l'équateur au centre de la Terre est de 2064969, celui de la distance du pole est de 2042041, & leur proportion est à-peu-près : : 1011 : 1000, ou, si l'on veut, : : 100 : 101 ; c'est-à-dire comme cent est à cent-un : les poles doivent donc recevoir un centieme de chaleur de plus que l'équateur. Or si, comme nous venons de le prouver, d'après les principes de M. de Buffon, l'équateur recevoit seul toute l'action du Soleil, & que les poles ne le vissent jamais, il recevroit de cet astre un centieme de chaleur de plus que les poles : mais ceux-ci en recevroient un centieme de plus que l'équateur en raison de leur plus grande proximité du centre : donc, dans la supposition même où les rayons du Soleil ne parviendroient jamais aux poles, les poles devroient, d'après la théorie de M. de Buffon, être au même degré de chaleur que l'équateur : mais ces climats voient le Soleil autant de tems que l'équateur ; & quoique sa lumiere y soit beaucoup plus foible, son effet ne peut y être regardé comme nul ; donc ils devroient être plus chauds que l'équateur ; donc les montagnes de l'équateur, beaucoup plus élevées que celles des poles, & qui reposent sur des cavernes, tandis que celles des poles sont une masse continue avec le globe solide, auroient dû être plutôt refroidies & par conséquent plutôt habitées. En adoptant donc tous les principes de l'Auteur, il en résulteroit qu'il n'y auroit pas 770 ans que les poles ne jouissent plus du degré de chaleur qu'éprouve aujourd'hui l'équateur, puisque tout l'effet de la compensation opérée par le Soleil s'est borné à retarder le refroidissement du globe de 770 ans sur 74047, & c'est ce qu'il en déduit lui-même. Mais il résulteroit encore de ces principes, & par une déduction évidente, que jamais les poles ne devroient être aussi froids que l'équateur, tant que le foyer du centre de la Terre conservera une chaleur plus grande que celle des rayons du Soleil arrivés sur la surface du globe.

Comment les poles sont-ils donc glacés, inhabitables depuis plusieurs milliers d'années ?

Quelle que soit la cause du différent état de chaleur des poles & de l'équateur, quelle que soit l'époque à laquelle ces premiers ont été glacés & inhabitables, après avoir été des régions fertiles & tempérées ; ce n'est pas dans le systême que nous analysons qu'il faut chercher cette cause & cette époque.

Nous établirons ailleurs quelle est la cause premiere active & déterminante de la chaleur dans la Nature ; nous prouverons que dans des circonstances différentes, & qui dépendent de grandes loix que nous ferons connoître, les effets de cette cause primitive de toute chaleur varient sur la surface du globe ; nous dirons pourquoi ils sont différens, non-seulement sur différens lieux en même tems, mais sur les mêmes lieux en des tems différens ; & des poles à l'équateur, notre théorie embrassera tous les momens des grandes révolutions & tous les points de l'espace.

Ce feu central, cette hypothese dénuée de toutes preuves, cette supposition absolument précaire, déduite d'une prétendue vitrification qui n'a jamais existé, que proscrit l'examen attentif de la Terre ; cette hypothese que détruiroient toutes les observations physiques, si nous nous permettions de les rapporter ici, mais qui trouveront leur place ailleurs ; cette hypothese enfin qui sert de base à tout le systême, écroûle donc par sa seule incohérence avec ce systême, & l'entraîne dans sa chûte. M. de Buffon a bien senti lui-même que ce refroidissement des poles étoit impossible à concilier avec sa théorie ; qu'il ne se déduisoit point des loix du refroidissement d'un sphéroïde applati vers les poles ; que, l'accession de la chaleur solaire sur les terres équatoriales, ajoûtant fort peu à la chaleur de celles-ci, & ne pouvant rien diminuer à celle des poles, la différence restoit infiniment peu sensible. Il invoque, & fait descendre sur les poles *ces ministres du froid, l'eau, la neige & la grêle* (*), comme si ces ministres du froid avoient pu habiter près d'un globe brûlant, & dans les régions inférieures d'une atmosphere formée des émanations de ce globe : mais l'Auteur a prévu lui-même l'objection ; il convient « que la chûte des eaux, soit sur l'équateur, soit sur les » poles, n'étant que la suite d'un refroidissement à un cer-

(*) Suppl. T. IX, p. 332.

» tain degré de chacune de ces deux parties du globe, elle » n'a eu lieu dans l'une & dans l'autre, que quand la tem» pérature de la Terre, & celle des eaux tombantes ont » été respectivement la même, & que par conséquent cette » chûte d'eau peut n'avoir pas autant contribué qu'il le dit » à accélerer le refroidissement sur le pole plus que sur » l'équateur (*) ».

(*) Ibid. p. 238.

En abandonnant donc cette puissante intervention des ministres du froid, qui certainement n'auroient pu habiter alors sur les poles, M. de Buffon se réduit à faire observer que les vapeurs, & par conséquent les eaux tombantes sur l'équateur avoient plus de chaleur, à cause de l'action du Soleil, & que par conséquent elles ont refroidi plus lentement les terres de la zone torride; ensorte, (ajoûte-t-il tout de suite & dans la même phrâse) « que j'admettrois au moins 9 à » 10000 ans entre le tems de la naissance des éléphans dans » les contrées septentrionales, & le tems où ils se seront re» tirés vers les contrées méridionales (*) ».

(*) Ibid. p. 239.

Mais cet effet de la chaleur solaire sur les vapeurs de l'atmosphere se confond avec l'effet déjà calculé des rayons solaires sur les terres équatoriales, comme la chaleur de ces vapeurs se confond avec celle des surfaces sur lesquelles elles s'abaissent; elles n'ont pu se rencontrer, se joindre, que lorsqu'elles ont eu la même intensité de chaleur, ainsi que nous l'avons prouvé; enfin ce ralentissement du refroidissement de l'équateur par les rayons solaires a été calculé par M. de Buffon : on y voit (*) que toute la compensation que les rayons solaires ont faite à la perte de la chaleur du globe a retardé ce refroidissement de 770 ans sur 74047. En

(*) Suppl. T. IV, p. 99.

supposant donc, comme nous l'avons déjà dit, que toute cette compensation eût tourné au profit de l'équateur, & que les poles n'eussent pas reçu du foyer une plus grande chaleur que l'équateur, il auroit été refroidi 770 ans plus tard que les poles. Comment a-t-il donc fallu 9 à 10000 ans aux éléphans pour passer des contrées septentrionales aux contrées méridionales? Nous n'insisterons pas plus longtems sur ces observations susceptibles encore d'une multitude d'applications, toutes également inconciliables avec les principes de cet Auteur, sur la production, la répartition & la déperdition de la chaleur.

En voilà assez pour ce qui concerne, & la prétendue vitrification, & la chaleur centrale, & les inductions qu'on en tire; il nous paroît très-démontré que ce que l'Auteur a pris pour des preuves de vitrification, fournit au contraire des preuves évidentes qu'il n'y a point eu de vitrification, puisque toutes ces matieres sont encore vitrescibles, qu'elles ne sont point fusibles comme les matieres vitrifiées, qu'elles ne sont point à l'état vitreux, & qu'elles ne peuvent y arriver que par une vitrification actuelle. Nous avons démontré que dans son systême les terres équatoriales auroient dû être refroidies & habitées les premieres. Enfin, il nous paroît difficile de concevoir que les éléphans se soient établis dans des climats où la chaleur étoit égale à 103 degrés de nos thermometres, comme nous le prouverons bien-tôt; qu'il leur ait fallu attendre 9 à 10000 ans pour naître, & pour pouvoir arriver sur les terres équatoriales, qui, selon les principes mêmes de l'Auteur, ont dû être refroidies au même degré que celles qu'ils ont habitées d'abord, 770 ans plus tard seulement (*h*).

C'est assez parler des effets que M. de Buffon fait produire par le feu sur la masse du globe de la Terre dans ses deux premieres Epoques. Passons à la troisieme, où nous verrons les effets de l'eau.

TROISIEME ÉPOQUE,

Lorsque les Eaux ont couvert nos Continens ;

Extrait de l'Exposition de M. DE BUFFON.

A LA date de 30 ou 35000 ans de la formation des planetes, la Terre se trouvoit assez attiédie pour recevoir les eaux sans les rejetter en vapeurs : alors le chaos de l'atmosphere se débrouilla ; les eaux, & avec elles les autres matieres volatiles, se précipiterent ; elles remplirent les profondeurs, couvrirent les plaines ; elles surmonterent même les éminences qui n'étoient pas excessivement élevées. Il est démontré par les monumens que la mer a laissés, qu'elle s'éleva de plus de 2000 toises au-dessus de son niveau actuel : les coquilles que l'on trouve à cette hauteur doivent donc nous porter à croire que les ani-

(*h*) Si la compensation de la chaleur du Soleil n'a été que de 770 ans, sur 74047, elle n'a dû être sur 60000, qu'environ 624.

maux auxquelles ces dépouilles ont appartenu, ont été les premiers habitans du globe (*).

La chûte précipitée des eaux & des matieres volatiles sur la Terre aride, brûlante, desséchée; crevassée par le feu, dut produire des effets prodigieux; la séparation de l'élément de l'air & de l'élément de l'eau; le choc des vents & des flots, qui tomberent en tourbillons sur une terre fumante; la dépuration de l'atmosphere, qu'auparavant le Soleil ne pouvoit pénétrer; cette même atmosphere obscurcie de nouveau par les nuages d'une épaisse fumée; la cohobation mille fois répétée, & le bouillonnement continuel des eaux tombées & rejettées alternativement; enfin la lessive de l'air par l'abandon des matieres volatiles précédemment sublimées, qui toutes s'en séparerent & descendirent avec plus ou moins de précipitation: quels mouvemens, quelles tempêtes ont dû précéder, accompagner & suivre l'établissement local de chacun de ces élémens! & ne devons nous pas rapporter à ces premiers momens de choc & d'agitation les bouleversemens, les premieres dégradations, les irruptions & les changemens qui ont donné une seconde forme à la Terre? Il est aisé de sentir que les eaux qui la couvroient alors presque toute entiere, étant continuellement agitées par la rapidité de leur chûte, par l'action de la Lune sur l'atmosphere & sur les eaux déjà tombées, par la violence des vents, &c. auront obéi à toutes ces impulsions, & que dans leurs mouvemens, elles auront commencé par sillonner plus à fond les vallées de la Terre, par renverser les éminences les moins solides, rabaisser les crêtes des montagnes, percer

(*) Ibid. p. 132 & suiv.

leurs chaînes dans les points les plus foibles ; & qu'après leur établissement, ces mêmes eaux se sont ouvert des routes souterraines, qu'elles ont miné les voûtes des cavernes, les ont fait écroûler, & que par conséquent ces mêmes eaux se sont abaissées successivement pour remplir les nouvelles profondeurs qu'elles venoient de former. Les cavernes étoient l'ouvrage du feu ; l'eau, dès son arrivée, a commencé par les attaquer ; elle les a détruites & continue de les détruire encore : nous devons donc attribuer l'abaissement des eaux à l'affaissement des cavernes, comme à la seule cause qui nous soit démontrée par les faits (*).

(*) Ibid. p. 136 & suiv.

C'est alors que les eaux ont porté dans l'intérieur des montagnes les matieres combustibles provenant du détriment des végétaux, ainsi que les matieres pyriteuses, bitumineuses & minérales, pures ou mêlées de terre & de sédimens de toute espece (*).

(*) Ibid. p. 144.

Comme le globe terrestre n'est pas une sphere parfaite ; qu'il est plus épais sous l'équateur que sous les poles, & que l'action du Soleil est aussi bien plus grande dans les climats méridionaux ; il en résulte que les contrées polaires ont été refroidies plutôt que celles de l'équateur. Ces parties polaires de la Terre ont donc reçu les premieres les eaux & les matieres volatiles qui sont tombées de l'atmosphere ; le reste de ces eaux a dû tomber ensuite sur les climats que nous appellons tempérés ; ceux de l'équateur auront été les derniers abreuvés. Il s'est passé bien des siecles avant que les parties de l'équateur aient été assez attiédies pour admettre les eaux : l'équilibre & même l'occupation des mers a donc été long-tems à se former &

à

à s'établir ; & les premieres inondations ont dû venir des deux poles. Mais nous avons remarqué que tous les continens terrestres finissent en pointe vers les régions australes ; ainsi les eaux sont venues en plus grande quantité du pole austral, que du pole boréal, d'où elles ne pouvoient que refluer & non pas arriver du moins avec autant de force ; sans quoi les continens auroient pris une forme toute différente de celle qu'ils nous présentent ; ils se seroient élargis vers les plages australes, au-lieu de se rétrécir. En effet, les contrées du pole austral ont dû se refroidir plus vîte que celles du pole boréal, & par conséquent recevoir plutôt les eaux de l'atmosphere, parce que le Soleil fait un peu moins de séjour sur cet hémisphere austral que sur le boréal : & cette cause me paroît suffisante pour avoir déterminé le premier mouvement des eaux, & le perpétuer ensuite assez long-tems pour avoir aiguisé toutes les pointes des continens terrestres (*).

(*) Ibid. p. 166.

Les eaux après être arrivées des régions polaires ont gagné celles de l'équateur. C'est dans ces terres de la zone torride que se sont faits les plus grands bouleversemens ; pour s'en convaincre, il ne faut que jetter les yeux sur un globe géographique ; on reconnoîtra que presque tout l'espace compris entre les cercles de cette zone, ne présente que les débris de continens bouleversés, & d'une terre ruinée (*).

(*) Ibid. p. 181.

Mais nous devons observer que le mouvement général de mers ayant commencé de se faire alors, comme il se fait encore aujourd'hui, d'orient en occident, elles ont travaillé la surface de la Terre dans ce sens d'orient en occident, autant & peut-être plus qu'elles ne l'avoient fait précédemment dans le sens du midi au nord. L'on n'en doutera pas, si l'on fait attention à un fait très-général & très-vrai; c'est que dans tous les continens du monde, la pente des terres, à la prendre du sommet des montagnes, est toujours beaucoup plus rapide du côté de l'occident que du côté de l'orient: les revers des montagnes sont de même plus escarpés à l'ouest qu'à l'est, parce que le mouvement général des mers s'est toujours fait d'orient en occident, & qu'à mesure que les eaux se sont abaissées, elles ont détruit les terres & dépouillé le revers des montagnes dans le sens de leur chûte; comme l'on voit dans une cataracte les rochers dépouillés & les terres creusées par la chûte continuelle de l'eau. Ainsi tous les continens terrestres ont d'abord été aiguisés en pointe vers le midi par les eaux qui sont venues du pole austral plus abondamment que du pole boréal; ensuite ils ont été tous escarpés en pente plus rapide à l'occident qu'à l'orient, dans le tems subséquent où ces mêmes eaux ont obéi au seul mouvement général qui les porte constamment d'orient en occident (*).

(*) Ibid. p. 184.

OBSERVATIONS

SUR LA TROISIEME EPOQUE,

Lorsque les Eaux ont couvert nos Continens.

« A LA date de 30 ou 35000 de la formation des plane-
» tes, la Terre se trouva assez attiédie pour recevoir les
» eaux, sans les rejetter en vapeurs ».

Voyons quel étoit l'état de chaleur du globe à cette

époque, que nous fixerons à l'an 32582, parce que ce nombre est à-peu-près moitié de l'intervalle entre 30 & 35000; & surtout, parce qu'il est divisible par 2962 : nous avons donc onze périodes de 2962 ans, la Terre avoit donc perdu alors $\frac{11}{25}$ de sa chaleur ; car, selon M. de Buffon, elle en a perdu un vingt-cinquieme pendant chaque périodes de 2962 ans (*). Cette chaleur étoit, dans l'origine, égale à 640 degrés (*i*), dont le vingt-cinquieme est 25 $\frac{15}{25}$, qui, multipliés par 11, font 276 $\frac{15}{25} = \frac{3}{5}$: en ôtant donc 276 $\frac{15}{25}$ de 640, on aura l'état de la chaleur de la Terre en l'an 32582, exprimé en degrés du thermometre; c'est-à-dire, 363 $\frac{10}{25}$; & telle devoit être la chaleur de la Terre à cette époque : mais l'eau bout & s'évapore à 80 degrés, comment peut-elle donc en soutenir 363, c'est-à-dire une chaleur quatre fois & demie plus forte sans être rejettée en vapeurs ? Le plomb fond à 226 degrés, comment regarder 363 degrés comme une température assez attiédie pour que l'eau ne soit point rejettée en vapeurs ? Il est évident que cette supposition est absolument inadmissible.

(*) T. IV, p. 98.

Mais en la recevant qu'a-t-il dû arriver ? « La chûte » précipitée des eaux & des matieres volatiles sur la Terre » aride, brûlante, desséchée, crevassée par le feu, dut pro-

(*i*) Selon M. de Buffon, T. IV, p. 97, la chaleur de la Terre, au premier moment de sa formation, étoit égale à celle du fer fondu ; celle-ci est huit fois plus grande que celle de l'eau bouillante : or la chaleur de l'eau bouillante peut être estimée à 81 ou 82 degrés de nos thermometres. Nous ne l'estimons qu'à 80 ; la chaleur du fer, huit fois plus grande, est donc égale à au moins 640 degrés de nos thermometres.

» duire des effets prodigieux : la séparation de l'élément » de l'air & de l'élément de l'eau ; le choc des vents & » des flots qui tomberent en tourbillons sur une terre fu» mante ; la dépuration de l'atmosphere, qu'auparavant le » Soleil ne pouvoit pénétrer ; cette même atmosphere obs» curcie de nouveau, par les nuages d'une épaisse fumée ; » la cohobation mille fois répétée, & le bouillonnement » continuel des eaux tombées & rejettées alternativement ; » enfin, la lessive de l'air, par l'abandon des matieres vo» latiles précédemment sublimées, qui toutes s'en séparerent » & descendirent avec plus ou moins de précipitation : » quels mouvemens, quelles tempêtes ont dû précéder, » accompagner & suivre l'établissement local de chacun » de ces élémens ! & ne devons-nous pas rapporter à ces » premiers momens de choc & d'agitation, les boulever» semens, les premieres dégradations, les irruptions & les » changemens qui ont donné une seconde forme à la » Terre (*) »?

(*) P. 136.

Que ce tableau est frappant ! avec quelle chaleur de pinceau, quelle énergie de style il est tracé ! Mais représente-t-il effectivement ces premiers momens de la Nature d'après l'hypothese même de l'Auteur ?

Nous avons vu qu'à la date de 32582, la chaleur du globe étoit encore de 363 degrés ; dans cet état de la surface de la Terre, les eaux ne pouvoient certainement s'y établir ; elles devoient même non-seulement être rejettées en vapeurs, mais tenues en expansion à des distances très-éloignées de ce globe. Lorsqu'il avoit une chaleur aussi considérable, les eaux ne pouvoient s'en approcher pour être rejettées, cohobées, &c. &c. : mais nous allons plus loin ; nous croyons facile de démontrer que dans aucun cas, dans aucun état du refroidissement progressif, elles n'ont pu s'y précipiter en masse & en torrens : nous l'avons déjà dit dans l'Epoque précédente, & nous croyons nécessaire de développer encore une fois cette vérité.

Dans l'état primitif, la Terre incandescente comme le Soleil, brûlante comme lui, devoit, ainsi que lui, repousser les vapeurs & toutes les autres substances volatiles, & les tenir éloignées de sa surface, comme le Soleil les tient éloignées de la sienne ; & nous avons déjà prouvé qu'il étoit impossible de concevoir que le flot, le torrent lancé par la comete, & qui étoit au même degré de chaleur que le Soleil, eût pu s'en charger, s'en pénétrer, & qu'il eût pu ensuite les chasser, les volatiliser, lorsque la chaleur a diminué.

Il est ici au moins aussi difficile d'entendre comment ces matieres aqueuses & volatiles ont pu se précipiter par flots, par torrens : la chaleur décroissant comme les tems, chaque diminution de chaleur, dans un instant infiniment petit, a dû être infiniment petite elle-même ; le refroidissement progressif s'est donc fait par degrés insensibles.

La chaleur excessive, mais décroissante, qui dans le premier instant repoussoit les vapeurs infiniment loin & les tenoit dans une expansion infinie, au second instant les repoussoit donc moins loin, d'une quantité infiniment petite, & les tenoit dans une expansion moindre d'une quantité infiniment petite ; cet éloignement & cette expansion ont donc décrû de quantités infiniment petites, pendant un nombre infini d'inftans fucceffifs. La fphere des vapeurs s'eft donc condenfée, & s'eft rapprochée du globe par des degrés infiniment petits. On apperçoit donc déjà qu'il ne peut y avoir eu des précipitations brufques & violentes, des chûtes par torrens : mais rendons cette vérité plus claire & plus évidente encore.

Concevons la fphere des vapeurs comme compofée d'une multitude infinie d'orbes ou de couches concentriques d'une épaiffeur infiniment médiocre ; la chaleur décroiffant comme les quarrés des diftances augmentent, toutes ces couches avoient des degrés de chaleur qui étoient entr'eux en raifon inverfe des quarrés de leurs diftances à la furface de la Terre : or leur épaiffeur étant infiniment petite, les quarrés des diftances de deux orbes, ou de deux couches concentriques contiguës, différoient infiniment peu ; donc la chaleur refpective différoit infiniment peu de couche en couche.

Tant que la chaleur du globe a été trop grande pour que la couche de vapeurs qui en étoit le plus près pût fe dépofer fur cette furface, celle qui étoit au-deffus ne pouvoit affurément y parvenir ; car il auroit fallu qu'elle eût traverfé la couche inférieure, & dès-lors elle auroit été repouffée, comme celle-ci l'étoit : donc tant que le globe a été trop chaud pour que la couche concentrique de vapeurs la plus prochaine pût fe dépofer fur fa furface, les couches fupérieures ne pouvoient y arriver ; mais lorfque la furface de ce globe eft parvenue à un point de refroidiffement, tel que cette couche la plus voifine a pu fe condenfer & fe dépofer fur cette furface (ce qui eft arrivé par des degrés insensibles), elle s'y est déposée lentement & paisiblement : alors elle a acquis une chaleur semblable à celle de la surface du globe ; celle qui la suivoit immédiatement a pris sa place : la distance de chaque couche au globe a diminué par la même suite de degrés qui avoient diminué la distance de la premiere couche, & nulle autre n'auroit pu traverser les inférieures pour se précipiter, puisqu'arrivée à la même distance, elle auroit été dans le même état ; le dépôt de toutes ces couches n'a donc pu se faire que successivement & par des épaisseurs infiniment petites, dans des instans infiniment petits. Il n'y a donc évidemment point eu de chûte précipitée ; mais un dépôt successif très-lent.

Par la même raison, il n'y a eu ni nuages de fumée, ni cohobations mille fois répétées ; la surface de la Terre n'a été touchée par la premiere couche de vapeurs condensées & réduites en eau, que lorsque cette surface n'a plus eu la chaleur nécessaire pour vaporiser cette eau, ou plutôt pour la forcer à rester dans l'état de vapeur ; état dans lequel elle n'auroit pu que se déposer lentement & paisiblement comme un brouillard ; elle n'auroit donc jamais pu tomber sous la forme d'eau en masse, de torrens. On croit, en lisant la description de M. de Buffon, voir une multitude de pompes lancer sur un incendie un immense amas d'eau ; ou plutôt on croit voir les cataractes du Ciel verser tous leurs flots sur la Terre ; & cependant il ne s'agit que d'un globe qui se refroidit lentement & paisiblement au milieu des vapeurs qu'il avoit répandues autour de lui.

Enfin il est démontré, il est évident par soi-même, que toutes les fois que des vapeurs se déposent spontanément &

dans un milieu libre sur un corps, ce corps n'a plus la chaleur nécessaire pour les tenir dans l'état de vapeur ; car l'état de température qui leur permet de se déposer, est nécessairement moindre que celui qui seroit capable de les repousser. Nous le répétons encore, il n'y a donc eu ni épaisse fumée, ni cohobation mille fois répétée, ni bouillonnement continuel des eaux tombées & rejettées alternativement.

Il est difficile de concevoir ce que M. de Buffon dit ici de la séparation de l'élément de l'air & de l'élément de l'eau. Si ce sont deux élémens, ils ont toujours eu une existence propre & particuliere ; ils ont existé séparément comme élémens ; il n'y a jamais eu confusion de l'élément aërien & de l'élément aqueux, ni union telle qu'il en ait résulté un mixte dans lequel il n'existoit ni air proprement dit, ni eau proprement dite, & où ils ne jouissoient ni l'un, ni l'autre de leurs propriétés essentielles & particulieres.

Il n'y a donc jamais eu confusion de l'élément de l'air & de l'élément de l'eau ; il n'y a donc point eu de séparation proprement dite & primitive de ces deux élémens ; & nous allons voir dans quel sens seulement on peut parler de leur séparation prétendue à l'Epoque dont il est ici question, & en conservant toujours les principes de notre Auteur.

M. de Buffon nous a dit très-expressément, que les planetes, en traversant l'atmosphere solaire, s'étoient chargées des parties aëriennes, aqueuses, volatiles dont elle est formée (*) : il nous a montré ces mêmes matieres se séparant, dès les premiers instans du refroidissement ; c'est-à-dire, s'échappant de la masse de verre fluide, & s'élevant en vapeurs. Quelle est donc cette nouvelle séparation qui s'est faire

(*) T. IX, p. 81 & suiv.

faite ici ? Il s'agit, à ce qu'il nous paroît, de la précipitation des vapeurs dans laquelle l'eau qui se précipite paroît se séparer de l'air, parce qu'il reste moins d'eau dans l'atmosphere. Mais cette façon de parler ne peut être employée en physique ; l'eau qui se précipite reste mêlée avec l'air dans une proportion très-considérable, quoiqu'elle ne soit pas encore déterminée ; l'air qui reste dans l'atmosphere y reste encore mêlé de beaucoup d'eau : enfin nous ne voyons pas un instant duquel on puisse dire physiquement qu'il y a eu séparation de l'élément de l'air & de l'élément de l'eau ; ce qui signifieroit que l'air & l'eau ont existé séparément & sans mélange, & non pas qu'ils ont été seulement mêlés l'un avec l'autre en moindre quantité.

Nous pensons encore qu'il ne pourroit y avoir eu alors ni grands vents, ni tempêtes. On ne peut admettre à cette Epoque que les vents réguliers qui auroient pu être produits, ou par l'excès de vitesse de la rotation de la Terre sur la vitesse de la rotation de son atmosphere, ou par les différentes raréfactions des différentes portions de cette atmosphere par le Soleil dans les différens aspects, ou enfin par l'action de la lune : or, aucune de ces trois causes ne pouvoit produire ni grands vents, ni tempêtes, puisqu'il n'y avoit point alors de nuages, & que toute l'atmosphere étoit parfaitement homogene quant à ses parties constituantes ; que tous les rayons, ou si l'on veut, tous les cônes dont le sommet auroit été à la surface de la Terre, & la bâse aux limites de l'atmosphere, auroient été entre eux d'une densité parfaitement égale : les eaux auroient donc dû s'établir lentement & paisiblement.

Enfin, l'Auteur en partant de cette supposition du refroidissement des poles antérieur au refroidissement de l'équateur, supposition que nous croyons avoir suffisamment détruite, fait marcher les torrens des eaux des poles à l'équateur : mais dans cette hypothese même, la maniere dont les eaux auroient dû s'étendre sur tout le globe, se joint à toutes les autres considérations pour rendre inconcevables ces grands mouvemens, ces actions violentes que suppose M. de Buffon. Cette marche des eaux sur la surface du globe, inégalement attiédi du pole à l'équateur, auroit été continuelle & progressive : la chaleur décroîssante de l'équateur au pole auroit dû décroître infiniment peu dans des intervalles infiniment petits ; de maniere que, quelque point que l'on eût choisi sur le méridien auroit été plus chaud que le point qui l'auroit précédé, & plus froid que celui qui l'auroit suivi d'une quantité infiniment petite. Les eaux n'auroient donc pu s'étendre que par une marche lente, continuelle & progressive ; elles auroient donc dû couvrir successivement & lentement toute la surface, sans éprouver aucun grand mouvement, aucune agitation puissante, sans produire aucuns grands effets. Une lame d'eau, d'égale épaisseur par-tout, auroit donc dû s'élever lentement & successivement sur toute la surface du globe, & les impressions que ces eaux auroient pu recevoir de la Lune & de la différente vitesse de rotation de la Terre, n'auroient pu devenir sensibles que lorsque cette lame seroit devenue une masse d'eau d'une grande épaisseur.

Supposons (car la forme ne fait rien ici) une barre de fer, rouge à l'une de ses extrémités, & dont l'autre ait une chaleur à peine sensible ; supposons encore que son épaisseur aille en croissant de l'extrémité froide à celle qui sera rouge ; plaçons-la dans le brouillard le plus épais : ce brouillard se déposera lentement sur la partie froide, & gagnera insensiblement l'autre extrémité à mesure que la barre se refroidira dans toute sa longueur. Nous n'observerons assûrément aucun des phénomenes si énergiquement décrits par M. de Buffon. Nous ne verrons sur l'extrêmité incandescente de la barre de fer ni flots qui tomberont en tourbillons, ni épaisse fumée, ni cohobations mille fois répétées, ni bouillonnement continuel, ni rien qui annonce que dans une plus grande masse, & que dans une atmosphere plus épaisse encore, si l'on pouvoit la supposer, il s'opérât rien de pareil (& cependant notre hypothese est aussi favorable qu'il soit possible à M. de Buffon) ; car l'atmosphere de vapeurs formées par la Terre, & impregnée de sa chaleur, étoit alors dans un état moins propre à la précipitation que le brouillard froid & épais dans lequel nous avons porté précipitamment notre barre de fer rouge.

A l'extrémité froide de cette barre l'humidité se déposera peu-à-peu, ne prendra qu'insensiblement la forme d'eau ; elle s'étendra lentement le long de la barre, & se mettra paisiblement & par une marche insensible à son niveau sur toute cette barre ; il n'y aura assûrement aucun grand versement d'un bout sur l'autre, aucune inondation venant de l'extrémité froide.

M. de Buffon va plus loin encore : il nous dit pourquoi le pole austral a dû se refroidir plutôt que le pole boréal ;

c'eſt, ſelon lui, parce que le Soleil fait un peu moins de ſéjour ſur l'hémiſphere auſtral que ſur le boréal.

En effet, le Soleil emploie 187 jours, ou à-peu-près, à parcourir les ſignes ſeptentrionaux ; il n'en emploie que 179 à parcourir les ſignes méridionaux ; ſon ſéjour ſur l'hémiſphere boréal eſt donc à ſon ſéjour ſur l'hémiſphere auſtral, comme 187 eſt à 179, ou à-peu-près comme 100 à 96, ou comme 25 eſt à 24; l'effet de la différence de ces ſéjours ſur les deux poles doit donc être dans la même proportion: mais la chaleur totale du Soleil n'étoit l'an 32962, ſelon les principes de M. de Buffon, à la chaleur propre de la Terre, que comme 1 eſt à 700 (*k*); l'excès de chaleur procuré au pole boréal par le ſéjour du Soleil étoit donc alors égal à la 24e partie d'une 700e partie, ou à $\frac{1}{16800}$. Or certainement une différence ſi inſenſible entre les chaleurs polaires, ne ſuffiſoit pas pour qu'il pût y en avoir une ſi conſidérable entre les verſemens des deux poles.

Nous nous croyons donc ſuffiſamment autoriſés à rejetter ces cauſes ſuppoſées, à n'en déduire aucun effet ; & quelles que ſoient les formes des continens, nous ſommes très-

---

(*k*) Dans l'origine, la chaleur des rayons du Soleil parvenue à la Terre, étoit $\frac{1}{1250}$ de la chaleur propre du globe ; mais tous les 2962 ans, ce globe perdoit $\frac{1}{25}$ de ſa chaleur : l'an 32962, il en avoit donc perdu $\frac{11}{25}$; le 25e de 1250, eſt 50 ; la Terre avoit donc perdu onze fois 50 degrés de chaleur, ou 550; ſur 1250, il ne lui en reſtoit donc que 700: mais la chaleur du Soleil étoit toujours la même ; elle étoit donc alors $\frac{1}{700}$ de celle de la Terre. V. T. IV du Suppl. p. 98.

persuadés qu'il faut chercher ailleurs & les actions qui ont déterminé ces formes, & les causes de ces actions.

Nous ne nous arrêterons à considérer ni les Tableaux Topographiques dont M. de Buffon a enrichi l'Histoire de l'Epoque dont nous parlons ici, ni la Théorie des compositions & des décompositions minérales ; ce ne sont que les principes par lesquels il explique ces variétés de la surface du globe, la théorie dont il déduit ces compositions & ces décompositions, que nous nous permettons d'examiner. Si ces principes, si cette théorie ne sont pas admissibles, il faudra rapporter tous ces faits à d'autres principes, à une autre théorie ; c'est ce que nous nous proposons, & c'est alors qu'on pourra comparer son système & le nôtre.

C'est au mouvement général des eaux que M. de Buffon rapporte, & certainement avec raison, les modifications de la surface de la Terre ; c'est donc ce mouvement général des eaux qu'il faut considérer avec attention : mais nous avons cru devoir renvoyer cet examen à l'Epoque suivante, pour ne pas être forcés d'y répéter ce que nous dirions ici. Nos observations se trouveront alors plus particuliérement appliquables aux faits que nous aurons sous les yeux.

QUATRIEME ÉPOQUE,

Lorsque les Eaux se sont retirées, & que les Volcans ont commencé d'agir.

Extrait de l'Exposition de M. DE BUFFON.

LES eaux, d'abord reléguées dans l'atmosphere, par la force expansive de la chaleur, sont ensuite tombées sur les parties du globe qui étoient assez attiédies pour ne les pas rejetter en vapeurs; & ces parties sont les régions polaires & toutes les montagnes. Il y a donc eu, à l'époque de 35000 ans une vaste mer aux environs de chaque pole, & quelques mers, ou grandes marres, sur les montagnes & les terres les plus élevées, qui, se trouvant refroidies au même degré que les poles, pouvoient également recevoir & conserver les eaux; ensuite, à mesure que le globe se refroidissoit, les mers des poles, toujours alimentées & fournies par la chûte des eaux de l'atmosphere, se répandoient plus loin; & les lacs, ou grandes marres, également fournis par cette pluie continuelle, d'autant plus abondante que l'attiédissement étoit plus grand, s'étendoient en tout sens, & formoient des bassins & des petites mers intérieures dans les parties du globe auxquelles les grandes mers des deux poles n'avoient point encore atteint; ensuite les eaux continuant à tomber toujours avec plus d'abondance, jusqu'à l'entiere dépuration de l'atmosphere, elles ont gagné successivement du terrein, & font arrivées aux contrées de l'équateur; & enfin elles ont couvert toute la surface du globe à deux-mille toises de hauteur au-dessus du niveau de nos mers actuelles. La terre entiere étoit alors sous l'empire de la mer, à l'exception peut-être du sommet des montagnes primitives, qui n'ont été, pour ainsi dire, que lavées & baignées pendant le premier tems de la chûte des eaux, lesquelles se sont écoulées de ces lieux élevés pour occuper les terreins inférieurs, dès qu'ils se sont trouvés assez refroidis pour les admettre sans les rejetter en vapeurs (*). (*) T. IX, p. 187 & suiv.

Il s'est donc formé successivement une mer universelle qui n'étoit interrompue & surmontée que par les sommets des montagnes, d'où les premieres eaux s'étoient déjà retirées en s'écoulant dans les lieux plus bas. Ces terres élevées ayant été travaillées les premieres par le séjour & le mouvement des eaux, auront aussi été fécondées les premieres. Or tandis que toute la surface du globe n'étoit, pour ainsi dire, qu'un archipel général, la Nature organisée s'établissoit sur ces montagnes; elle s'y déployoit même avec une grande énergie: car la chaleur & l'humidité, ces deux principes de toute fécondation, s'y trouvoient réunies & combinées à un plus haut degré qu'elles ne le sont aujourd'hui dans aucun climat de la Terre (*). (*) Ibid.

Or dans ce tems où les terres élevées au-dessus des eaux se couvroient de grands arbres & de végétaux de toute espece, la mer générale se peuploit partout de poissons & de coquillages; elle étoit aussi le receptacle universel de tout ce qui se détachoit des terres qui la surmontoient. La quantité de végétaux produits & détruits dans ces premieres terres est trop immense pour qu'on puisse se la représenter. Ces matieres détruites ont dû être entraînées & déposées dans les lieux bas & dans les fentes de la roche du globe, où trouvant déjà les substances minérales sublimées par la grande chaleur de la Terre, elles auront formé le premier fond de l'aliment des volcans à venir ; car il n'existoit aucun volcan en action avant l'établissement des eaux, & ils n'ont commencé d'agir, ou plutôt ils n'ont pu prendre une action permanente qu'après leur abaissement. Car l'on doit distinguer les volcans terrestres des volcans marins : ceux-ci ne peuvent faire que des explosions, pour ainsi dire, momentanées ; parce qu'à l'instant que le feu s'allume par l'effervescence des matieres pyriteuses & combustibles, il est immédiatement éteint par l'eau qui les couvre & se précipite à flots jusques dans leur foyer par toutes les routes que le feu s'ouvre pour en sortir. Les volcans de la Terre ont au contraire une action durable & proportionnée à la quantité des matieres qu'ils contiennent ; ces matieres ont besoin d'une certaine quantité d'eau pour entrer en effervescence ; & ce n'est ensuite que par le choc d'un grand volume de feu, contre un grand volume d'eau, que peuvent se produire leurs violentes éruptions ; & de même qu'un volcan sous-marin ne peut agir que par instans, un volcan terrestre ne peut durer qu'autant qu'il est voisin des eaux (*).

(*) P. 190 & suiv.

La date des volcans n'est donc pas partout la même : d'abord, il est sûr que les premiers, c'est-à-dire, les plus anciens, n'ont pu acquérir une action permanente, qu'après l'abaissement des eaux qui couvroient leur sommet ; & ensuite il paroît qu'ils ont cessé d'agir, dès que ces mêmes

eaux

eaux se sont éloignées de leur voisinage : car nulle puissance, à l'exception de celle d'une grande masse d'eau choquée contre un grand volume de feu, ne peut produire des mouvemens aussi prodigieux que ceux de l'éruption des volcans (*).

(*) T. IX, p. 187 - 191.

Si l'on a bien compris ce qui a été dit au sujet des inégalités produites par le premier refroidissement, lorsque les matieres en fusion se sont consolidées ; on sentira que les chaînes des hautes montagnes représentent les plus grandes boursoufflures qui se sont faites à la surface du globe dans le tems qu'il prit sa consistance. La plupart des montagnes sont donc situées sur des cavités auxquelles aboutissent les fentes perpendiculaires qui les tranchent du haut en bas. Or, ces cavernes & ces fentes contiennent des matieres ; les matieres pyriteuses & combustibles, dont on a indiqué plus haut l'origine & le transport dans ces fentes & ces cavernes (*).

(*) Ibid. p. 199.

Notre globe, pendant trente-cinq mille ans, n'a donc été qu'une masse de chaleur & de feu, dont aucun être sensible ne pouvoit approcher : ensuite pendant 15 ou 20000 ans, sa surface n'étoit qu'une mer universelle. Il a fallu cette longue succession de siecles pour le refroidissement de la Terre & pour la retraite des eaux, & ce n'est qu'à la fin de cette seconde période que la surface de nos continens a été figurée.

Mais ces derniers effets dûs à l'action des courans de la mer ont été précédés de quelques autres effets encore plus généraux, lesquels ont influé sur quelques traits de la surface entiere de la Terre. On a vu que les eaux, venant en plus grande quantité du pole austral, avoient aiguisé toutes les pointes des continens ; mais après la chûte complette des eaux, lorſque la mer univerſelle eut pris ſon équilibre, le mouvement du midi au nord ceſſa, & la mer n'eut plus à obéir qu'à la puiſſance conſtante de la Lune, qui, ſe combinant avec celle du Soleil, produiſit les marées & le mouvement conſtant d'orient en occident. Les eaux, dans leur premier avenement, avoient d'abord été dirigées des poles vers l'équateur, parce que les parties polaires plus refroidies que le reſte du globe, les avoient reçues les premieres; enſuite elles ont gagné ſucceſſivement les régions de l'équateur; & lorſque ces régions ont été couvertes, comme toutes les autres, par les eaux, le mouvement d'orient en occident s'eſt dès-lors établi pour jamais: car, non-ſeulement il s'eſt maintenu pendant cette longue période de la retraite des mers, mais il ſe maintient encore aujourd'hui. Or, ce mouvement général de la mer d'orient en occident a produit ſur la ſurface de la maſſe terreſtre un effet tout auſſi général; c'eſt d'avoir eſcarpé toutes les côtes occidentales des continens terreſtres, & d'avoir en même tems laiſſé tous les terreins en pente douce du côté de l'orient.

A meſure que les mers s'abaiſſoient & découvroient les pointes les plus élevées des continens, ces ſommets, comme autant de ſoupiraux qu'on viendroit de déboucher, commencerent à exhaler les nouveaux feux produits dans l'intérieur de la Terre par l'effervescence des matieres qui ſervent d'aliment aux volcans. Le domaine de la Terre, ſur la fin de cette ſeconde période de vingt-mille ans, étoit partagé entre le feu & l'eau: également déchirée & dévorée par la fureur de ces deux élémens, il n'y avoit nulle part ni ſûreté, ni repos; mais heureuſement ces anciennes ſcenes, les plus épouvantables de la Nature, n'ont point eu de spectateurs ; & ce n'est qu'après cette seconde période entiérement revolue, que l'on peut dater la naissance des animaux terrestres ; les eaux étoient alors retirées ; le nombre des volcans étoit aussi beaucoup diminué, parce que leurs éruptions ne pouvant s'opérer que par le conflit de l'eau & du feu, elles avoient cessé dès que la mer, en s'abaissant s'en étoit éloignée. Qu'on se présente encore l'aspect qu'offroit la Terre immédiatement après cette seconde période, c'est-à-dire, à cinquante-cinq ou soixante-mille ans de sa formation ; dans toutes les parties basses, des marres profondes, des courans rapides & des tournoiemens d'eau ; des tremblemens de terre presque continuels produits par l'affaissement des cavernes, & par les fréquentes explosions des volcans, tant sous mer que sur terre ; des orages généraux & particuliers ; des tourbillons de fumée & des tempêtes excitées par les violentes secousses de la terre & de la mer ; des inondations, des débordemens, des déluges occasionnés par ces mêmes commotions ; des fleuves de verre fondu, de bitume & de soufre, ravageant les montagnes, & venant dans les plaines empoisonner les eaux ; le Soleil même presque toujours offusqué, non-seulement par des nuages aqueux ; mais par des masses épaisses de cendre & de pierres poussées par les volcans : & nous remercierons le Créateur de n'avoir pas rendu l'homme témoin de ces scenes effrayantes & terribles qui ont précédé, &, pour ainsi dire, annoncé la naissance de la Nature intelligente & sensible (*).

(*) Ibid. p. 203. & suiv.

OBSERVATIONS

SUR LA QUATRIEME EPOQUE;

Lorsque les Eaux se sont retirées.

On a vu dans nos Observations sur l'Epoque précédente, combien il paroissoit inconcevable que les eaux de l'atmosphere se fussent précipitées sur le globe de la Terre, s'y fussent établies & l'eussent couverte, lorsque ce globe avoit encore 363 degrés de chaleur (*).

(*) V. Obs. sur la 3e Epoque, p. 55.

Les autres phénomenes, les autres évènemens qui ont accompagné & suivi leur établissement sur la Terre, dans le systême de M. de Buffon, ne présentent pas de moins grandes difficultés.

Mais sans avoir égard à aucune des observations précédentes, admettons que c'est l'an 35000 de la formation de la Terre, qu'il y eut « une vaste mer aux environs de » chaque pole, & quelques mers ou grandes marres sur les » montagnes & les terres les plus élevées qui, se trouvant » refroidies au même degré que les poles, pouvoient également recevoir & conserver les eaux.

» Les eaux continuant à tomber toujours avec plus d'abondance jusqu'à l'entiere dépuration de l'atmosphere... » elles ont enfin couvert toute la surface du globe jusqu'à » 2000 toises d'élévation (*) ».

(*) P. 187.

L'atmosphere formée par l'évaporation des parties aqueuses dont le globe vitrifié & incandescent s'étoit pénétré en traversant l'atmosphere du Soleil, a donc, en se dépurant, c'eſt-à-dire, en abandonnant une partie de ſon eau ſurabondante (car cette atmoſphere devoit en conſerver beaucoup, & infiniment plus qu'elle n'en contient aujourd'hui, puiſqu'elle étoit infiniment plus chaude), cette atmoſphere enfin a donc fourni un orbe d'eau de 2000 toiſes d'épaiſſeur autour du globe de la Terre : mais le volume de cette eau eſt au volume de la Terre comme un eſt à 550.

Ce volume d'eau, dans les principes de M. de Buffon, étoit cependant ſorti de ce globe incandeſcent, dans lequel cette eau avoit pénétré pendant que la maſſe de verre traverſoit rapidement l'atmoſphere ſolaire, & ce globe étoit reſté brûlant, incandeſcent comme le Soleil. Il ſeroit aſſurément impoſſible de faire pénétrer un pied cube d'eau dans un globe de verre incandeſcent & qui contiendroit 550 pieds cubes de matiere vitrifiée ; car ce ſeul pied cube d'eau acquerroit par ſon expanſion un volume d'environ 14000 pieds cubes ; & quel ſeroit alors l'état de ce globe de verre, ſi ſa ductilité ſe prêtoit à cet effort ? Il y auroit aſſurément de quoi former bien des cavernes dans ſon intérieur. Il falloit cependant qu'il eût été pénétré par une bien plus grande quantité d'eau dans la courte traverſée de la Terre par l'atmoſphere du Soleil ; car cette atmoſphere de la Terre, lorſque celle-ci avoit encore 363 degrés de chaleur, devoit être reſtée très-aqueuſe.

Dira-t-on, en adoptant avec M. de Buffon, la convertibilité de tous les élémens l'un dans l'autre, que la ſubſtance vitreuſe de la Terre s'étoit convertie en eau ? Nous ne penſons pas qu'on puiſſe invoquer une ſuppoſition ſi extraordinaire en elle-même, & ſi inconciliable avec tout le fyftême au fecours duquel on l'appelleroit : cependant n'infiftons pas fur cette objection.

Voilà donc la Terre couverte d'eau jufqu'à 2000 toifes de hauteur au-deffus de fa furface : c'en eft affez ; il eft tems de la faire écouler.

« Quelques pointes de montagnes primitives, quelques » terres élevées furmontoient cet archipel général : ces ter- » res, qui avoient été fuffifamment arrofées, dûrent être » fécondées les premieres ; la Nature organifée s'y déployoit » avec une grande énergie ; car la chaleur & l'humidité, » ces deux principes de toute fécondation, s'y trouvoient » réunies & combinées à un plus haut degré qu'elles ne le » font aujourd'hui dans aucun climat (*) ».

Il en faut convenir, puifque nous venons de voir que la chaleur y étoit encore de 363 degrés de nos thermometres ; mais il faut convenir auffi que les êtres organifés de ce tems-là périroient de froid, non pas feulement dans la température actuelle du point le plus chaud de nos terres équatoriales ; mais dans un bain de plomb fondu, où ils n'éprouveroient qu'une chaleur de 226 degrés, & qui feroit inférieur de près d'un tiers à celle qui leur convenoit fi bien alors.

« Or dans ce tems où les terres élevées au-deffus des » eaux fe couvroient de grands arbres & de végétaux de » toute efpece, la mer générale fe peuploit partout de » poiffons & de coquillages ; elle étoit auffi le réceptacle » univerfel de tout ce qui fe détachoit des terres qui la fur- » montoient ; la quantité des végétaux produits & détruits » dans ces premieres terres eft trop immenfe pour qu'on

(*) [illegible] 89.

» puisse se la représenter. Ces matieres détruites ont dû être » entraînées & déposées dans les lieux bas & dans les fentes » de la roche du globe, où trouvant déjà les substances » minérales sublimées par la grande chaleur de la Terre, » elles auront formé le premier fond de l'aliment des vol- » cans à venir (*) ».

(*) P. 150.

Ainsi lorsque la grande chaleur de la Terre sublimoit toutes les substances minérales, l'eau, qui couvroit sa surface, se peuploit de poissons & déposoit ses sédimens dans les fentes de la roche du globe où ils rencontroient ces minéraux sublimés. L'eau étoit donc en contact avec les parties de l'intérieur de la Terre desquelles ces sublimations s'élevoient; ces sublimations se faisoient à travers de l'eau; il se faisoit des dépôts dans ces fentes qui étoient remplies par des colonnes d'eau en contact, par une de leurs extrémités, avec le brâsier central qui avoit 363 degrés de chaleur, & d'où s'élevoient les sublimations; & par l'autre, avec la surface extérieure de l'orbe d'eau qui environnoit toute la Terre. On nous dispensera de faire aucune observation sur l'impossibilité de concilier entr'elles ces différentes assertions de M. de Buffon.

Nous n'examinerons point ici la théorie de l'Auteur sur les volcans; cette matiere exige d'être traitée à part, elle présente une des plus belles parties de la Physique de la Terre.

C'est par la même raison que nous ne dirons rien des idées de M. de Buffon sur les effets de l'électricité dans l'intérieur de la Terre. De pareilles hypotheses ne peuvent être ni présentées, ni examinées sommairement. Lorsqu'elles ne sont pas fondées en principes, réduites en théorie, elles ne sont que des apperçus de l'imagination, des incursions du génie sur les causes inconnues, & quoique très-précieuses quelquefois comme hypotheses, il est nécessaire de s'armer contre leur séduction. L'expérience apprend qu'elles menent souvent à l'erreur.

Suivons les principes de notre Auteur sur la configuration de la Terre.

« On a vu que les eaux venant en plus grande quantité du pole austral, avoient aiguisé toutes les pointes des continens : mais après la chûte complette des eaux, lorsque la mer universelle eût pris son équilibre, le mouvement du midi au nord cessa, & la mer n'eut plus à obéir qu'à la puissance constante de la Lune, qui, se combinant avec celle du Soleil, produisit les marées & le mouvement constant d'orient en occident ».

C'est donc d'abord au mouvement des eaux du midi au nord, & ensuite au mouvement constant de la mer universelle d'orient en occident qu'il faut rapporter la configuration de la Terre.

M. de Buffon a été induit à supposer un mouvement des eaux du midi au nord, pour aiguiser toutes les pointes des continens dans cette direction. Ces pointes existoient, il a bien fallu leur donner une cause ; & la plus naturelle, celle qui étoit, pour ainsi dire, le plus sous la main, c'étoit le mouvement des eaux, dans ce sens. Mais à quoi attribuer cette direction du versement des eaux ? Pourquoi ce versement a-t-il été & beaucoup plus considérable & infiniment

infiniment plus agiſſant du pole auſtral à l'équateur, que du pole boréal ? Ecoutons M. de Buffon.

« Nous avons remarqué que tous les continens finiſſent » en pointe vers les régions auſtrales : ainſi les eaux ſont » venues en plus grande quantité du pole auſtral, que du » pole boréal ; d'où elles ne pouvoient que refluer & non pas » arriver, du moins avec autant de force ; ſans quoi les » continens auroient pris une forme différente de celle » qu'ils nous préſentent ; ils ſe ſeroient élargis vers les » plages auſtrales, au-lieu de ſe retrecir. En effet, les » contrées du pole auſtral ont dû ſe refroidir plus vîte » que celles du pole boréal, & par conſéquent recevoir » plutôt les eaux de l'atmoſphere, parce que le Soleil » fait un peu moins de ſéjour ſur cet hémiſphere auſtral » que ſur le boréal (*) ».

(*) T. IX, p. 167.

Nous voyons donc que c'eſt uniquement parce que les continens ſont échancrés & aiguiſés du côté du pole auſtral que M. de Buffon a jugé que les eaux étoient venues en bien plus grande abondance de ce côté ; il falloit en chercher la raiſon, & M. de Buffon la trouve dans le refroidiſſement de ce pole, antérieur à celui du pole oppoſé ; ce refroidiſſement a été antérieur, parce que le Soleil fait un peu plus de ſéjour ſur l'hémiſphere ſeptentrional : mais nous avons calculé à la fin de l'Epoque précédente l'effet de ce plus long ſéjour du Soleil ſur le pole boréal, & nous avons trouvé qu'il ne lui procuroit qu'une 16800e partie de chaleur de plus qu'au pole oppoſé (*).

(*) V Obſ. ſur la 3e Epoque, p. 164.

Ce n'eſt donc pas à cette ſi légere différence qu'il eſt poſſible d'attribuer l'abondance exceſſive, la force énorme avec laquelle l'eau du pole auſtral a excédé l'action de l'eau venant du pole boréal : ce n'eſt pas de cette cauſe qu'il faudroit conclure que les eaux du pole boréal ne pouvoient que refluer.

C'en eſt aſſez pour prouver l'inſuffiſance de la cauſe invoquée ici pour expliquer un effet qu'il eſt évident qu'on ne peut en déduire.

Nous avons annoncé dans l'Epoque précédente quelques obſervations ſur la théorie des mouvemens des eaux, & ſur les effets que ces mouvemens ont dû produire dans la configuration de la Terre, ſelon M. de Buffon ; nous allons les préſenter ici ſommairement : nous l'avons déjà dit, cette matiere intéreſſante ſera traitée particulierement ailleurs.

Nous liſons dans l'hiſtoire de cette quatrieme Epoque, pag 253, que c'eſt alors que s'eſt établi pour jamais le mouvement général des eaux, & que ce mouvement général des eaux eſt d'orient en occident : mais c'eſt dans le Tome II de l'Hiſtoire Naturelle, Générale & Particuliere, & dans le deuxieme Diſcours intitulé, *Preuves de la théorie de la Terre*, art. XII du flux & reflux, pag. 179, qu'il faut reprendre cette propoſition, parce que c'eſt là quelle avoit été expoſée plus préciſément, & que la direction de ce mouvement avoit été rapportée à ſa véritable cauſe, ſelon l'Auteur.

M. de Buffon s'explique ainſi dans cet article :

« L'eau n'a qu'un mouvement naturel qui lui vient de ſa » fluidité ; elle deſcend toujours des lieux les plus élevés dans » les lieux les plus bas, lorſquil n'y a point de digues ou » d'obſtacles qui la retiennent ou qui s'oppoſent à ſon mouve-

» ment ; & lorſqu'elle eſt arrivée au lieu le plus bas, elle y » reſte tranquille & ſans mouvement, à moins que quelque » cauſe étrangere & violente ne l'agite & ne l'en faſſe ſortir. » Toutes les eaux de l'océan ſont raſſemblées dans les » lieux les plus bas de la ſuperficie de la Terre ; ainſi les » mouvemens de la mer viennent de cauſes extérieures : » le principal mouvement eſt celui du flux & du reflux » qui ſe fait alternativement en ſens contraire & duquel » il réſulte un mouvement continuel & général de toutes » les mers d'orient en occident . . . . Le mouvement » de la mer d'orient en occident eſt continuel & conſtant, » parce que tout l'océan, dans le flux, ſe meut d'orient » en occident & pouſſe vers l'occident une très-grande » quantité d'eau ».

C'eſt en conſéquence des principes établis ici que l'Auteur en conclud Tom. IX du Supplément, pag. 233, que « ce mouvement général de la mer d'orient en occident » a produit ſur la ſurface de la maſſe terreſtre un effet » tout auſſi général ; *c'eſt d'avoir eſcarpé toutes les côtes oc-* » *cidentales des continens terreſtres*, *& d'avoir en même tems* » *laiſſé tous les terreins en pente douce du côté de l'orient* ».

En nous réſervant l'examen des raiſons qui ont pu déterminer l'Auteur à déduire le mouvement général des eaux de l'orient en occident, de l'effet de la Lune, rapprochons ce que nous venons de tranſcrire du Tom. IX, de ce qui eſt écrit dans le Tom. II, page 114.

« Nous avons dit dans le diſcours précédent que la mer » avoit un mouvement conſtant d'orient en occident, & » que par conſéquent la grande mer pacifique fait des ef-

» forts continuels contre les côtes orientales : l'inſpection » attentive du globe confirmera les conſéquences que nous » avons tirées de cette obſervation ».

L'Auteur parcourt enſuite toutes les côtes de l'univers ; il les trouve toutes entamées & creuſées dans la direction d'orient en occident, il trouve que par-tout les eaux ont attaqué les côtes orientales, & que par-tout *les bornes orientales de l'ancien continent ont été rongées.*

Comment accorder cette aſſertion déduite du principe invoqué & confirmé par l'inſpection attentive du globe, avec cette autre aſſertion du Tom. IX, pag. 233, déduite du même principe, & confirmée auſſi par les obſervations: *Le mouvement général de la mer d'orient en occident a produit ſur la ſurface de la maſſe terreſtre un effet auſſi général, c'eſt d'avoir eſcarpé toutes les côtes occidentales des continens terreſtres, & d'avoir en même tems laiſſé tous les terreins en pente douce du côté de l'orient.*

Nous avouons que la concordance de ces deux aſſertions nous eſt impoſſible à établir. Voilà tous les continens eſcarpés par l'orient, & également eſcarpés par l'occident en vertu d'une force qui, ſelon l'Auteur, n'agit que d'orient en occident. Nous voyons dans le Tom. II, *toutes les bornes orientales de l'ancien continent rongées*, & dans le Tom. IX, nous retrouvons *tous ces terreins en pente douce du côté de l'orient.*

Enfin, ſelon M. de Buffon, Tom. II, pag. 187, « le » mouvement général des eaux s'eſt dirigé d'orient en oc» cident, parce que l'aſtre qui produit leur intumeſcence » va lui-même d'orient en occident ».

Nous convenons que le mouvement apparent de la Lune est effectivement d'orient en occident : mais tout le monde sait que ce mouvement n'est qu'apparent ; que cette apparence n'est produite que par le mouvement de rotation de la Terre sur elle-même ; c'est ainsi que le Soleil nous paroît marcher d'orient en occident. Or, il n'est pas plus certain que le Soleil ne marche pas d'orient en occident, qu'il l'est que la Lune marche d'occident en orient.

Si cet astre agit donc puissamment sur le mouvement général des eaux, comme nous le pensons, ainsi que M. de Buffon, il ne peut, de quelque maniere qu'il agisse sur elles, soit en les attirant, soit en les poussant, les faire agir elles-mêmes que dans le sens où il marche, c'est-à-dire d'occident en orient.

Alors l'assertion du Tom. IX se trouve fondée sur un principe sûr. Si la Lune dirige le transport & l'action des eaux d'occident en orient, cette action doit attaquer les côtes occidentales ; car ce sont ces côtes qui sont en opposition avec l'astre. Les eaux doivent donc agir contre les côtes occidentales avec toute l'énergie de la force qui les porte contre ces côtes, & laisser en pente douce tous les terreins orientaux. Que devient donc cette longue suite d'observations, cette énumération de côtes orientales escarpées dans tous les continens, & qui remplit les deux articles XI & XII de la Théorie de la Terre ? M. de Buffon les abandonne lui-même en reconnoissant « que l'effet général des eaux est d'avoir » escarpé toutes les côtes occidentales des continens terres- » tres, & d'avoir en même tems laissé tous les terreins en » pente douce du côté de l'orient ». . . . .

Comment, en conſervant encore au mouvement général des eaux cette même direction d'orient en occident, dans le Tom. IX, en déduit-il donc l'excavation ou la deſtruction des côtes occidentales? En appuyant cette derniere aſſertion ſur autant d'obſervations géographiques qu'il en avoit préſentées à l'appui de la premiere.

Cette derniere aſſertion eſt vraie : il faut donc que le principe dont le contraire ſe déduiroit néceſſairement, ne ſoit pas le vrai principe de l'action des eaux.

En effet, il eſt certain que l'aſtre qui produit l'intumeſcence des eaux, ne marche point, comme le dit M. de Buffon, d'orient en occident; mais que cet aſtre, qui eſt la Lune, tourne autour de la Terre dans le même ſens où celle-ci tourne ſur elle-même, dans le même ſens & ſelon le même ordre des ſignes dans lequel ces deux planetes tournent autour du Soleil & marchent dans l'eſpace, c'eſt-à-dire d'occident en orient.

Cependant ce n'eſt pas à la Lune ſeule qu'il faut attribuer les mouvemens des eaux. Les ſolides & les fluides qui reçoivent, par une impulſion commune, une direction également commune, ne prennent pas un mouvement égal: ce principe doit être appliqué au mouvement des eaux, & il faut en déduire une force de celles-ci agiſſant en ſens contraire, & comme ſi elles étoient retrogrades; c'eſt ainſi que ce même principe a été appliqué à l'atmoſphere pour en déduire la cauſe des vents alizés. L'action du Soleil modifie encore l'action de ces vents & celle des eaux; les diſgreſſions de la lune, enfin beaucoup de cauſes différentes ſe combinent entr'elles, & influent ſur le mouvement des mers.

Mais c'est lorsque nous traiterons du mouvement des eaux que nous considererons toutes ces causes & tous leurs effets. Ce n'est point ici le lieu de placer toute cette théorie ; elle doit être précédée par l'Exposition de nos Principes, puisque c'est d'eux seuls qu'elle peut se déduire. Il nous suffit d'avoir démontré que la théorie de M. de Buffon sur le mouvement des eaux, & sur leurs effets contre les côtes des continens, n'est point fondée sur la connoissance de la véritable direction de ces eaux, qu'elle est bien loin d'embrasser tous les élémens de la théorie des eaux ; qu'enfin elle a conduit cet Auteur à des conséquences contradictoires entr'elles, & avec le principe dont il les déduisoit.

CINQUIEME ÉPOQUE,

Lorsque les Eléphans & les autres Animaux du Midi ont habité les Terres du Nord ;

Extrait de l'Exposition de M. de Buffon.

Il faut se représenter la marche de la Nature, & même se rappeller l'idée de ses moyens. Les molécules organiques vivantes ont éxisté dès que les premiers élémens d'une chaleur douce ont pu s'incorporer avec les substances qui composent les corps organisés ; elles ont produit sur les parties élevées du globe une infinité de végétaux, & dans les eaux un nombre infini de coquillages, de crustacés & de poissons qui se sont bientôt multipliés par la voie de la génération (*).

(*) T. IX, p. 164.

(*) Ibid. p. 136.

(*) Tout ce qui exiſte aujourd'hui dans la Nature vivante a pu exiſter de même, dès que la température de la Terre s'eſt trouvée la même. Or, les contrées ſeptentrionales du globe ont joui pendant long-tems du même degré de chaleur dont jouiſſent aujourd'hui les terres méridionales ; & dans le tems où ces contrées du nord jouiſſoient de cette température, les terres avancées vers le midi étoient encore brûlantes, & ſont demeurées déſertes pendant un long eſpace de tems. En ſuppoſant trente-cinq-mille ans pour le tems néceſſaire au refroidiſſement de la Terre ſous les poles, ſeulement au point d'en pouvoir toucher la ſurface ſans ſe brûler, & vingt ou vingt-cinq-mille ans de plus, tant pour la retraite des mers, que pour l'attiédiſſement néceſſaire à l'exiſtence des êtres auſſi ſenſibles que le ſont les animaux terreſtres, on ſentira bien qu'il faut compter quelques milliers d'années de plus pour le refroidiſſement du globe à l'équateur, tant à cauſe de la plus grande épaiſſeur de la Terre, que de l'acceſſion de la chaleur ſolaire, qui eſt conſidérable ſur l'équateur, & preſque nulle ſous les poles.

En conſidérant tous les animaux qui exiſtent ſur la ſurface de la Terre, il ſe préſente deux obſervations très-importantes. La premiere, qu'aucuns des animaux propres & particuliers aux terres méridionales de notre continent, ne ſe ſont trouvés dans les terres méridionales de l'autre ; & que même dans le nombre des animaux communs à notre continent & à celui de l'Amérique ſeptentrionale, dont les eſpeces ſe ſont conſervées dans tous deux, à peine peut-on en citer une qui ſoit arrivée à l'Amérique méridionale (*). La ſeconde obſervation, c'eſt que tous les animaux de l'Amérique

(*) Ibid. p. 153.

l'Amérique méridionale, sont plus foibles & beaucoup plus petits que ceux qui sont venus du nord pour peupler nos contrées du midi (*).

Il résulte de la premiere observation, que le continent de l'Amérique méridionale n'a pas été peuplé comme tous les autres, ni dans le même tems; cette partie du monde est demeurée, pour ainsi dire, isolée & séparée du reste de la Terre (*).

Il résulte de la seconde observation, que cette Terre de l'Amérique méridionale, réduite à ses propres forces, n'a enfanté que des animaux plus foibles & beaucoup plus petits que ceux qui sont venus du nord pour peupler les contrées du midi.

On peut regarder comme certain que les animaux qui peuplent aujourd'hui les terres du midi de notre continent, y sont venus du nord. Nous ne connoissons aucune espece grande & principale, actuellement subsistante dans ces terres du midi, qui n'ait existé précédemment dans les terres du nord; puisqu'on y trouve des défenses & des ossemens d'éléphans, des squelettes de rhinoceros, des dents d'hippopotames & des têtes monstrueuses de bœufs, qui ont frappé par leur grandeur; & qu'il est plus que probable qu'on y a trouvé de même des débris de plusieurs autres especes moins remarquables; en sorte que, si l'on veut distinguer dans les terres méridionales de notre continent les animaux qui y sont arrivés du nord, de ceux que cette même terre a pu produire par ses propres forces, on reconnoîtra que tout ce qu'il y a de colossal & de grand dans la Nature, a été formé dans les terres du nord, & que, si celles de l'équateur

(*) Ibid. p. 254.

(*) Ibid. p. 252.

ont produit quelques animaux, ce sont des especes inférieu-
(*) P. 254. res bien plus petites que les premieres (*).

Mais ce qui peut faire douter de cette production, c'est que ces especes, que nous supposons ici produites par les propres forces des terres méridionales de notre continent, auroient dû ressembler aux animaux des terres méridionales de l'autre continent; lesquels n'ont de même été produits que par les propres forces de cette terre isolée. C'est néanmoins tout le contraire; car aucuns des animaux de l'Amérique méridionale ne ressemblent assez aux animaux des terres du midi de notre continent, pour qu'on puisse les regarder comme de la même espece; ils ont, pour la plupart, une forme si différente, que ce n'est qu'après un long examen, qu'on peut les soupçonner d'être les représentans de
(*) P. 255. quelques-uns de ceux de notre continent (*).

L'établissement de la Nature vivante, surtout de celle des animaux terrestres, s'est donc fait dans l'Amérique méridionale, bien postérieurement à son séjour déjà fixé dans les terres du nord, & peut-être la différence du tems est-elle de plus de quatre ou cinq-mille ans. On doit donc penser que, dans les terres méridionales, la Nature, bien loin d'y être dégénérée par vétusté, y est au contraire née tard, & n'y a jamais existé avec les mêmes forces, la même puissance active que dans les contrées septentrionales; car on ne peut douter, après ce qui vient d'être dit, que les grandes & premieres formations des êtres animés ne se soient faites dans les terres élevées du nord, d'où elles ont successivement passé dans les contrées du midi sous la même forme & sans avoir rien perdu que sur les dimensions de leur grandeur ; nos éléphans & nos hippopotames, qui nous paroissent si gros, ont eu des ancêtres plus grands dans les tems qu'ils habitoient les terres septentrionales où ils ont laissé leurs dépouilles (*). (*) P. 156.

Mais comment expliquer cette supériorité de force & cette priorité de formation donnée à cette région du nord exclusivement à toutes les autres parties de la Terre (*) ? (*) P. 163.

Toute production, toute génération, & même tout accroissement, tout développement, supposent le concours & la réunion d'une grande quantité de molécules organiques vivantes ; ces molécules, qui animent tous les corps organisés, sont successivement employés à la nutrition & à la génération de tous les êtres. Si tout-à-coup la plus grande partie de ces êtres étoit supprimée, on verroit paroître des especes nouvelles, parce que les molécules organiques, qui sont indestructibles & toujours actives, se réuniroient pour composer d'autres corps organisés ; mais étant entierement absorbées par les moules interieurs des êtres existans, il ne peut se former d'especes nouvelles, du moins dans les premieres classes de la Nature, telles que celles des grands animaux. Or ces grands animaux sont arrivés du nord sur les terres du midi ; ils s'y sont multipliés, & ont par conséquent absorbé les molécules vivantes ; en sorte qu'ils n'en ont point laissé de superflues qui auroient pu former des especes nouvelles ; tandis qu'au contraire, dans les terres de l'Amérique méridionale, où les grands animaux du nord n'ont pu pénétrer, les molécules organiques vivantes ne se trouvant absorbées par aucun moule animal déjà subsistant, elles se seront réunies pour former des especes qui ne ressemblent

point aux autres, & qui toutes sont inférieures, tant par la force que par la grandeur, à celles des animaux venus du
(*) P. 264. nord (*).

Ces deux formations, quoique d'un tems différent, se sont faites de la même maniere & par les mêmes moyens; & si les premieres sont supérieures à tous égards aux dernieres, c'est que la fécondité de la Terre, c'est-à-dire, la quantité de la matiere organique vivante, étoit moins abondante dans ces climats méridionaux, que dans celui du nord. On peut en donner la raison, sans la chercher ailleurs que dans le systême général que l'on a présenté; car toutes les parties aqueuses, huileuses & ductiles qui devoient entrer dans la composition des êtres organisés, sont tombées avec les eaux sur les parties septentrionales du globe, bien plutôt & en bien plus grande quantité, que sur les parties méridionales: c'est dans ces matieres aqueuses & ductiles, que les molécules organiques vivantes ont commencé à exercer leur puissance pour modeler & développer les corps organisés; & comme les molécules organiques ne sont produites que par la chaleur sur les matieres ductiles, elles étoient aussi plus abondantes dans les terres du nord qu'elles n'ont pu l'être dans les terres du midi, où ces mêmes matieres étoient en moindre quantité. Il n'est pas étonnant que les premieres, les plus grandes & les plus fortes productions de la Nature vivante se soient faites dans ces mêmes terres du nord; tandis que dans celles de l'équateur, & particulierement dans celles de l'Amérique méridionale, où la quantité de ces matieres ductiles étoit moindre, il ne s'est formé que des especes inférieures
(*) P. 265. plus petites & plus foibles que celles des terres du nord (*).

Mais dans quelles contrées du nord les premiers animaux terrestres auront-ils pris naissance? N'est-il pas probable que c'est dans les terres les plus élevées, puisqu'elles ont été refroidies avant les autres? Et n'est-il pas également probable que les éléphans & les autres animaux actuellement habitans les terres du midi sont nés les premiers de tous, & qu'ils ont occupé les terres du nord pendant quelques milliers d'années, & longtems avant la naissance des rennes qui habitent aujourd'hui les mêmes terres du nord (*)? (*) P. 242.

Dans ce tems, qui n'est guere éloigné du nôtre que de quinze-mille ans, les éléphans, les rhinoceros, les hippopotames, & probablement toutes les especes qui ne peuvent se multiplier actuellement que sous la zone torride, vivoient donc, & se multiplioient dans les terres du nord, dont la chaleur étoit au même degré, & par conséquent tout aussi convenable à leur nature; ils y étoient en grand nombre, ils y ont séjourné longtems: la quantité d'ivoire & de leurs autres dépouilles que l'on a découvertes & que l'on découvre tous les jours dans ces contrées septentrionales, nous démontre évidemment qu'elles ont été leur patrie, leur pays natal, & certainement la premiere terre qu'ils aient occupée; mais de plus ils ont existé en même tems dans les contrées septentrionales de l'Europe, de l'Asie & de l'Amérique; ce qui nous fait connoître que les deux continens étoient alors contigus & qu'ils n'ont été séparés que dans les tems subséquens (*). (*) Ibid.

Nous ne pouvons douter qu'après avoir occupé les parties septentrionales de la Russie & de la Sibérie jusqu'au 60e degré, où l'on a trouvé leurs dépouilles en grande quantité, ils n'aient ensuite gagné les terres moins septentrionales, puisqu'on trouve encore de ces dépouilles en Moscovie, en Pologne, en Allemagne, en Angleterre, en France, en Italie; en sorte qu'à mesure que les terres du nord se refroidissoient, ces animaux cherchoient des terres plus chaudes; & il est clair que tous les climats, depuis le nord jusqu'à l'équateur, ont successivement joui du degré de chaleur convenable à leur nature: ainsi, quoique de mémoire d'homme l'espece de l'éléphant ne paroisse avoir occupé que les climats actuellement les plus chauds dans notre continent, c'est-à-dire, les terres qui s'étendent à-peu-près à vingt degrés des deux côtés de l'équateur, & qu'ils y paroissent confinés depuis plusieurs siecles, les monumens de leurs dépouilles trouvées dans toutes les parties tempérées de ce même continent, démontrent qu'ils ont aussi habité, pendant autant de siecles, les différens climats de ce même continent; d'abord, du 60e au 50e degré; puis du 50e au 40e, ensuite du 40e au 30e, au 20e; enfin, du 20e à l'équateur ou au-delà, à la même distance: on pourroit même présumer qu'en faisant des recherches en Laponie, dans les terres de l'Europe & de l'Asie, qui sont au-delà du 68e degré, on pourroit y trouver de même des défenses & des ossemens d'éléphans, ainsi que des autres animaux du midi (*).

(*) P. 246.

D'après l'hypothese, le premier instant possible du commencement de la Nature vivante, est fixé à 35 ou 36000 ans à dater de la formation du globe, parce que ce n'est qu'à cet instant qu'on auroit pu le toucher sans se brûler: en donnant 25000 ans de plus pour achever l'ouvrage immenſe de la conſtruction de nos montagnes calcaires, pour leur figuration par angles ſaillans & rentrans, pour l'abaiſſement des mers, pour les ravages des volcans, & pour le deſſéchement de la ſurface de la Terre, nous ne compterons qu'environ 15000 ans, depuis le tems où la Terre, après avoir eſſuyé, éprouvé tant de bouleverſemens & de changemens, s'eſt enfin trouvée dans un état plus calme & aſſez fixe, pour que les cauſes de deſtruction ne fuſſent pas plus puiſſantes & plus générales que celles de la production. Donnant donc quinze-mille ans d'ancienneté à la Nature vivante, telle qu'elle nous eſt parvenue, c'eſt-à-dire, quinze-mille ans d'ancienneté aux eſpeces d'animaux terreſtres nées dans les terres du nord, & actuellement exiſtantes dans celles du midi, nous pouvons ſuppoſer qu'il y a peut-être 5000 ans que les éléphans ſont confinés dans la zone torride, & qu'ils ont ſéjourné tout autant de tems dans les climats qui forment aujourd'hui les zones tempérées, & peut-être autant dans les climats du nord où ils ont pris naiſſance (*).

(*) P. 248.

Mais cette marche réguliere qu'ont ſuivi les plus grands, les premiers animaux de notre continent, paroît avoir ſouffert des obſtacles dans l'autre : il eſt très-certain qu'on a trouvé, & il eſt très-probable qu'on trouvera encore des défenſes & des oſſemens d'éléphans en Canada, dans le pays des Illinois, au Mexique & dans quelques autres endroits de l'Amérique ſeptentrionale ; mais nous n'avons aucune obſervation, aucun monument qui nous indiquent le même fait pour les terres de l'Amérique méridionale. D'ailleurs, l'eſpece même de l'éléphant qui s'eſt conſervée dans l'ancien continent, ne subsiste plus. Dans l'autre, non-seulement cette espece, ni aucune autre de toutes celles des animaux terrestres qui occupent actuellement les terres méridionales de notre continent, ne se sont trouvées dans les terres méridionales du nouveau monde ; mais même il paroît qu'ils n'ont existé que dans les contrées septentrionales de ce nouveau continent ; & cela dans le même tems qu'ils existoient dans celles de notre continent. Ce fait ne démontre-t-il pas que l'ancien & le nouveau continent n'étoient pas alors séparés vers le nord, & que leur séparation ne s'est faite que postérieurement au tems de l'existence des éléphans dans l'Amérique septentrionale, où leur espece s'est probablement éteinte par le refroidissement, & à-peu-près dans le tems de cette séparation des continens ; parce que ces animaux n'auront pu gagner les régions de l'équateur dans ce nouveau continent comme ils l'ont fait dans l'ancien, tant en Asie qu'en Afrique ? En effet, si l'on considere la surface de ce nouveau continent, on voit que les parties méridionales, voisines de l'Isthme de Panama, sont occupées par de très-hautes montagnes ; les éléphans n'ont pu franchir ces barrieres invincibles pour eux, à cause du très-grand froid qui se fait sentir sur ces hauteurs : ils n'auront donc pas été au-delà des terres de l'Isthme, & n'auront subsisté dans l'Amérique septentrionale, qu'autant qu'aura duré, dans cette terre, le degré de chaleur nécessaire à leur multiplication. Il en est de même de tous les autres animaux des parties méridionales de notre continent, aucun ne s'est trouvé dans les parties méridionales de l'autre (*).

Les premiers animaux terrestres nés dans le nord, n'ont

donc

(*) P. 250.

donc pu s'établir par communication dans ce continent méridional de l'Amérique, ni subsister dans son continent septentrional, qu'autant qu'il a conservé le degré de chaleur nécessaire à leur propagation.

Il paroît donc démontré que les continens n'étoient pas séparés vers le nord dans les premiers tems : mais quand s'est faite cette séparation ? Ce tems est celui où commence la sixieme Epoque.

OBSERVATIONS

SUR LA CINQUIEME EPOQUE,

Lorsque les Eléphans & les autres Animaux du Midi ont habité les Terres du Nord.

On nous dispensera sans doute d'examiner les principes de M. de Buffon sur la production & la reproduction des corps organisés.

Le systême des molécules organiques vivantes, & des moules intérieurs, n'a plus de partisans, ni d'adversaires ; son sort est irrévocablement décidé. Les coups que lui ont porté les Haller, les Bonnet & tant d'autres physiciens, ont fixé l'opinion de tous les esprits. On ne croit pas plus aujourd'hui aux générations spontanées, qu'aux vampires, & à la production des abeilles dans le cadavre d'un taureau.

Quel qu'ait donc été le moyen préordonné pour le développement des germes, l'Eternel en avoit marqué de tout tems le moment & le lieu. Pere de la Nature, il avoit préparé son berceau, il y avoit déposé les germes qui devoient éclorre ; sa main puissante & prodigue en merveilles s'étendit sur l'espace qu'il avoit choisi pour en être le premier théâtre. Les oracles qu'il a dictés ne nous font point connoître quel fut ce point de la surface de la Terre qui fut le premier témoin de ce magnifique spectacle ; mais ce fut alors qu'il confia à l'ordre immuable des loix qu'il avoit établies, le soin de perpétuer ce prodige de sa toute-puissance le plus sublime de ceux jusqu'auxquels il est permis à notre esprit de s'élever. L'ordre des générations & des reproductions fut compris dans le systême de ces loix ; il ne fut plus qu'un phénomene naturel, un effet nécessaire. Celui qui d'un mot avoit rempli l'espace infini, renferma dans ce mot seul toutes les modifications qui pouvoient s'opérer dans cet espace & dans l'éternité. C'est ainsi qu'il convenoit à l'Eternel d'agir, si toutefois il nous est permis d'oser nous faire une idée des rapports de sa sublime intelligence avec ses œuvres, & de chercher des convenances entre ses moyens & ses actes.

Nous dirons donc avec M. de Buffon, non-seulement que « tout ce qui existe aujourd'hui dans la Nature a pu » exister de même, dès que la température de la Terre s'est » trouvée la même » ; nous dirons de plus, que dans tous les tems & dans tous les lieux, les choses ont été nécessairement les mêmes, lorsque toutes les circonstances ont été semblables. Il ne s'agit plus d'examiner si les contrées septentrionales ont été habitées les premieres ; nous croyons qu'il est impossible de le déduire des principes de M. de Buffon. Si nous trouvons donc dans ces climats des preuves qu'ils ont été autrefois doux & tempérés, si des considérations vraiment philosophiques nous induisent à croire, avec le savant & ingénieux M. Bailly, que ces contrées ont été, dans des tems dont nul autre pays ne conserve de monumens, le séjour heureux de nations infiniment éclairées, ce sera à d'autres causes que celles qu'il a empruntées de M. de Buffon qu'il faudra rapporter la température dont ces climats jouissoient alors & qui différoit tant de celle qui les afflige aujourd'hui. Ces nations que dans notre chronologie nous regardons comme les plus anciennes de toutes celles qui ont existé, le sont-elles effectivement ? ont-elles dû, ont-elles pu l'être dans l'ordre physique ? Si ce sont celles dont nous retrouvons effectivement les plus anciennes traces, ce n'est peut-être que parce qu'elles sont modernes, que ces traces se sont conservées ; peut-être la chronologie physique, en marquant l'époque où elles ont dû exister, nous indiquera-t-elle d'autres époques très-antérieures auxquelles on pourroit placer d'autres nations dont le tems auroit dévoré tous les monumens (*l*) : nous ne reconnoissons ses ravages, que lorsqu'il en laisse subsister quelques débris ; il en emporte avec lui le souvenir, lorsqu'il en détruit tous les vestiges.

Ce n'est point dans la chronologie écrite, ce n'est point dans nos histoires éphémeres qu'il faut calculer les années de la Nature. Elle seule pouvoit écrire ses fastes : la rouille

(*l*) Ce n'est que par des monumens historiques & par des déductions très-philosophiques sur ces monumens, que M. Bailly a été déterminé à ressusciter ces nations anciennes, à les tirer de l'oubli dans lequel le tems les avoit ensevelies.

des siecles ne ronge point les médailles qu'elle frappe, la date en est toujours lisible pour qui sait la chercher avec des yeux suffisamment attentifs & avec un esprit assez réfléchi.

Si les pas du tems semblent se recouvrir, ce n'est jamais sans en varier la premiere empreinte; jamais il n'a produit, jamais il ne produira des effets semblables; jamais, il ne rétablira l'ordre qu'il aura détruit; jamais en renversant un édifice, il n'en replacera les matériaux aux lieux d'où ils avoient été tirés; & dans quelqu'état qu'il les réduise, cet état & le lieu où ils seront répandus, diront toujours à l'Observateur attentif, quelle étoit leur premiere origine, quel fut le lieu de leur naissance & quels ont été les évènemens qu'ils ont éprouvés.

Ces assertions qui paroîtront au moins téméraires & peut-être chimériques à la plupart de nos Lecteurs, acquerront tous les droits légitimes des vérités dans le cours de cet Ouvrage. Nous osons donc dire avec confiance qu'en écrivant l'Histoire de la Nature, d'après des monumens aussi certains que durables, nous ne suivrons d'autre chronologie que celle qu'elle a conservée elle-même, & que cette chronologie véritablement physique nous présentera des chartres dont on ne peut trouver aucune trace, dont on ne peut prendre aucune idée dans les écrits & dans la tradition des hommes.

Mais revenons à l'Epoque dont M. de Buffon vient de nous tracer l'Histoire. C'est donc, selon lui, dans les terres du nord que les éléphans & les autres animaux du midi ont pris naissance, il y a environ 15000 ans, & lorsque la Terre étoit âgée de 60000 ans.

Après ce que nous avons dit sur l'impossibilité que les terres du nord aient pu porter les premiers animaux, il ne nous reste ici qu'à considérer la date de la naissance de ceux que M. de Buffon nous présente comme les premiers. Quel devoit être alors, selon cet Auteur, l'état de leur patrie, & comment s'y sont-ils établis?

C'est au concours d'une *chaleur modérée* & d'une humidité suffisante que M. de Buffon rapporte les circonstances déterminantes de la naissance des corps organisés, & surtout de celle des animaux terrestres : ils sont, dit-il, bien moins propres à soutenir une chaleur excessive, que les especes tant végétales qu'animales qui vivoient dès l'an 35 ou 36000 de la Terre, tant sur sa surface que dans les eaux qui la couvroient, especes que la rigueur du froid a détruites des deux poles à l'équateur.

Nous ne demandons point quelle devoit être la nature des animaux qui vivoient dans cette température de l'an 36000, où la chaleur étoit encore de 363 degrés du thermometre, comme nous l'avons prouvé dans nos Observations sur la IIIe. Epoque. On sait que le plomb fond à 226 degrés, que le mercure bout à 300 degrés, que l'huile de navette s'enflamme à ce dernier degré de chaleur. Nous laissons aux Physiologistes & aux Botanistes à rechercher de quelle nature devoient être les parties solides & les fluides des animaux qui peuplerent les mers, quels devoient être les tissus des végétaux qui couvrirent à cette époque la surface de la Terre.

Enfin, les animaux terrestres, infiniment plus sensibles,

ne naquirent que l'an 60000; voyons donc quelle étoit alors la chaleur de la Terre.

En divisant 60000 ans par 2962, nous avons le nombre de fois que la Terre avoit perdu un 25° de sa chaleur primitive : 60000 divisé par 2962, donne à-peu-près 20 & un quart; la Terre avoit donc perdu $\frac{20}{25}$ & un quart de sa chaleur. Pour simplifier le calcul, & pour avoir un nombre rond, supposons que la naissance des éléphans, que M. de Buffon place vers l'an 60000, soit fixée seulement à l'an 62202, nombre divisible par 2962, & qui est avantageux à M. de Buffon, puisqu'il donne une chaleur moins grande (*m*); nous aurons vingt-une périodes; la Terre avoit donc perdu alors vingt & un vingt-cinquiemes de sa chaleur premiere.

Cette chaleur premiere étoit de 640 degrés, dont le vingt-cinquieme est 25 $\frac{3}{5}$; en multipliant ce nombre par 21, nous trouverons que la Terre avoit perdu 537 degrés de sa chaleur; en ôtant cette somme de 640, il est évident qu'il restoit encore 103 degrés de chaleur à la Terre, c'est-à-dire 23 degrés de plus que la chaleur de l'eau bouillante.

C'est alors, c'est à cette température que, selon M. de

(*m*) Nous ne croyons pas devoir rapporter ici ce que nous avons déjà dit sur l'impossibilité que les contrées polaires aient été refroidies beaucoup plus vîte que les climats équatoriaux; les preuves certaines de l'impossibilité de ce refroidissement se trouvant dans nos Observations sur la seconde & sur la troisieme Epoque.

Buffon, les éléphans se sont établis vers le 60e degré (*n*); ils ont respiré l'air qui couvroit la surface de ce globe brûlant; ils se sont nourris des alimens que produisoit cette terre; ils ont bu l'eau qui arrosoit ses gazons; ils ont été forcés d'y séjourner dix-mille ans avant de passer dans les régions équatoriales, beaucoup trop chaudes alors, & dont la température leur convient très-bien aujourd'hui, quoiqu'elle ne soit plus que la 25e partie de la chaleur du fer rouge, c'est-à-dire, égale à-peu-près à 25 degrés de nos thermometres, & par conséquent un quart ou environ de ce qu'elle étoit dans les terres du nord, lorsqu'ils y ont pris naissance.

« Aussi étoient-ils alors plus grands, plus vigoureux qu'ils » n'ont été depuis ». Les choses sont effectivement bien changées; car, selon le calcul de l'Auteur, la Terre n'a plus qu'un degré de chaleur propre.

Mais en rectifiant l'erreur de ce même calcul sur les données, cette chaleur est totalement dissipée. Comment, en effet, la chaleur de la Terre est-elle encore $\frac{1}{25}$ de ce qu'elle étoit dans l'origine?

Ecoutons M. de Buffon. « La diminution de cette cha- » leur (celle de la Terre) s'étant faite en même raison que » la succession du tems, dont l'écoulement total, depuis l'in- » candescence, est de 74047, nous trouverons, en divisant » 74047 par 25, que tous les 2962 ans environ, cette pre-

(*n*) Par un calcul plus exact, on trouveroit que, l'an 60000 de la formation de la Terre, elle avoit encore 112 degrés & un dixième de chaleur propre.

» miere chaleur du globe a diminué de $\frac{1}{25}$, & qu'elle con» tinuera à diminuer de même jusqu'à ce qu'elle soit entiè» rement dissipée ; en sorte qu'ayant été 25, il y a 74047 » ans, & se trouvant aujourd'hui $\frac{25}{25}$ ou 1, elle sera dans » 74047 ans $\frac{1}{25}$ de ce qu'elle est actuellement (*) ».

(*) Suppl. T. IV, p. 98.

La conclusion tirée de ce calcul ne nous paroît pas juste. La Terre a perdu pendant chaque période $\frac{1}{25}$, non de la chaleur qui lui restoit à chaque époque, mais de sa chaleur primitive ; de maniere qu'à la fin de la premiere période, il ne lui restoit que 24 degrés de sa chaleur primitive : ou, ce qui revient au même, que cette chaleur ayant été 25, n'étoit plus que 24 : à la fin de la deuxieme, sa chaleur n'étoit plus que 23 : à la fin de la troisieme, elle n'étoit que 22 : enfin, à la fin de la vingt-cinquieme période, elle étoit donc nécessairement o. Vingt-cinq périodes de 2962 ans font 74050 ans : il y en a 74047 qu'elle existe ; elle doit donc avoir perdu toute sa chaleur.

M. de Buffon auroit-il, par une de ces inadvertences dont les meilleurs esprits ne sont pas toujours exempts, été induit en erreur par sa formule ? Il dit dans la phrase citée ci-dessus, que la chaleur de la Terre ayant été 25 ; il y a 74047 ans, elle se trouve aujourd'hui $\frac{25}{25}$ ou 1. Il paroît qu'il y a ici une équivoque, & qu'il a pris une soustraction pour une division, $\frac{25}{25} = 1$; ce qui exprime que vingt-cinq divisé par vingt-cinq donne un ; mais c'est d'une soustraction qu'il s'agit ici : il ne faut pas diviser 25 par 25 ; il faut soustraire 25 de 25 : car pendant vingt-cinq périodes la Terre a perdu, à chacune, $\frac{1}{25}$ de sa chaleur ; elle a donc en vingt-cinq périodes perdu vingt-cinq fois un ; elle a donc perdu 25 : or, c'étoit c'étoit juſte tout ce qu'elle en poſſédoit. Comment lui en reſte-t-il donc encore ?

Un homme avoit 25 louis ; il en a donné un tous les jours : vingt-cinq jours ſe ſont écoulés depuis qu'il en donne ; combien lui en reſte-t-il ? Peut-on dire non-ſeulement qu'il lui en reſte un ; mais même que, continuant encore pendant vingt-cinq jours d'en donner un par jour, il lui reſtera à la fin de ces derniers vingt-cinq jours $\frac{1}{25}$ d'un louis ? C'eſt cependant la concluſion de M. de Buffon, lorſqu'il nous dit que la Terre ayant eu 25 degrés de chaleur, & en ayant perdu 25 en vingt-cinq périodes, il lui en reſte encore un ; & qu'en continuant d'en perdre par chaque période de 2962 années autant qu'elle en perdoit précédemment, c'eſt-à-dire $\frac{1}{25}$ de ſa chaleur primitive, ou un degré juſte ſur 25, il lui reſtera dans vingt-cinq périodes un vingt-cinquieme de ce qu'elle en a aujourd'hui, époque à laquelle elle n'eſt plus ſuppoſée conſerver qu'un degré de chaleur, c'eſt-à-dire une quantité égale à celle qu'elle a conſtamment perdue depuis ſon origine pendant chaque période de 2962 ans.

On voit donc que ce n'eſt pas par notre confiance dans les calculs de M. de Buffon, & à la vue des 74047 ans qu'il nous accorde encore ſur un ſol & dans une atmoſphere où les principes de l'organiſation & de la vie iroient toujours en s'affoibliſſant & ſe détruiſant par la progreſſion du froid, que nous devons nous raſſurer. Une erreur relevée dans ſon calcul ſupprimeroit deux-mille cinq-cents générations. C'eſt ſur un motif plus puiſſant que ſe fonde l'eſpoir de leurs exiſtences futures.

La vie, ce chef-d'œuvre des mains du Très-Haut, cet objet éminent, ce but sublime du plan de sa puissance infinie, ne sera point un phénomene éphémere; sa durée n'a point eu pour origine une cause accidentelle & périssable; un froid mortel & général n'éteindra point sur tout notre globe le principe de la vie; le Soleil éclairera toujours l'espace, il animera toujours la Nature.

Si des révolutions qu'éprouve sensiblement notre globe, il naît des variétés de température; ces températures, sans détruire les principes de la vie, peuvent varier infiniment plus encore par d'autres révolutions que les tems amèneront, & dont la marche ne devient sensible, & ne s'annonce qu'aux esprits les plus attentifs, & après les plus longues méditations.

De même que la révolution annuelle de la Terre produit des saisons différentes, de même des révolutions infiniment plus longues auxquelles elle est soumise dans l'espace, produiront des variations de température plus grandes & plus durables; ces saisons de la Nature, si nous osons nous servir de ce terme, sont à nos saisons ce que les années sont à nos jours, & même dans une proportion plus grande encore: ce sont ces périodes que nous exposerons dans le cours de cet Ouvrage.

Revenons à M. de Buffon. Il faut donc abandonner, & abandonner sans espoir de retour, tout le systême de cet Auteur.

La Terre n'a point été vitrifiée, elle n'est & ne sera jamais gelée; mais si la connoissance des états par lesquels elle a passé, semble nous échapper jusqu'à présent; si toutes les hypotheses de l'imagination disparoissent devant l'analyse d'un raisonnement févere, arrêtons-nous un moment à confidérer un fait aussi certain qu'intéressant. La moitié d'un des continens de notre globe nous présente des variétés bien surprenantes entre les animaux qui l'habitent, & tous ceux qui habitent l'autre moitié de ce même continent, & les trois autres : ce fait a dû frapper particuliérement l'Auteur de l'Histoire Naturelle. Celui qui a écrit si élégamment l'Histoire Morale & Physique de tous les Animaux ne pouvoit être indifférent sur cette singularité si remarquable, ni négliger d'en chercher la cause. Aussi nous dit-il, pag. 266, en parlant de cette variété, *on peut en donner la raison, sans la chercher ailleurs que dans notre hypothese.*

« Tout ce qui existe aujourd'hui dans la Nature vivante » a pu exister de même, dès que la température de la » Terre s'est trouvée la même (*). (*) P. 236.

» Il y a environ 15000 ans que les éléphans, les rhino- » ceros, les hippopotames & probablement toutes les es- » peces qui ne peuvent se multiplier actuellement que sous » la zone torride, vivoient donc & se multiplioient dans » les terres du nord ; dont la chaleur étoit au même degré, » & par conséquent tout aussi convenable à leur nature : » ils y étoient en grand nombre ; ils y ont séjourné long- » tems. La quantité d'ivoire & de leurs autres dépouilles » que l'on a découvertes & que l'on découvre tous les jours » dans ces contrées septentrionales, nous démontre évi- » demment qu'elles ont été leur patrie, leur pays naturel ; » certainement la premiere terre qu'ils aient occupée : mais » de plus, ils ont existé en même tems dans les contrées sep- » tentrionales de l'Europe, de l'Asie & de l'Amérique ; ce

» qui nous fait connoître que les deux continens étoient » alors contigus, & qu'ils n'ont été séparés que dans des » tems subséquens. On ne peut donc pas douter que ces » animaux, qui n'habitent aujourd'hui que les terres du » midi de notre continent, n'existassent aussi dans les terres » septentrionales de l'autre dans le même tems ; car la » Terre étoit également chaude ou refroidie au même » degré dans toutes deux (*).

» Ces faits ne démontrent-ils pas que l'ancien & le nou- » veau continent n'étoient pas alors séparés vers le nord, » & que leur séparation ne s'est faite que postérieurement » au tems de l'existence des éléphans dans l'Amérique sep- » tentrionale, où leur espece s'est probablement éteinte par » le refroidissement, & à-peu-près dans le même tems de » cette séparation des continens, parce que ces animaux » n'auront pu gagner les régions de l'équateur de ce nou- » veau continent, comme ils l'ont fait dans l'ancien, tant » en Asie qu'en Afrique. En effet, si l'on considere la sur- » face de ce nouveau continent, on voit que les parties » méridionales de l'Isthme de Panama sont occupées par de » très-hautes montagnes : les éléphans n'ont pu franchir ces » barrieres invincibles pour eux, à cause du trop grand » froid qui se fait sentir sur ces hauteurs. Il en est de même » de tous les autres animaux des parties méridionales de » notre continent ; aucun ne s'est trouvé dans les parties » méridionales de l'autre (*).

» L'Amérique méridionale n'a donc pas été peuplée com- » me toutes les autres, ni dans le même tems ; elle est de- » meurée, pour ainsi dire, isolée & séparée du reste de la

(*) P. 242.

(*) P. 251.

» Terre par la mer & par ses hautes montagnes. Les premiers animaux terrestres, nés dans les terres du nord, » n'ont donc pu s'établir par communication dans ce continent méridional de l'Amérique, ni subsister dans son continent septentrional, qu'autant qu'il a conservé le degré » de chaleur nécessaire à leur propagation ; & cette terre » de l'Amérique méridionale, réduite à ses propres forces, » n'a enfanté que des animaux plus foibles & beaucoup plus » petits que ceux qui sont venus du nord pour peupler nos » continens du midi (*).

(*) P. 253.

» Ces deux formations, quoique d'un tems différent, se » sont faites de la même maniere & par les mêmes moyens ; » & si les premieres sont supérieures à tous égards aux dernieres, c'est que la fécondité de la Terre, c'est-à-dire, la » quantité de matiere organique vivante étoit moins abondante dans ces climats méridionaux que dans celui du » nord. On peut en donner la raison, sans la chercher ailleurs que dans notre hypothese ; car toutes les parties » aqueuses, huileuses & ductiles qui devoient entrer dans » la composition des êtres organisés, sont tombées avec les » eaux sur les parties septentrionales du globe, bien plutôt » & en bien plus grande quantité que sur les parties méridionales. C'est dans ces matieres aqueuses & ductiles que » les molécules organiques vivantes ont commencé à exercer leur puissance pour modeler & développer les corps » organisés ; & comme les molécules organiques ne sont » produites que par la chaleur sur la matiere ductile, elles » étoient aussi plus abondantes dans les terres du nord » qu'elles n'ont pu l'être dans les terres du midi, où ces

» mêmes matieres étoient en moindre quantité. Il n'eſt pas » étonnant que les premieres & les plus grandes productions » de la Nature vivante ſe ſoient faites dans ces mêmes ter» res du nord; tandis que dans celles de l'équateur, & par» ticulierement dans celles de l'Amérique méridionale, où » la quantité de ces matieres ductiles étoit bien moindre, » il ne s'eſt formé que des eſpeces inférieures, plus petites &
(*) P. 155. » plus foibles que celles des terres du nord (*) ».

Nous avions eſperé, nous avons même annoncé au commencement de nos Obſervations ſur cette Epoque, que nous nous diſpenſerions de parler des molécules organiques vivantes; mais cette hypotheſe devient ici la bâſe eſſentielle de la matiere que nous avons à traiter. Nous n'examinerons cependant point l'hypotheſe en elle-même: nous ne conſidérerons ni métaphyſiquement, ni même phyſiquement la nature de ces molécules.

Il ne s'agit que de reconnoître ſi de leur exiſtence ſuppoſée, ſi de toutes les propriétés dont M. de Buffon les a revétues, & des circonſtances dans leſquelles il les fait naître & les place, il peut déduire la raiſon de la différence des animaux de l'Amérique méridionale, d'avec ceux de l'Amérique ſeptentrionale, & des trois autres continens.

(*) P. 236. Nous liſons donc (*), « que tout ce qui exiſte aujour» d'hui dans la Nature vivante, a pu exiſter de même, dès » que la température de la Terre s'eſt trouvée la même ». Ce qui veut dire qu'il a pu exiſter de même dans la même température, lorſque toutes les autres circonſtances qui peuvent influer ſur l'exiſtence, ſe ſont auſſi trouvées les mêmes. Alors, ſelon nous, non-ſeulement tout ce qui existe aujourd'hui a pu exister ; mais il a dû nécessairement exister, & exister de même dans tous les lieux.

Ce sont donc les circonstances déterminantes de l'existence qu'il faut examiner : c'est dans l'état de ces circonstances ; c'est dans leurs différences qu'il faut trouver la raison des variétés des especes. Cette magnifique considération de la Nature fournira la matiere d'un des chapitres les plus intéressans de notre Ouvrage : mais ce sont les principes de M. de Buffon que nous examinons ici.

Quelles sont, selon lui, les causes & les circonstances déterminantes de l'existence des corps organisés ? C'est d'abord la présence, l'existence antérieure des molécules organiques : mais, selon lui, l'existence, la formation de ces molécules organiques dépend elle-même d'une cause physique. Il nous présente ici cette cause qu'il n'avoit point encore énoncée ; s'accorde-t-elle avec l'exposition qu'il avoit donnée précédemment de son systême sur l'organisation ? Est-elle contraire à ce systême ? Ce n'est pas ce dont il est question.

M. de Buffon nous fait donc connoître enfin la substance, la matiere premiere des molécules organiques vivantes : cette matiere n'est ni organisée, ni vivante par elle-même ; mais il nous dit comment elle acquiert ces deux propriétés.

Les molécules organiques ne sont produites que par la chaleur sur les matieres ductiles (*). Quelle est cette matiere ductile, substance premiere de ces molécules ? *Ce sont toutes les parties aqueuses, huileuses & ductiles qui devoient entrer dans la composition des êtres organisés, & qui sont tombées avec les eaux.* Ce sont enfin les matieres aqueuses, aëriennes, volatiles dont l'Auteur nous a dit, dans sa pre-

(*) Ibid. p. 266.

miere Epoque, p. 84, que le Soleil étoit environné, & dont le flot de verre projetté par la comete s'étoit imbibé lorsqu'il étoit excessivement chaud, lorsqu'il étoit incandescent, pour les volatiliser ensuite en se refroidissant, & pour en former son atmosphere.

Ce sont ces mêmes parties qui n'étoient encore qu'aqueuses, aëriennes, volatiles, qui sont ensuite retombées. Les voilà devenues *huileuses & ductiles*, & c'est dans cet état qu'elles sont propres à former la substance des molécules organiques. Cette substance est donc un mixte, un mixte aqueo-huileux & ductile: la vie de ces molécules organiques vivantes, qui sont elles-mêmes le principe de toute la vie de la Nature, n'est donc plus qu'un phénomene produit en elles par la chaleur: elles nous rappellent le limon du Nil, dont d'anciens Philosophes faisoient naître les hommes & tous les autres animaux.

Mais dans ce principe même, partout où la matiere primitive de ces molécules organiques a été pénétrée par une chaleur égale, le phénomene doit avoir été le même, les produits ont dû être semblables; les mêmes animaux auroient dû naître alors partout où toutes les circonstances ont été les mêmes, ces animaux auroient dû naître avec les mêmes dimensions.

Ce n'est point dans la différence essentielle de ces molécules organiques, dans la diversité de leur nature propre & particuliere, qu'il faut chercher les causes des diversités des animaux & des végétaux. *Les molécules qui animent tous les corps organisés, sont successivement employées à la nutrition & à la génération de tous les êtres* (*).

(*) P. 164.

Mais

Mais la différence des especes vient, selon M. de Buffon, de l'abondance de ces molécules & du degré de chaleur: & voilà pourquoi l'an 35 ou 36000 de la Terre, lorsque la chaleur étoit encore de 363 degrés, ces molécules organiques ont produit des animaux si différens de ceux qui vivent aujourd'hui.

Pour que l'Amérique méridionale n'ait produit que des animaux infiniment plus petits, il faut donc, ou que les molécules organiques vivantes y aient été en moins grande abondance; c'est-à-dire, qu'il faut que les substances dont elles sont composées, cette pâte ductile que la chaleur vivifie, organise, anime, ait été beaucoup moins répandue sur cette partie du monde, ou que la chaleur y ait été moins active. La derniere supposition est inadmissible; cette terre a été vitrifiée comme les autres, elle a de même passé par tous les degrés depuis 640 (*) jusqu'à l'état actuel: il y a donc eu un instant où la chaleur y a été la même que dans l'instant où elle a animé la pâte dans le nord: cette pâte auroit donc dû y fermenter de même, & produire les mêmes effets; il faut donc recourir à une moindre quantité de matiere vivifiable. Alors, dans un espace donné, une égale sphere d'attraction devant rassembler moins de parties organiques, elles ont dû s'y réunir en plus petits volumes, & voilà pourquoi il n'y a eu ni éléphans, ni rhinoceros, dans l'Amérique méridionale. Admettons toutes ces suppositions.

(*) V. pag. 155, à la note.

Mais pourquoi y a-t-il eu moins de cette pâte modifiable en molécules organiques vivantes? C'est, nous dit l'Auteur, *parce que les parties aqueuses, huileuses & ductiles qui devoient entrer dans la composition des êtres organisés, sont* *tombées avec les eaux sur les parties septentrionales bien plutôt & en plus grande quantité que sur les parties méridionales* (*).

(*) Ibid. p. 166.

Cette explication contraste évidemment avec tout ce que nous avons vu jusqu'à présent. Selon l'Auteur (*), *Notre pole*, qui est le nord, *a moins fourni de matiere en fusion*; il a donc dû par cela seul être refroidi plus tard; les eaux ont donc dû tomber plutôt sur le pole du midi. Lorsqu'il y avoit assez de matiere ductile organisable de tombée vers le 60e degré nord, auquel se trouve la Sibérie, pour en former des éléphans si énormes, il devoit donc y en avoir assez pour en former vers le 60e degré sud, qui répond à l'extrémité australe de l'Amérique méridionale. Il étoit alors tombé plus d'eau sur l'hémisphere méridional que sur le septentrional. La lessive de l'air, pour nous servir des termes de M. de Buffon, y avoit été plus abondante; il y étoit donc tombé plus de pâte à molécules.

(*) P. 129.

Enfin, selon l'Auteur (*), *les eaux sont venues en plus grande quantité du pôle austral, que du pole boréal, d'où elles ne pouvoient que refluer, & non pas arriver. En effet*, ajoute-t-il, *les contrées du pole austral ont dû se refroidir plutôt que celles du pole boréal, & par conséquent recevoir plutôt les eaux de l'atmosphere.*

(*) P. 167.

Tout est donc tombé plutôt & en plus grande abondance sur le pole austral, que sur le pole boréal; pourquoi donc la quantité de matiere ductile propre à être organisée, a-t-elle manqué à la Nature dans ces climats pour y former de grands animaux? Les moules intérieurs y auroient-ils manqué? Mais pourquoi? C'est bien assez d'avoir été forcés de parler des molécules organiques vivantes; nous n'examinerons aucune des questions relatives aux moules intérieurs : deux phrâses seules de l'Auteur formeroient la matiere d'un gros volume d'observations. Nous allons les transcrire, mais nous nous dispenserons de les commenter.

« Si tout-à-coup la plus grande partie de ces êtres étoit » supprimée, on verroit paroître des especes nouvelles, par- » ce que ces molécules organiques, qui sont indestructi- » bles & toujours actives, se réuniroient pour composer » d'autres corps organisés ; mais étant entièrement absor- » bées par les moules intérieurs des êtres existans, il ne » peut se former d'especes nouvelles, du moins dans les » premieres classes de la Nature, telles que celles des grands » animaux. Or ces grands animaux sont arrivés du nord sur » les terres du midi ; ils s'y sont nourris, reproduits, mul- » tipliés, & ont par conséquent absorbé les molécules vivan- » tes ; en sorte qu'ils n'en ont point laissé de superflues qui » auroient pû former des especes nouvelles ; tandis qu'au » contraire dans les terres de l'Amérique méridionale, où » les grands animaux du nord n'ont pu pénétrer, les molé- » cules organiques vivantes ne se trouvant absorbées par » aucun moule animal déjà subsistant, elles se seront réu- » nies pour former des especes qui ne ressemblent point aux » autres, & qui toutes sont inférieures, tant par la for- » ce, que par la grandeur, à celles des animaux venus du nord (*) ».

(*) P. 264.

C'est donc à la capacité énorme de ces premiers moules, à la voracité des animaux qu'ils ont produits, à l'excessive consommation que ces animaux ont faite de la pâte à molécules, ou de molécules toutes formées, que les terres du nord ont dû les especes colossales qu'elles ont produites. Ces especes voraces en arrivant sur les terres du midi ont dévoré toutes les molécules; il n'a donc pu s'y former des especes nouvelles: mais dans l'Amérique méridionale, où elles n'ont pu pénétrer, pourquoi ne s'y est-il pas formé de grands animaux? pourquoi ne s'y est-il formé que des especes qui ne ressemblent point aux autres? pourquoi encore sont-elles inférieures tant par la force, que par la grandeur? pourquoi n'a-t-il pu s'y former de grands moules? pourquoi, &c. &c. &c?

Enfin, il nous semble que ce que nous venons de transcrire, ne peut satisfaire; qu'il ne peut résoudre cette question: pourquoi les animaux de l'Amérique méridionale sont-ils si différens de ceux du reste de la terre connue? Le fait subsiste; mais le pourquoi est encore à trouver.

Nous présenterons, dans la suite de cet Ouvrage, nos idées sur cette singuliere variété: nous desirons qu'elles soient plus satisfaisantes que celles que nous venons de rapporter.

Passons à la sixieme Epoque.

SIXIEME ÉPOQUE,

Lorſque s'eſt faite la ſéparation des Continens.

Extrait de l'Expoſition de M. DE BUFFON.

Le tems de la ſéparation des continens eſt certainement poſtérieur au tems où les éléphans habitoient les terres du nord, puiſqu'alors leur eſpece étoit également ſubſiſtante en Amérique, en Europe & en Aſie. Cela nous eſt démontré par les monumens qui ſont les dépouilles de ces animaux trouvées dans les parties ſeptentrionales du nouveau continent, comme dans celles de l'ancien. Mais comment eſt-il arrivé que cette ſéparation des continens paroiſſe s'être faite en deux endroits, par deux bandes de mer qui s'étendent depuis les contrées ſeptentrionales, toujours en s'élargiſſant juſqu'aux contrées les plus méridionales ? Pourquoi ces bandes de mer ne ſe trouvent-elles pas au contraire preſque paralleles à l'équateur, puiſque le mouvement général des mers ſe fait d'orient en occident ? N'eſt-ce pas une nouvelle preuve que les eaux ſont premierement venues des poles, & qu'elles n'ont gagné les parties de l'équateur que ſucceſſivement ? Tant qu'a duré la chûte des eaux, & juſqu'à l'entiere dépuration de l'atmoſphere, leur mouvement général a été dirigé des poles à l'équateur ; & comme elles venoient en plus grande quantité du pole auſtral, elles ont formé de vaſtes mers dans cet hémisphere, lesquelles vont en se retrecissant de plus en plus dans l'hémisphere boréal, jusques sous le cercle polaire ; & c'est par ce mouvement dirigé du sud au nord, que les eaux ont aiguisé toutes les pointes des continens ; mais après leur entier établissement sur la surface de la Terre qu'elles surmontoient par-tout de deux-mille toises, leur mouvement des poles à l'équateur ne se sera-t-il pas combiné, avant de cesser, avec le mouvement d'orient en occident ? Et lorsqu'il a cessé tout-à-fait, les eaux entraînées par le seul mouvement d'orient en occident n'ont-elles pas escarpé tous les revers occidentaux des continens terrestres, quand elles se sont successivement abaissées ? Et enfin n'est-ce pas après leur retraite que tous les continens ont paru & que leurs contours ont pris leur derniere forme ?

Nous observerons d'abord que l'étendue des terres dans l'hémisphere boréal, en le prenant du cercle polaire à l'équateur, est si grande en comparaison de l'étendue des terres prises de même dans l'hémisphere austral, qu'on pourroit regarder le premier comme l'hémisphere terrestre, & le second, comme l'hémisphere maritime ; d'ailleurs, il y a si peu de distance entre les deux continens vers les régions de notre pole, qu'on ne peut gueres douter qu'ils ne fussent continus dans les tems qui ont succédé à la retraite des eaux (*).

(*) P. 273.

Il y a donc une très-grande probabilité que c'est de ces terres de l'Asie que l'Amérique a reçu ses premiers habitans de toutes especes ; à moins qu'on ne voulût prétendre que les éléphans, & tous les autres animaux, ainsi que les végétaux, ont été créés en grand nombre dans tous les climats où la température pouvoit leur convenir : supposition hardie & plus que gratuite ; puisqu'il suffit de deux individus, ou même d'un seul, c'est-à-dire, d'un ou deux moules une fois donnés & doués de la faculté de se reproduire, pour qu'en un certain nombre de siecles la Terre se soit peuplée de tous les êtres organisés, dont la reproduction suppose, ou non, le concours des sexes (*). (*) P. 281.

Nous avons compté dix-mille ans pour cette espece de migration qui ne s'est faite qu'à mesure de ce refroidissement successif & fort lent des différens climats depuis le cercle polaire à l'équateur ; ainsi la séparation des continens, la submersion des terres qui les réunissoient, celle des terreins adjacens à l'ancien lac de la Méditerranée, & enfin la séparation de la mer Noire, de la Caspienne & de l'Aral, quoique toutes postérieures à l'établissement de ces animaux dans les contrées du nord, pourroient bien être antérieures à la population des terres du midi, dont la chaleur trop grande alors ne permettoit pas aux êtres sensibles de s'y habituer, ni même d'en approcher. Le Soleil étoit encore l'ennemi de la Nature dans ces régions brûlantes de leur propre chaleur, & il n'en est devenu le pere que quand cette chaleur intérieure de la Terre s'est assez attiédie pour ne pas offenser la sensibilité des êtres qui nous ressemblent. Il n'y a peut-être pas cinq-mille ans que les terres de la zone torride sont habitées, tandis qu'on en doit compter au moins quinze-mille depuis l'établissement des animaux terrestres dans les contrées du nord (*). (*) P. 153.

Les hautes montagnes, quoique situées dans les climats les plus chauds, se sont refroidies peut-être aussi promp-

tement que celles des pays tempérés ; parce qu'étant plus élevées que ces dernieres, elles forment des pointes éloignées de la masse du globe. On doit donc considérer qu'indépendamment du refroidissement général & successif de la Terre depuis les poles à l'équateur, il y a eu des refroidissemens particuliers plus ou moins prompts dans toutes les montagnes & dans les terres élevées des différentes parties du globe ; & que dans le tems de sa trop grande chaleur, les seuls lieux qui fussent convenables à la nature vivante, ont été les sommets des montagnes, & les autres terres élevées
(*) P. 294. telles que celles de la Sybérie & de la haute Tartarie (*).

Lorsque toutes les eaux ont été établies sur le globe, leur mouvement d'orient en occident a escarpé les revers occidentaux de tous les continens pendant tout le tems qu'a duré l'abaissement des mers ; ensuite ce même mouvement d'orient en occident a dirigé les eaux contre les pentes douces des terres orientales, & l'océan s'est emparé de leurs anciennes côtes ; & de plus, il paroît avoir tranché toutes les pointes des continens terrestres, & avoir formé les détroits de Magellan, à la pointe de l'Amérique ; de Ceylan, à la pointe de l'Inde ; de Forbisher, à celle
(*) P. 295. du Groenland, &c. (*).

C'est à la date d'environ dix-mille ans, à compter de ce jour en arriere, qu'il faut donc placer la séparation de l'Europe & de l'Amérique ; & c'est à-peu-près dans ce même tems que l'Angleterre a été séparée de la France ; l'Irlande de l'Angleterre ; la Sicile de l'Italie ; la Sardaigne de la Corse, & toutes deux du continent de l'Afrique. C'est peut-être aussi dans le même tems que les Antilles, Saint-Domingue

Domingue & Cuba ont été séparées du continent de l'Amérique : toutes ces divisions particulieres sont contemporaines, ou de peu postérieures à la grande séparation des deux continens. La plupart même ne paroissent être que les suites nécessaires de cette grande division, laquelle ayant ouvert une large route aux eaux de l'océan, leur aura permis de refluer sur toutes les terres basses ; d'en attaquer, par leur mouvement, les parties les moins solides, de les miner peu-à-peu, & de les trancher enfin jusqu'à les séparer des continens voisins (*).

(*) Ibid.

On peut attribuer la division entre l'Europe & l'Amérique à l'affaissement des terres qui formoient autrefois l'Atlantide ; & la séparation entre l'Asie & l'Amérique, (si elle existe réellement) supposeroit un pareil affaissement dans les mers septentrionales de l'orient : mais la tradition ne nous a conservé que la mémoire de la subversion de la Taprobane, terre située dans le voisinage de la zone torride, & par conséquent trop éloignée pour avoir influé sur cette séparation des continens vers le nord. L'inspection du globe nous indique, à la vérité, qu'il y a eu des bouleversemens plus grands & plus fréquens dans l'océan Indien que dans aucune autre partie du monde ; & que non-seulement il s'est fait de grands changemens dans ces contrées par l'affaissement des cavernes, les tremblemens de terre & l'action des volcans, mais encore par l'effet continuel du mouvement général des mers, qui, constamment dirigées d'orient en occident, ont gagné une grande étendue de terrein sur les côtes anciennes de l'Asie, & ont formé les petites mers intérieures de Kamtschatka, de la Co-

rée, de la Chine, &c. Il paroît même qu'elles ont aussi noyé toutes les terres basses qui étoient à l'orient de ce
(*) P. 296. continent (*).

Après la séparation de l'Europe & de l'Amérique; après la rupture des détroits, les eaux ont cessé d'envahir de grands espaces, & dans la suite la Terre a plus gagné sur la mer qu'elle n'a perdu : car indépendamment des terreins de l'intérieur de l'Asie, nouvellement abandonnés par les eaux, tels que ceux qui environnent la Caspienne & l'Aral; indépendamment de toutes les côtes en pente douce que cette derniere retraite des eaux laissoit à découvert, les grands fleuves ont presque tous formé des isles & de nouvelles contrées près de leur embouchure. On sait que le Delta de l'Egypte, dont l'étendue ne laisse pas d'être considérable, n'est qu'un attérissement produit par les dépôts du Nil. Il en est de même de la grande Isle à l'entrée du fleuve Amour, dans la mer orientale de la Tartarie Chinoise. En Amérique, la partie méridionale de la Louisiane, près du fleuve Mississipi & de la riviere des Amazones, sont des terres nouvellement formées par le dépôt de ces grands fleuves. Mais on ne peut choisir un exemple plus grand d'une contrée récente, que celui des vastes terres de la Guyane; leur aspect rappelle l'idée de la Nature brute, & présente le tableau nuancé de la formation successive d'une
(*) P. 299. terre nouvelle (*).

Tout concourt à prouver qu'il n'y a pas longtems que les
(*) P. 303. eaux ont abandonné cette vaste contrée (*).

Les hommes qui habitent cette terre paroissent être les plus nouveaux de l'univers; ils y sont arrivés des pays plus élevés & dans des tems postérieurs à l'établissement de l'espece humaine dans les hautes contrées du Mexique, du Pérou & du Chili (*). (*) P. 304.

Mais autant les hommes se sont multipliés dans les terres qui sont actuellement chaudes & tempérées, autant leur nombre a diminué dans celles qui sont devenues trop froides. Le nord du Groenland, de la Laponie, du Spitzberg, de la Nouvelle Zemble, & la terre des Samoïedes, aussi-bien qu'une partie de celles qui avoisinent la mer glaciale, jusqu'à l'extrémité de l'Asie au nord de Kamtschatka, sont actuellement désertes, ou plutôt dépeuplées depuis un tems assez moderne. On voit même, par les Cartes Russes, que depuis les embouchures des fleuves Olenek, Lena & Jana, sous les 73ᵉ & 74ᵉ degrés, la route, tout le long des côtes de cette mer glaciale, jusqu'à la terre des Tschutschis, étoit autrefois fort fréquentée, & qu'actuellement elle est impraticable, ou tout au moins si difficile qu'elle est abandonnée (*). (*) P. 307.

Toutes les régions septentrionales au-delà de 76 degrés, depuis le nord de la Norwege, jusqu'à l'extrémité de l'Asie, sont actuellement dénuées d'habitans, à l'exception de quelques malheureux que les Danois & les Russes ont établis pour la pêche, & qui seuls entretiennent un reste de population & de commerce dans ce climat glacé. Les terres du nord, autrefois assez chaudes pour faire multiplier les éléphans & les hippopotames, s'étant déjà refroidies au point de ne pouvoir nourrir que des ours blancs & des rennes, seront, dans quelques milliers d'années, entièrement dénuées & désertes par les seuls effets du refroidissement. Il y a même de fortes raiſons qui portent à croire que la région de notre pole qui n'a pas été reconnue, ne le ſera jamais ; car ce refroidiſſement glacial ſemble s'être emparé du pole, juſqu'à la diſtance de 7 ou 8 degrés ; & il eſt plus que probable que toute cette plage polaire, autrefois terre ou mer, n'eſt aujourd'hui que glace : & ſi cette préſomption eſt fondée, le circuit & l'étendue de ces glaces, loin de diminuer, ne pourra qu'augmenter avec le refroidiſſement de la Terre (*).

(*) P. 309.

Or ſi nous conſidérons ce qui ſe paſſe ſur les hautes montagnes, même dans nos climats, nous y trouverons une nouvelle preuve démonſtrative de la réalité de ce refroidiſſement, & nous en tirerons en même tems une comparaiſon qui paroît frappante. On trouve au-deſſus des Alpes, dans une longueur de plus de ſoixante lieues ſur vingt & même trente de largeur en certains endroits, depuis les montagnes de la Savoye & du Canton de Berne, juſqu'à celles du Tirol, une étendue immenſe & preſque continue de vallées, de plaines & d'éminences de glaces ; la plupart ſans mélange d'aucune autre matiere & preſque toutes permanentes, & qui ne fondent jamais en entier. Ces grandes plages de glace, loin de diminuer dans leur circuit, augmentent & s'étendent de plus en plus ; elles gagnent de l'eſpace ſur les terres voiſines & plus baſſes : ce fait eſt démontré par les cîmes des grands arbres, & même par une pointe de clocher, qui ſont enveloppées dans ces maſſes de glaces, & qui ne paroiſſent que dans certains étés très-chauds, pendant leſquels ces glaces diminuent de quelques pieds de hauteur : mais la maſſe intérieure qui, dans certains endroits, eſt épaiſſe de cent toiſes, ne s'eſt pas fondue, de mémoire d'homme. Il eſt donc évident que ces forêts & ce clocher enfoncés dans ces glaces épaiſſes & permanentes, étoient ci-devant ſitués dans des terres découvertes, habitées, & par conſéquent moins refroidies qu'elles ne le ſont aujourd'hui. Il eſt de même très-certain que cette augmentation ſucceſſive de glaces ne peut être attribuée à l'augmentation de la quantité de vapeurs aqueuſes, puiſque tous les ſommets des montagnes qui ſurmontent ces glaciers, ne ſe ſont pas élevés, & ſe ſont au contraire abaiſſés avec le tems & par la chûte d'une infinité de rochers & de maſſes en débris qui ont roulé, ſoit au fond des glaciers, ſoit dans les vallées inférieures. Dès-lors l'agrandiſſement de ces contrées de glaces eſt déjà, & ſera dans la ſuite, la preuve la plus palpable du refroidiſſement ſucceſſif de la Terre, duquel il eſt plus aiſé de ſaiſir les degrés dans ces pointes avancées du globe, que partout ailleurs. Si l'on continue donc d'obſerver les progrès de ces glaciers permanens des Alpes, on ſaura dans quelques ſiecles, combien il faut d'années pour que le froid glacial s'empare d'une terre actuellement habitée ; & de-là on pourra conclure ſi j'ai compté trop ou trop peu de tems pour le refroidiſſement du globe (*).

(*) P. 310.

Maintenant ſi nous tranſportons cette idée ſur la région du pole, nous nous perſuaderons aiſément que non-ſeulement elle eſt entiérement glacée ; mais même que le circuit & l'étendue de ces glaces augmente de ſiecle en ſiecle, & continuera d'augmenter avec le refroidiſſement du globe ; & ſi l'on veut ſupputer la ſurface de cette zone glacée, depuis le pole juſqu'au 82e degré de latitude, on verra qu'elle eſt de plus de 130000 lieues quarrées, & que par conſéquent voilà déjà la 200ᵉ partie du globe envahie par le refroidiſſement & anéantie pour la Nature vivante ; & comme le froid eſt plus grand dans les régions du pole auſtral, l'on doit préſumer que l'envahiſſement des glaces y eſt auſſi plus grand, puiſqu'on en rencontre dans quelques-unes de ces (*) P. 315. plages auſtrales dès le 47ᵉ degré (*).

Ces immenſes glacieres des deux poles, produites par le refroidiſſement, iront, comme la glaciere des Alpes, tou- (*) P. 318. jours en augmentant (*).

OBSERVATIONS

SUR LA SIXIEME EPOQUE;

Lorſque s'eſt faite la ſéparation des Continens.

On ne peut conſidérer un globe terreſtre, même avec l'attention la plus légere, ſans être frappé de la maniere dont les parties ſolides de la ſurface de la Terre, ces grands terreins que nous appellons des *continens*, ſont ſéparés par de vaſtes ſurfaces d'eau, par ces abîmes énormes que rempliſſent les mers.

Celui qui ne voit dans le globe de la Terre, que l'empire, ou au moins le domaine de l'homme ; qui rapporte à l'homme ſeul toutes les vues de l'Auteur de l'Univers, ſemble lui demander compte de ſes motifs, dans la diſpoſition de ces gouffres immenſes que l'homme ne peut habiter, dont il ne peut ſonder les profondeurs, qui lui préſentent des barrieres qu'il ſembloit ne devoir jamais traverſer, qu'au moins il ne peut tenter de franchir ſans s'expoſer aux dangers les plus affreux & les plus multipliés.

A peine reſte-t-il à l'homme, ſur la ſurface de la Terre, un tiers de ſon étendue, ſur laquelle il puiſſe arrêter ſes pas, établir ſa demeure. Le froid exceſſif des poles, les ardeurs brûlantes de l'équateur ſemblent encore lui en diſputer une grande partie ; enfin, les montagnes, les rochers, les marais, les ſables ſe refuſent à la fertilité, ſeul moyen & ſeul objet de la puiſſance de l'homme ; ils oppoſent des obſtacles invincibles aux ſuccès des travaux dont il attend ſa ſubſiſtance : alors, dans l'excès de ſon indignation, ou au moins de ſa douleur, il s'écrie : Non, ce n'eſt point là l'état naturel de ma demeure ; je n'habite plus que l'empire dévaſté de mes peres ; leur domaine, celui que m'avoit préparé mon Auteur eſt détruit : c'étoit un lieu de délices, ſans doute ; ces triſtes & difformes terreins que je parcours avec peine, ne ſont que les débris de quelques-unes des anciennes & fertiles provinces : tout préſente à mes yeux le tableau frappant d'une grande ruine, partout je reconnois les traits qui caractériſent une cataſtrophe terrible. Ces bords déchirés qui entourent les abîmes des mers, ces immenſes anfractuoſités qui circonſcrivent les continens, ces caps avancés dans les eaux, ces baies profondes, ſont les preuves évidentes, ſont les témoins parlans & fideles d'un évenement affreux, d'un violent ébranlement. A cette époque la Nature fut bouleverſée ; cette plaine toujours verte & toujours fertile, qui devoit s'étendre ſur toute la ſurface de la Terre, & offrir partout un ſuperbe tapis aux pas de ſon maître, a diſparu : ici elle s'eſt enfoncée dans les abîmes du globe ; là, des rochers sont sortis du sein de ces abîmes : ces montagnes énormes, qui s'élevent jusqu'aux nues, ont été poussées hors des profondeurs de la Terre pour rendre sa surface hideuse. Quelle fut donc la cause, quelle fut l'époque de cette affreuse convulsion de la Nature ?

Homme vain, ignorant & inconsidéré, il n'existe qu'une seule & unique cause dans la Nature. Née de l'objet impénétrable que s'est proposé son Auteur, c'est par elle seule que tout est ce qu'il est ; elle seule a produit tout ce qui est arrivé, elle produira tout ce qui doit arriver encore ; nul effet ne peut exister que par elle, nul de ceux qu'elle doit produire ne peut être ni perdu, ni avancé, ni retardé. La Nature n'éprouve point de convulsion ; elle n'a point marqué, elle n'a point caractérisé d'époques ; il n'y a rien de subit que pour celui qui n'a pas su appercevoir la marche lente, mais sûre, des moyens qui préparoient de tout tems ce qui le surprend aujourd'hui. Il n'y a d'époques que pour celui qui fixe un évenement dans le tems, pour y rapporter tout autre de ces événemens qu'emporte le courant de la durée, comme le courant d'un fleuve emporte les feuilles qui tombent sur sa surface. Celui qui observe la marche de ces feuilles, leur succession, croit-il fixer des tems dans le cours du fleuve, partager en instans sa marche indéfectible ? La progression du tems est comme la contiguité de l'étendue : les divisions de l'un & de l'autre ne sont qu'imaginaires, & nos mesures chronologiques sont à la durée éternelle, ce que les échelles de nos plans sont à l'espace infini.

Chassons pour jamais de notre esprit toute idée de subversion, ou même d'interversion de l'ordre éternel & invariable. L'ignorance l'ignorance ſeule des véritables cauſes, des cauſes toujours agiſſantes, a pu y introduire ces erreurs, germes funeſtes de tant d'autres, & de tous les abus qui en ont réſulté.

Ces vaſtes & profonds intervalles qui ſéparent les continens, & que rempliſſent les mers, ont donc leurs cauſes dans la Nature, ainſi que les cavités de nos vallons. Les rivages qui renferment les mers, ſoit que leur coupe s'abaiſſe perpendiculairement ſous les eaux, ſoit qu'elle y deſcende en pente rapide, ſoit qu'elle s'y incline lentement, ont été conformés par des cauſes auſſi naturelles, que celles qui ont produit la déclivité plus ou moins grande de nos vallons. Préſenter toutes ces cauſes, en déduire les effets d'une maniere claire & ſatisfaiſante, c'eſt écrire l'hiſtoire de la Nature.

Revenons à M. de Buffon. Les réflexions qu'ont fait naître la conſidération de l'Epoque où cet Auteur place la ſéparation des continens, nous ont peut-être écartés de notre objet plus qu'il n'eſt permis de le faire dans un examen critique, où l'on paroît devoir ſe renfermer ſervilement dans les idées de l'Auteur; mais ſi l'on a lu avec bien de l'attention l'Ouvrage de M. de Buffon, on a dû remarquer qu'il ne préſente nulle part, ni une théorie claire, ni même des idées bien arrêtées ſur la cauſe de ces larges & profondes bandes de mer qui ſéparent les deux mondes. Si nous ne conſidérons que ce qu'il dit au commencement de cette ſixieme Epoque, qui paroîtroit être particuliérement deſtinée à préſenter les cauſes phyſiques de ces grandes ſéparations, nous verrons que c'eſt au mouvement des eaux du ſud au nord qu'il les attribue; que c'eſt ce mouvement du fud au nord qui a déterminé, & la position de ces deux bandes de mer, & leur direction perpendiculaire à l'équateur, auquel, fans ce mouvement, elles auroient dû être paralleles, en conféquence du mouvement d'orient en occident, qu'il regarde comme le mouvement général des mers.

Ce mouvement des eaux du fud au nord, qui a produit les deux grandes féparations du globe, l'une par l'océan atlantique, l'autre par la mer du fud, ou mer pacifique, eut lui-même pour caufe, felon notre Auteur, la chûte des torrens d'eau qui fe précipiterent fur les poles lorfqu'ils fe refroidiffoient, & qui dûrent fe précipiter avec plus de violence & d'abondance fur le pole auftral que fur le pole boréal, parce que le Soleil entretenoit plus de chaleur fur ce pole boréal que fur l'oppofé, en féjournant environ huit jours de plus dans les fignes feptentrionaux, que dans les fignes méridionaux.

Mais nous avons déjà prouvé que les eaux n'avoient jamais dû fe précipiter avec abondance fur l'un ni fur l'autre pole; que fi elles avoient pu s'y précipiter, la différence de l'intenfité de la chaleur du Soleil fur l'un ou fur l'autre, n'auroit pu contribuer à un plus grand verfement fur l'un des deux; que toute l'intenfité de cette chaleur folaire n'auroit pas été alors, felon l'hypothefe, $\frac{1}{16800}$ partie de la chaleur propre des poles, & que par conféquent elle
(*) V. P. 164. ne pouvoit opérer aucun effet calculable ni fenfible (*).

Mais nous l'avons déjà prouvé, & M. de Buffon l'avoit dit lui-même lorfqu'il ne confideroit que l'ordre des effets naturels, lorfqu'il ne prévoyoit pas encore ce qu'exigeroit un jour le fyftême qu'il méditoit. *Lorfque la Terre fut re-*

froidie, les vapeurs qui s'étoient d'abord étendues, comme nous voyons s'étendre les queues des cometes, se condenserent peu-à-peu (*). (*) T. I, p. 336.

Il est donc évident qu'il ne peut jamais avoir existé de mouvement violent des eaux du sud au nord, ce mouvement supposé & invoqué pour aiguiser vers le sud les pointes des continens, & qu'on emploie même ici à creuser ces deux vastes & profonds vallons qu'occupent l'océan atlantique & la mer pacifique, ne peut plus être admis comme cause de ces grands effets : il faut leur en trouver d'autres dans la Nature.

Faut-il revenir à celle que M. de Buffon avoit supposée dans son premier volume ? L'Atlantide, en s'enfonçant, a-t-elle cédé sa place à l'océan atlantique ? Le contre coup a-t-il fait effondrer quelqu'autre immense continent pour former la mer pacifique (*) ? (*) Hist. Nat. Gén. & Part. T. I, p. 300, & T. IX du Suppl. pag. 196.

Préférerons-nous enfin une troisieme cause que nous présente encore M. de Buffon ? Attribuerons-nous *ces vallées de la mer, qui semblent des abîmes de profondeur, à l'action du refroidissement sur les matieres en fusion, lorsqu'elles se consolident à la surface* (o) ?

Non, nous rejetterons ces trois hypotheses ; pourquoi

(o) Ces vallées de la mer, qui semblent être des abîmes de profondeur, ne sont, dans la réalité, que de légeres inégalités, proportionnées à la grosseur du globe, & qui ne pouvoient manquer de se former lorsqu'il prenoit sa consistance ; ce sont des effets naturels produits par une cause toute aussi naturelle & fort simple, c'est-à-dire par l'action du refroidissement sur les matieres en fusion, lorsqu'elles se consolident à la surface (*). (*) T. IX du Supplément, p. 102.

ſuppoſer des cauſes chimériques déduites encore de ſuppoſitions arbitraires & auſſi chimériques elles-mêmes, lorſque la Nature nous en préſente de ſi ſimples, lorſqu'elle décele, dans toutes les opérations analogues qu'elle produit tous les jours ſous nos yeux, les moyens par leſquels elle a ouvert ces grandes ſciſſures? Que l'on faſſe tourner rapidement ſur ſon centre un globe mou & fléxible, que l'on accélere le mouvement de rotation juſqu'à ce que la force centrifuge ſurpaſſe la force d'adhéſion, alors l'équateur de ce globe s'élevera, ſes poles ſe rapprocheront, & ſûrement, ces deux modifications de la ſphere primitive ne pourront s'opérer ſans qu'il ſe faſſe ſur ſa ſurface, & même juſqu'à une certaine profondeur, des écartemens, des ſciſſures qui ne feront que des ſolutions de continuité dans une maſſe inégalement fléxible, & qui prend une forme nouvelle.

L'équateur ne peut s'étendre qu'en ſe diſrompant, ſi la ſubſtance du globe n'eſt pas d'une ductilité parfaitement égale dans toutes ſes parties. Ces ſolutions de continuité, ces ſciſſures feront très-certainement perpendiculaires à l'équateur, elles feront oppoſées, ou à-peu-près les unes aux autres, dans les deux hémiſpheres du globe; ce qu'il eſt aiſé de démontrer: mais ce n'eſt pas encore ici le lieu d'expoſer nos idées ſur la formation de ces grandes ſciſſures; il ſuffit d'avoir prouvé que nulle de celles de M. de Buffon n'eſt admiſſible, & d'avoir indiqué les nôtres.

Nous ne ſuivrons point la théorie de notre Auteur, ſur les cauſes qui ont ouvert les détroits des mers méditerranées. Pour ſaiſir facilement & clairement les véritables causes de la formation de ces détroits, il est indispensablement nécessaire de remonter jusqu'aux principes qui ont déterminé l'action de ces causes, de concevoir l'ensemble de la théorie du mouvement général des eaux. Nous renvoyons donc au moment où nous exposerons cette théorie, l'examen de toutes les différentes opinions de M. de Buffon sur les mers méditerranées & sur les lacs.

Après avoir prouvé que nulle des causes indiquées par cet Auteur pour expliquer les grandes scissures du globe ne peut être admise, & en nous réservant de montrer quelles ont été ces véritables causes, passons à l'Epoque où il fixe leur formation dans le chapitre de son Ouvrage que nous analysons ici.

On voit assez combien cette Epoque dépend de la cause à laquelle il faut la rapporter; car en supposant que ces abîmes ne sont que de légeres inégalités, effets naturels du refroidissement sur des matieres en fusion (*), ces vallées ont précédé l'entier refroidissement de la Terre: en préférant pour cause le mouvement des eaux du sud au nord (*), elles sont très-postérieures à ce refroidissement, mais antérieures à la naissance des grands animaux dans les contrées septentrionales: en supposant qu'elles sont l'effet de grands affaissemens, de l'éboulement des cavernes, dont la capacité auroit englouti les terreins qui ont cédé leurs places à l'océan atlantique & à l'océan pacifique (*), il n'y a plus de date fixe; enfin, en suivant les inductions tirées de l'histoire des éléphans, elles sont postérieures à la naissance, & à la multiplication de ces animaux vers le pole boréal. Il paroît que c'est à cette hypothese que l'Auteur se fixe dans l'histoire de l'Epoque

(*) T. IX, p. 102.

(*) T. IX, p. 174.

(*) T. I, p. 300, T. IX du Supplément, p. 296.

à laquelle nous sommes arrivés. Bornons-nous donc à considérer les preuves qu'il en rapporte, & renvoyons à des tems, & à des occasions convenables, l'examen de toutes les autres expositions, qui s'y trouvent comprises, & qui dépendent de celle-ci, ou qui y sont relatives.

Les continens sont séparés par de vastes & profonds bassins : les eaux qui les remplissent opposent aux grands animaux une barriere insurmontable ; elles mettroient un terme à leurs grands voyages, s'ils étoient tentés d'en entreprendre ; elles s'opposeroient à ce que leurs especes, nées seulement dans un de ces grands continens, pût s'étendre jusqu'à l'autre & y établir des colonies.

Les éléphans, ces premiers habitans de la surface de la Terre (*p*), selon M. de Buffon, ceux dont il lie le plus particulierement l'histoire à celle de notre globe, ceux dont les annales fixent dans son Ouvrage les époques les plus mémorables de l'histoire de la Terre (*q*), « sont nés dans » les régions du nord vers le 60e degré ; la Sibérie, ou » peut-être des terres situées plus près du pole encore, » ont été leur premiere patrie ; enfin, à mesure que ces » pays se sont refroidis, ces animaux se sont rapprochés de

(*p*) On doit présumer que les coquilles & les autres productions marines, que l'on trouve à de grandes hauteurs au-dessus du niveau actuel des mers, sont les especes les plus anciennes de la Nature. T. IX du Supplément, p. 13.

(*q*) La seule chose qui soit démontrée par le fait, c'est que les deux continens étoient réunis dans le tems de l'existence des éléphans dans les contrées septentrionales de l'un & de l'autre. T. IX du Supplément, p. 177.

» l'équateur, le seul climat où ils puissent habiter aujour-
» d'hui; leur route est tracée par les débris de leurs dé-
» pouilles : on en trouve en Asie, en Europe, en Afrique,
» & l'on conçoit aisément comment ils ont parcouru ces
» contrées : mais on en trouve aussi dans l'Amérique sep-
» tentrionale. On peut encore concevoir que ces éléphans
» américains sont d'origine asiatique. *Il y a si peu de dis-*
» *tance entre les deux continens, vers les régions de notre*
» *pole, qu'on ne peut gueres douter qu'ils ne fussent contigus*
» *dans les tems qui ont succédé à la retraite des eaux* (*). *Il* (*) P. 275.
» *est donc très-probable que c'est par le Kamtschatka que les*
» *éléphans ont passé d'Asie en Amérique* (*) ». Nous ne les (*) P. 281.
suivrons pas dans ce voyage, dont M. de Buffon expose les motifs de la maniere la plus naturelle, dont il trace très-exactement la direction, & dont il calcule très-ingénieusement les séjours par les dépouilles que ces voyageurs y ont laissées. Une observation plus importante doit fixer notre attention.

On n'a point trouvé d'éléphans dans l'Amérique méridionale, on n'y a découvert aucune de leurs dépouilles si communes dans toutes les autres parties du monde : les éléphans n'ont donc pu passer de l'Amérique septentrionale dans l'Amérique méridionale. M. de Buffon nous présente la raison de cette impossibilité. *Si l'on considere la surface de ce nouveau continent, on voit que les parties méridionales voisines de l'Isthme de Panama, sont occupées par de très-hautes montagnes; les éléphans n'ont pu franchir ces barrieres invincibles pour eux, à cause du grand froid qui se fait sentir sur ces hauteurs : ils n'auront donc pas été au-delà de* *l'Isthme, & n'auront subsisté dans l'Amérique septentrionale, qu'autant qu'aura duré dans cette terre le degré de chaleur nécessaire à leur multiplication* (*).

(*) P. 252.

Il nous paroît bien difficile de ne pas supposer aux éléphans un autre motif pour ne s'être pas établis dans l'Amérique méridionale; car indépendemment de ce que dans les principes de l'Auteur, les montagnes de l'Isthme de Panama, devoient être alors encore beaucoup plus chaudes que le Kamtschatka; indépendamment de l'excessive chaleur que, dans ces mêmes principes, la Terre, & surtout les régions équatoriales, devoient encore avoir (*r*), les éléphans n'étoient point forcés de passer par-dessus la cîme, ni même à mi-côte des très-hautes montagnes; le chemin entre ces montagnes & la mer étoit suffisamment large & suffisamment pratiquable pour ces éléphans (*ſ*).

Il nous semble que cette supposition des voyages des éléphans, de la direction de ces voyages par le Kamtschatka, de l'impossibité de les continuer par l'Isthme de Panama, de la durée des routes & des stations; que toutes ces suppositions enfin sont des sources de difficultés sans nombre,

(*r*) Nous avons prouvé dans nos Observations sur l'Epoque précédente, p. 198, que la chaleur propre de la Terre, sans avoir égard à celle du Soleil, étoit de 103 degrés, 23 degrés plus forte que celle de l'eau bouillante.

(*ſ*) Il suffit de jetter les yeux sur les Cartes de l'Isthme de Panama, pour reconnoître qu'entre le lac de Nicaragua & la mer, il y a au moins quatre ou cinq lieues de chemin très-pratiquable pour les éléphans, que les petites rivieres qui s'y rencontrent n'auroient pu arrêter, &c, &c.

&

& qu'on a créés très-volontairement, & très-inutilement.

Pourquoi faut-il donc que tous les éléphans soient nés d'une seule paire? pourquoi faut-il qu'ils aient tous eu un pere commun? Le contraire n'est opposé ni à la foi ni à la raison. Dieu dit à la Terre, à toute la Terre de produire des animaux suivant leur nature (*); comme il lui avoit dit de produire des plantes; comme il avoit dit aux eaux de produire leurs habitans. *Ce seroit*, dit M. de Buffon, *une supposition hardie, & plus que gratuite* (*).

(*) Dixitque Deus: *producat Terra animam viventem in genere suo.* Genese, chap. I, ℣. 24.

(*) P. 182.

Mais ce qu'il regarde ici comme une hypothese presque téméraire il l'a lui-même présenté comme un principe. C'est dans son Ouvrage, & dans l'Epoque précédente que nous trouvons cette assertion: *Il faut se représenter*, dit-il, *la marche de la Nature, & même se rappeller l'idée de ses moyens. Les molécules organiques vivantes ont existé dès que les premiers élémens d'une chaleur douce ont pu s'incorporer avec les substances qui composent les corps organisés; elles ont produit sur les parties élevées du globe une infinité de végétaux, & dans les eaux un nombre infini de coquillages, de crustacés & de poissons qui se sont bientôt multipliés par la voie de la génération* (*).

(*) P. 184.

Il est impossible de méconnoître ici le principe des générations spontanées dont l'Auteur s'est si souvent déclaré le partisan; c'est dans son Ouvrage que nous lisons, *que la vitalité au lieu d'être un degré métaphysique des êtres, n'est qu'une propriété physique de la matiere* (*).

(*) T. III, p. 24.

Enfin, dans le volume même dont nous présentons ici l'analyse, dans l'histoire de l'Epoque qui précede celle à laquelle nous sommes arrivés, il s'explique encore ainsi: *tout ce qui existe aujourd'hui dans la nature vivante a pu exister de même, dès que la température de la Terre s'est trouvée la même* (*t*).

Il nous paroît donc que M. de Buffon ne pourroit nous reprocher de faire une supposition hardie, & plus que gratuite, en admettant que la température convenable qui en Asie avoit fait éclore les germes des éléphans, auroit dû les faire éclore de même en Amérique, lorsque les circonstances s'y sont trouvées les mêmes ; & que si les germes de ces animaux ne se sont pas développés dans l'Amérique méridionale, c'est qu'il a manqué quelque chose à ces circonstances.

Dieu en répandant dans tout son œuvre les élémens, les rudimens, les germes de tout ce qui devoit se développer, & s'organiser un jour, a prescrit à ces développemens, à ces organisations, des loix qu'il ne nous a pas encore été permis de connoître dans toute leur étendue : l'organisation & la vie sont deux problêmes que nous ne résoudrons peut-être jamais (*u*).

« (*t*) Plus on fera d'observations, plus on se convaincra » qu'entre les animaux & les végétaux, le Créateur n'a pas mis de » terme fixe ; que ces deux genres d'êtres organisés ont beaucoup » plus de propriétés communes que de différences réelles ; que la » production de l'animal ne coûte pas plus, & peut-être moins, à » la Nature que celle du végétal ; qu'en général la production des » êtres organisés ne lui coûte rien, & qu'enfin le vivant & l'animé, au-lieu d'être un degré métaphysique des êtres, est une propriété physique de la matiere (*) ».

(*) P. 236.

(*u*) Il est évident que nous ne parlons ici que de la vie animale ;

Nous savons seulement que les germes de plusieurs animaux se conservent, sans se développer ni se détruire, pendant des tems qui surpassent infiniment la durée de plus de mille générations de ces animaux, & que ces germes résistent à des excès de froid & de chaud, infiniment supérieurs à ceux que pourroient supporter les individus développés. Nos découvertes dans ce genre ne s'étendent à la vérité qu'à peu d'especes, dont les plus considérables sont celles des poissons. Les étangs desséchés, les lits des rivieres comblés & abandonnés pendant un nombre d'années encore indéfini, conservent malgré les variétés des intempéries de l'air auxquelles les expose une culture qui renverse souvent leur surface, les œufs des poissons, déposés dans cette vase desséchée : ils éclosent ensuite, dès qu'on y rétablit l'eau, & quel que soit l'intervalle de tems pendant lequel on les a laissés à sec. Les expériences de l'ingénieux Abbé Spallanzani sur cette résistance des germes à leur destruction, nous font connoître, dans la Nature, une puissance dont nous n'avions point d'idée, & qui est une preuve de plus de la providence infinie de l'Auteur de la vie, de

---

cette autre vie spirituelle, qui résulte de l'union de l'âme & du corps, n'est point du nombre des problêmes que le Philosophe peut se proposer : nous parlons ici de la vie comme en parloit M. de Buffon, lorsqu'il en faisoit une propriété physique de la matiere. L'imputation odieuse qu'on s'est permis de lui faire, d'après cette phrâse, n'a prouvé que l'ignorance, ou la mauvaise foi, & la méchanceté de ses ennemis. Nous pensons que l'usage de ces armes perfides est aujourd'hui aussi décrié qu'avili, & que nous n'aurons point à en craindre les coups.

cet Etre ſublime qui, en ſoumettant tous les composés aux viciſſitudes des changemens perpétuels, a ſçu rendre les élémens & les principes indeſtructibles. Nous nous étendrons davantage un jour ſur cette matiere; il n'étoit queſtion ici que d'indiquer que la filiation des éléphans d'une ſeule paire d'éléphans primitifs n'étoit pas une vérité aſſez certaine pour en faire un des principes de la phyſique du monde, & pour déduire, de la filiation & de la propagation de la poſtérité de cette paire d'animaux ſur le globe, les tems où les différentes parties de ſa ſurface ont pu être habitables. Paſſons à des conſidérations plus importantes.

Que les continens aient été ſéparés avant ou après la naiſſance des éléphans; cette queſtion eſt peu intéreſſante en elle-même: mais quelle a été la véritable cauſe de cette ſéparation? Voilà la recherche vraiment digne d'un Philoſophe.

M. de Buffon n'ayant point entrepris d'expliquer ce grand phénomene, nous pourrions nous diſpenſer d'en parler ici, & renvoyer ce que nous avons à *en dire*, à notre théorie de la Terre: mais les obſervations qu'il fait ſur ces deux grandes ſurfaces d'eau ne pouvant s'accorder avec notre opinion ſur leur origine, nous croyons néceſſaire d'expoſer très-ſommairement nos idées.

On ſe rappellera ſans doute que nous avons admis que la Terre avoit été dès l'origine ce qu'elle eſt encore aujourd'hui, & ce qu'elle ſera toujours, un composé de terre & d'eau, par conſéquent une pâte fléxible dans toute ſa maſſe; mais dont différentes parties de ſa ſurface, juſqu'à des profondeurs plus ou moins grandes, ſe ſolidifient, soit par une dessiccation plus ou moins avancée, soit par des concrétions, des dépots, des crystallisations, des organisations plus ou moins solides, & dont le concours de la chaleur & de l'air détermine l'origine & les degrés de solidité, en raison toutefois aussi des élémens qui entrent dans la composition de ces mixtes.

Admettre que notre planete a toujours été un globe terraqué, ce n'est assurément pas faire une hypothese téméraire: c'est tout simplement partir de son état actuel; & ne trouvant aucune raison, aucun motif même, pour supposer un autre état antérieur; n'ayant aucun indice de cet autre état, & aucun besoin de le supposer, il paroît à la premiere vue de l'esprit que rien n'est plus simple, plus naturel & plus sage que d'admettre qu'elle a toujours été ce qu'elle est. Lorsque nous exposerons notre théorie, cette supposition déjà si admissible & si vraisemblable en elle-même, acquerra de nouvelles forces.

La Terre, dans sa masse totale, étoit donc & est encore une substance fléxible, un globe qui a un certain degré de mollesse, qui cependant n'est pas au degré de ductilité parfaite, ductilité dont différentes parties s'éloignent plus ou moins par les causes que nous venons de présenter il n'y a qu'un instant. Ce globe n'a donc jamais été, il n'est point encore, il ne sera jamais un corps parfaitement dur, parfaitement solide; au moins il est impossible de prévoir, ni même de supposer des causes capables de le faire passer à cet état.

Lorsque ce globe, en tournant sur lui-même, a éprouvé dans toute sa masse, & particulierement à son équateur, la force centrifuge qui, de l'aveu de tous les Physiciens, & de celui de M. de Buffon, a été la seule & véritable cause de l'allongement du rayon sous l'équateur, les parties polaires se sont rapprochées, tandis que les parties équatoriales s'élevoient. Mais dans de pareilles circonstances & pendant que s'opéroit ce changement dans la forme totale du globe, est-il supposable, étoit-il même possible que la masse entiere conservât une contiguité parfaite entre toutes ses parties? Il faudroit une ductilité parfaite pour que la surface eût cédé également dans tous ses points; il est donc évident que l'équateur n'a pu s'étendre & s'agrandir sans se rompre en plusieurs endroits.

La disruption de cette croûte de la Terre a donc été produite par la rotation, & par la force centrifuge, plus grande à l'équateur, & qui y altéroit la force de la pesanteur, tandis que celle-ci conservoit presque toute son énergie sous les poles; la séparation des continens a donc dû nécessairement se faire dans le sens du méridien, plutôt que dans le sens de l'équateur; elle a dû commencer où la force centrifuge étoit la plus grande, c'est-à-dire sur l'équateur, & se prolonger vers les poles.

Ces scissures étant commencées, elles ont dû s'agrandir, parce que la force de contiguité étoit détruite dans leur direction; elles ont dû s'étendre en largeur & en profondeur par la continuité de la cause qui les avoit produites; elles s'étendent peut-être encore, quoique d'une maniere insensible; elles s'étendront au moins, si la vitesse de rotation augmente, comme nous le pensons d'après des principes que nous établirons ailleurs.

La plus grande largeur des sciffures devant être dans les régions équatoriales, & s'étendre vers les poles, il est impossible qu'il ne se soit pas fait quelques sciffures collatérales; parce que, des terres qui bordoient les sciffures profondes, plusieurs parties se sont éboulées, d'autres se sont inclinées sur leurs bâses, en se séparant des continens dont elles faisoient partie auparavant; d'autres se sont enfoncées dans le *lutum*, à mesure que celui-ci plus détrempé, & détrempé plus avant par l'eau de la mer, qui s'y est imbibée de plus en plus, a diminué de ténacité, & a opposé moins de résistance; & voilà pourquoi les continens sont découpés en pointe vers l'équateur.

Cette imbibition successive des eaux de la mer, leur chûte dans les grandes sciffures furent les causes de la diminution des eaux de l'océan général qui couvroit la Terre. D'autres causes s'y sont jointes, comme nous l'expliquerons ailleurs.

Les grandes sciffures doivent donc, & par les raisons que nous venons d'exposer, avoir eu des sciffures collatérales, qui ont dû leur être perpendiculaires, & par conséquent paralleles à l'équateur; la mer Méditerranée, la mer Baltique, &c. nous paroissent être des sciffures de cette espece. Ainsi l'Afrique se sera éloignée de l'Amérique méridionale, en même tems que l'Europe s'éloignoit de l'Amérique septentrionale, par l'effet de la force centrifuge; & ce fut alors que se produisit la grande surface d'eau qui les sépare : mais en même tems la masse entiere de l'Afrique faisoit effort vers l'équateur, parce que c'étoit vers ce cercle que la force centrifuge étoit la plus grande. L'Afrique en se séparant de l'Amérique devoit tendre à se séparer de l'Europe; il dut donc se faire une rupture dans le lieu où la résistance se trouva la moindre; & ce lieu ce fut le détroit de Gibraltar. Cette même partie du monde (l'Afrique) devoit tendre également à s'éloigner de l'Asie; & ce fut ainsi que se forma la mer Rouge. L'Isthme de Suez & l'Isthme de Panama se sépareront un jour, si, comme nous le pensons, la vitesse de rotation de la Terre augmente.

A mesure que l'eau de l'océan a pénétré plus profondément dans les grandes scissures, elle a diminué de hauteur au-dessus de la surface de la Terre; son imbibition dans l'intérieur des continens par les parois des ruptures a continué: mais la rotation, & la force centrifuge qui en étoit l'effet nécessaire, continuoit aussi. C'est une des loix essentielles de cette force, que plus les corps sont solides, plus ils acquierent de mouvement. Les régions qui occupoient les milieux des continens ont donc dû, par leur excès de solidité, prendre plus de force centrifuge; elles ont donc dû s'élever au-dessus des régions qui s'approchoient davantage des parois des grandes scissures: & nous voyons en effet que c'est vers les milieux de ces continens que sont les plus grandes hauteurs, ou du moins qu'elles y étoient dans l'origine. Si elles ne s'y trouvent plus aujourd'hui, la raison en est facile à trouver: les eaux, par leur mouvement général & constant, rongent & détruisent les côtes occidentales, tandis que les côtes orientales s'étendent: ces effets, dont nous expliquerons les causes, concourent donc à rapprocher des côtes occidentales les chaînes des hautes montagnes qui se sont formées & élevées dans l'origine vers le milieu des continens.

Nous n'avons point intention d'exposer ici notre théorie, d'en d'en démontrer les principes, d'en justifier les applications; nous avons pensé seulement qu'il étoit nécessaire d'en présenter une idée sommaire. C'en est assez, en attendant que nous exposions la théorie des différens mouvemens des eaux.

Le tableau que fait M. de Buffon (*) de l'établissement des glaces vers les régions polaires, de l'invasion dont elles semblent menacer la surface du globe, est effrayant. Tandis que dans leur marche rapide elles s'avancent des poles vers l'équateur, de grandes plages, dans l'intérieur même des terres, & sous des zones tempérées, se couvrent de neiges qui ne fondent jamais; elles sont déjà des conquêtes du froid, ce destructeur de la Nature. Ces pays déjà envahis dans l'intérieur, sont comme des postes avancés, d'où il appelle l'armée des glaces & des frimats, qui, du sein de son empire établi sur les poles, s'avance vers le centre des pays où regne encore la Nature vivante, & resserre les limites de ces contrées.

(*) T. IX, p. 307 & suiv.

Les Alpes sont un de ces pays dont le froid paroît déjà s'emparer si rapidement: les clochers d'un village englouti sous les neiges, sont des témoins irreprochables qui attestent les progrès des glacieres (*).

(*) T. X, Suppl. p. 312.

Les eaux se gelent à tous les aspects, & à tous les points de ces montagnes (*); elles s'étendent les unes vers les autres, & recouvrent de glaces éternelles champs, vallons & montagnes: toutes les montagnes glaciales de la Suisse réunies occupent une étendue de 66 lieues du levant au couchant, mesurée en ligne droite, dont plusieurs bras s'étendent du midi au nord sur une longeur d'environ 36 lieues (*).

(*) Ibid. p. 316.

(*) Ibid. p. 318.

Le froid glacial s'eſt donc déjà formé un domaine conſidérable dans les Alpes ; cette uſurpation qui a 66 lieues ſur une de ſes dimenſions & 36 ſur l'autre, forme une ſurface de 2376 lieues quarrées, & les quatre lignes qui circonſcrivent cet eſpace, s'étendent conſtamment de tous côtés.

Les eaux provenant annuellement de la fonte des neiges gelent à tous les aſpects, ſurtout dans les vallons, & ſur le penchant des montagnes qui ſont grouppées ; chacune de ces quatre lignes s'avance donc vers les terres encore découvertes (*) : « Enfin, il n'y a point de doute que les glacieres » n'aillent en augmentant, & même dans une progreſſion » croiſſante (*) ». Voilà ce que M. de Buffon, ou dit d'après lui-même, ou rapporte d'après des autorités impoſantes ; ce ſont des faits, des faits que nous croyons bien vus & bien obſervés, très-vrais relativement aux lieux & aux tems compris dans les obſervations : nous ſommes très-éloignés d'élever aucun doute ſur leur certitude.

(*) Ibid. p. 316.

(*) Ibid. p. 324.

Mais à quelle cauſe faut-il les rapporter ? eſt-ce à une cauſe générale, conſtante, durable, toujours agiſſante & toujours croiſſante ? ou peut-on les attribuer à une cauſe, ou à un concours de cauſes paſſageres, variables & locales ? enfin ces faits, reçus pour certains, dépendent-ils de la grande loi de la Nature, dans la production & dans la répartition de la chaleur ? ou dépendent-ils de cette combinaiſon très-compliquée de circonſtances qui régiſſent les phénomenes météorologiques de chaque tems & de chaque lieu ? Voilà le véritable état de la queſtion. Nous ne prétendons pas la réſoudre ici ; on ſent aſſez que ſa véritable ſolution, au moins dans nos principes, ne peut naître que de l'expoſition & de l'application de ces principes. Mais examinons ces faits eux-mêmes, interrogeons ces témoins irreprochables qu'on nous préſente.

Voilà donc des arbres dont on apperçoit encore les hautes branches; des clochers dont les pointes ſubſiſtent encore: ces clochers faiſoient partie d'un village, ce village a été englouti.

Il eſt évidemment néceſſaire de diſtinguer un engloutiſſement, qui auroit pour cauſe un éboulement des neiges ſupérieures, d'avec une extenſion conſtante & progreſſive de ces neiges. L'éboulement d'un volume conſidérable de neiges n'eſt que l'envahiſſement accidentel d'un terrein; la maſſe de ce volume de neiges, le voiſinage de la montagne dont il s'eſt précipité, ſa contiguité avec les neiges de cette montagne, peuvent y entretenir un état de froid qui le conſerve plus ou moins longtems dans l'état ſolide où il eſt arrivé. Mais une marche conſtante, progreſſive & ſi rapide du froid, ſeroit conſtamment ſenſible: on en ſuivroit les pas, on calculeroit annuellement ſes uſurpations.

A quelle époque rapporterons-nous l'enſeveliſſement du village dont il eſt ici queſtion? Si les neiges s'en étoient approchées lentement & pas à pas; ſi, avant d'arriver juſqu'à ce village, elles avoient couvert les terreins qui ſe trouvoient ſur leur direction, croit-on qu'on eût laiſſé ſubſiſter les clochers? Avec quelle rapidité ces neiges ſe ſeroient-elles donc avancées pour que depuis l'inſtant où le village auroit été abandonné par ſes habitans, juſqu'à celui où les neiges l'auroient couvert à la hauteur des maiſons les plus baſſes, les clochers n'euſſent pas été détruits par les hommes ou par le tems ! Comment les cîmes de quelques-uns de ces arbres auroient-elles résisté aux variations des saisons, & subsisteroient-elles encore, si cette marche des neiges avoit été lente & progressive ?

On ne date que depuis quelques siecles, dit-on, les désastres arrivés par l'accroîssement des neiges ou des glaces, par leur accumulation dans plusieurs vallées, par la chûte des montagnes elles-mêmes, & des rochers.

Mais, ou ce refroidissement des Alpes tient à une cause générale, ou il ne faut l'attribuer qu'à une cause particuliere, ou au concours de plusieurs causes locales; ou ce refroidissement est commun à toute la surface de la Terre, ou il est particulier à ce canton : s'il est commun à toute la surface, comment M. de Buffon concilieroit-il cet effet, si sensible en quelques siecles, avec la lenteur du décroîssement de la chaleur actuelle de la Terre ? Ce globe, qui n'a plus qu'un vingt-cinquieme de sa chaleur primitive, ou vingt-cinq degrés, plus trois quinziemes de degré de la chaleur d'un fer rouge, ce qui répond à quinze degrés trois cinquiemes de nos thermometres, ne doit les perdre progressivement qu'en 75000 ans. Supposons donc que ce qu'on entend ici par quelques siecles soit 500 ans, il faut 2962 ans pour que la chaleur de la Terre diminue de la vingt-cinquieme partie de sa chaleur actuelle, c'est-à-dire, d'environ $\frac{3}{5}$ de degré; donc en 500 ans elle ne perd qu'environ un dixieme de degré, c'est-à-dire, une quantité imperceptible au thermometre, & insensible dans la Nature, puisque la Terre ne seroit aujourd'hui plus froide qu'elle ne l'étoit il y a 500 ans que d'une 150e partie au plus : or, ce n'est assurément pas de cette différence de température supposée générale, que peut résulter l'accroîssement des neiges des Alpes. Mais si on attribuoit un effet aussi considérable à cette cause dans ces contrées, pourquoi nul effet analogue ne se feroit-il sentir sur le reste de la surface & à des distances très-voisines ? Toutes ces invasions de glaces & de neiges dépendent donc de causes particulieres & locales ; & il y en a sans doute : on pourra peut-être un jour en calculer & les époques & les durées ; c'est ce que nous nous proposons de considérer ailleurs.

Nous terminons ici notre analyse du Systême de M. de Buffon. La septieme Epoque nous présente l'homme employant sa puissance à seconder celle de la Nature ; mais c'est la puissance seule de la Nature que nous nous sommes proposé de considérer. Ici se termine donc notre carriere : si, en la parcourant, nous avons cru devoir nous écarter souvent de la route tracée par M. le Comte de Buffon, arrivés au terme, nous lui renouvellerons avec autant de plaisir que de sincérité les assurances de la respectueuse estime dont nous sommes pénétrés pour l'étendue de son génie & pour la sublimité de ses vues. Les erreurs de Descartes sont connues de tous les Physiciens ; mais Descartes sera toujours un très-grand homme aux yeux de tous les Physiciens qui existeront. Si Descartes & Buffon se sont égarés dans leurs Systêmes, c'est qu'il a été donné aux hommes de se tromper ; mais à qui a-t-il été donné de se tromper comme Descartes & Buffon ?

LORSQUE nous écrivions ceci, gênés entre les égards que nous devons aux Observateurs, & la difficulté de concilier leurs obſervations avec nos principes, nous ne nous permettions de témoigner nos doutes, qu'avec cette circonſpection dont nous ne nous écarterons jamais; nous remettions à d'autres tems l'examen de cette grande queſtion, & nous étions bien perſuadés qu'une attention plus réfléchie détruiroit toute idée de cette progreſſion conſtante des glaciers.

C'eſt alors, & lorſque cette feuille étoit ſous preſſe, que nous avons reçu le précieux Ouvrage de M. de Sauſſure, intitulé *Voyage dans les Alpes*. Cet Obſervateur, vraiment Philoſophe, ſera éternellement le guide de tous les Géologues; cette attention minutieuſe qu'il a la modeſtie de ſe reprocher lui-même, & qui ne lui eût jamais été reprochée par aucun Phyſicien, prouve à la fois & ſon amour pour la vérité, & ſa prudence, & ſa profonde connoiſſance de la Nature: ce n'eſt que lorſque ces obſervations, prétendues minutieuſes, reſtent iſolées; lorſque leurs rapports entre elles & avec une théorie générale, ne ſont point apperçus par l'Obſervateur, qu'on peut le claſſer dans l'ordre de celui dont parloit Horace: *Doctus ponere capillos*. Mais lorſque le génie combine & unit ces rapports; lorſqu'il ſait nous y faire reconnoître toute la marche, tous les effets des cauſes générales & particulieres, alors c'eſt parmi les Interpretes & les Oracles de la Nature que ſa place eſt marquée; & voilà celle qu'on ne diſputera pas à M. de Sauſſure.

Nous avons vu, avec la ſatisfaction la plus vive, que nos idées ſur cette progreſſion prétendue des glaciers étoit parfaitement conforme à celle de ce ſavant Géologue; c'eſt ainſi qu'il s'exprime, page 461, §. 539: « Les glaciers con» tenus dans de juſtes limites par l'évaporation, par la cha-

» leur extérieure & intérieure (x), & par la pente de leurs
» lits qui les entraîne dans les basses vallées, fournissent donc
» une nouvelle preuve de ces proportions admirables que
» la Nature a établies entre les forces génératrices & les for-
» ces destructices partout où elle a voulu entretenir une
» certaine conformité ».

Nous rapporterons encore ce que ce Savant dit de l'extension prétendue de ces glaciers, pag. 450.

« D'après tout ce qu'on vient de lire sur la formation
» des glaciers, on seroit tenté de croire que ces neiges qui
» s'accumulent toujours, qui ne diminuent jamais en été
» autant qu'elles s'augmentent en hyver, & qui se conver-
» tissent en glaces plus solides encore & plus durables, de-
» vroient croître & même très-rapidement en épaisseur &
» en étendue. Heureusement la Nature a mis des bornes à
» leur accroîssement.

» Le Soleil, la pluie, les vents chauds travaillent pen-
» dant l'été à les détruire ; & l'évaporation, dont l'action
» sur la glace & plus encore sur la neige est très-considé-
» rable, principalement dans un air raréfié, dissipe, même
» dans les plus grands froids, une quantité considérable de
» toutes ces matieres ».

L'Auteur présente encore d'autres causes de ces diminutions ; c'est dans son Ouvrage qu'il faut les lire. Enfin, il ajoûte, pag. 454.

(x) Il ne faut pas croire que M. de Saussure entende ici par chaleur intérieure, le feu central de M. de Buffon. Voyez ce qu'il dit de cette chaleur intérieure, p. 451.

« C'est le glissement lent, mais continu, des glaces sur leurs
» bâses inclinées, qui les entraîne jusques dans les basses
» vallées, & qui entretient continuellement des amas de gla-
» ces dans des vallons assez chauds pour produire de grands
» arbres, & même de riches moissons. Dans le fond de
» la vallée de Chamouni, par exemple, il ne se forme au-
» cun glacier ; les neiges même y disparoissent dès le mois
» de Mai ou de Juin ; & pourtant le glacier des buissons,
» celui des bois, celui d'Argentiere, descendent jusques
» dans le fond de cette vallée. Mais les glaces inférieures
» de ces glaciers n'ont point été formées dans cette place,
» & elles apportent, pour ainsi dire, l'attestation du lieu de
» leur naissance, puisqu'elles descendent chargées des dé-
» bris des rochers qui bordent l'extrémité la plus élevée de
» la vallée de glace, & que ces rochers sont composés de
» pierres dont les especes ne se trouvent point dans les mon-
» tagnes qui bordent la partie inférieure de cette même
» vallée ».

www.ingramcontent.com/pod-product-compliance
Ingram Content Group UK Ltd.
Pitfield, Milton Keynes, MK11 3LW, UK
UKHW020300230726
13925UKWH00001B/145